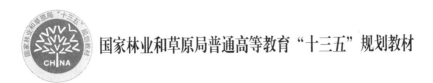

国家林业和草原局普通高等教育"十三五"规划教材

电 工 学

杨 洁 主 编
赵龙庆 副主编

中国林业出版社

内 容 简 介

本教材共编写了10章内容，第1章介绍了电路的基本概念和基本定律；第2章介绍直流电路的各种常用分析方法，是各种电路分析基础；第3章介绍正弦交流电路；第4章介绍三相正弦交流电路；第5章介绍暂态过程；第6章介绍交流铁心线圈和变压器的构造、参数、原理等；第7、8章为读者的日常用电、实验室测量操作或日常检测提供一些常识性的知识；第9、10章系统地介绍电机工作原理、注意事项及电气控制系统。本教材可作为高等院校工科类非电类专业或电学类将电工学与电子学进行分开教学的专业用教材。本教材中标*的章节为一些专业的自主学习内容。

图书在版编目（CIP）数据

电工学/杨洁主编.—北京：中国林业出版社，2020.11
国家林业和草原局普通高等教育"十三五"规划教材
ISBN 978-7-5219-0910-4

Ⅰ.①电… Ⅱ.①杨… Ⅲ.①电工 Ⅳ.①TM1

中国版本图书馆 CIP 数据核字（2020）第 219540 号

中国林业出版社·教育分社

策划、责任编辑：高红岩　　　责任校对：苏　梅
电　　话：（010）83143554　　传　　真：（010）83143516

出版发行	中国林业出版社（100009　北京市西城区德内大街刘海胡同7号） E-mail: jiaocaipublic@163.com　电话：（010）83143500 http://www.forestry.gov.cn/lycb.html
经　销	新华书店
印　刷	北京中科印刷有限公司
版　次	2020年11月第1版
印　次	2020年11月第1次印刷
开　本	787mm×1092mm　1/16
印　张	19.75
字　数	468千字
定　价	53.00元

未经许可，不得以任何方式复制或抄袭本书之部分或全部内容。

版权所有　侵权必究

前　言

1962年5月，教育部召开了高等工业学校教学工作会议，会上审订了机械制造类各专业适用的《电工学教学大纲（试行草案）》。这份教学大纲所规定的教学总学时为150学时，其中理论课120学时；在内容方面与1956年所制订的大纲相比，变化较大。但现在制定高校培养方案时的一个主旨是缩减理论课时，加强对学生动手实践能力的培养，即增加实验和实践实习部分的课时。编者在承担此课程的教学工作近20年时间里，曾经选用过多本教材，但用下来均不尽人意。因此，编者按照新教学大纲的内容及学时要求，并根据多年的教学经验，将近年来的讲义教案及课堂教学中的重点、难点进行了整理修订补充，同时还增加了大量的综合例题解析，不断修改，从而诞生了此电工学教材。本教材可作为高等院校工科非电类专业或电学类将电工学与电子学进行分开教学的专业教材。主编在教学中还承担了本科生的自动控制原理、传感器检测技术、信号分析及数据处理和研究生的现代控制理论等课程的教学工作，因此在编写的过程中针对后续的专业课教学需要，重点突出了一些关联知识点。本教材中打 * 的章节主要是供部分专业的学生自主学习选用。

电工学是一门专业技术基础课，其主要任务是为学生学习专业知识和从事工程技术工作打好基础，让学生了解电工技术的发展与生产发展之间的密切关系，并让他们得到必要的基本技能训练。为此，在本书中对基本理论、基本定律、基本概念及基本分析方法先作了定义，然后对其中容易错误理解或错误应用的知识点作了特别的解释，最后通过大量的例题来巩固。

本教材的编写结构遵循先讲必要的知识点，并基本在每一节后配有相应的课后练习与思考，以巩固知识点，然后每一章后再配备难度较大的综合练习题。同时在每个章节所有内容结束后和大量的练习题之前加了大量的综合例题解析，便于同学们自学而不需要再去寻找其他的教辅资料。

本教材共编写了10章内容。第1章介绍了电路的基本概念和基本定律，这部分内容是电工学乃至电子学的基础；第2章介绍了直流电路的各种常用分析方法，这部分的内容在以后的各种电路分析里均要用到；第3章介绍了正弦交流电路，此部分的内容又是第4章三相正弦交流电路的基础。前面4章中每一章的内容依序为后一章的基础，这个顺序不可乱。要分析暂态过程必须在介绍基本元器件的正弦交流特性后才能进行，因此本教材将其放在了第5章。交流铁心线圈和变压器在日常的加工生产中是比较常见的电气元件，第6章中把它们的构造、参数、原理等作了简单的介绍，便于读者掌握常识性的知识。工业企业用电、用电安全及电工测量是为读者在日常用电及进行实验室测量操作或日常检测提供一些常识，可自行阅读，或作为工具书查阅。第 9、10 章的内容可以根据专业选学，总之，对本教材中的某些章节的内容，教师在讲授时可以视专业的需要、学时的多少和学生的实际水平而决定取舍。本教材各章例题、习题量比教学大纲所规定的多一些，教师在进行例题讲解或作业布置时选择性大。

本教材在内容编写上注意到与普通物理的分工，避免了不必要的重复。至于部分内容，如欧姆定律和第 6 章中电路的基本物理量、电路的参数、磁场的基本物理量等，虽然已在普通物理课程中讲过，但是为了加强理论的系统性和满足电工技术的需要，仍列入本书中，便于学生在温故知新的基础上，进一步巩固和加深对这些内容的理解，并能充分地应用和扩展这些内容。

本教材也注意到与后续专业课的分工，书中一般不讨论综合性的用电系统和专用设备，而只研究用电技术的一般规律和常用的电气设备、元件及基本电路。

本教材所用的图形符号是符合中华人民共和国第一机械工业部所颁布的电工专业标准（草案试行）《电气线路图上图形符号》的规定的。至于文字符号则以国际通用符号为主，仅对某些物理量的注脚（如额定电压 U_N、短路电流 I_S 等）和线路图上的部分文字符号参考了上述标准。

编者们对本教材内容的安排和部分章节的内容进行过讨论，达成了共识。主编们编写前商定了教材的章节内容，主要内容的编写由杨洁完成，赵龙庆编写了第 7~9 章的内容。同时杨洁的研究生帮助完成了一些文稿的初步整理工作，钱苏珂（第 3 章的部分内容、第 5 章、第 10 章）、李宗昊（第 7 章、第 9 章）、李应果（第 2 章、第 4 章）；其研究生对本教材中的所有的图片进行了重新绘制，杨家正（第 1 章、第 4~8 章、第 10 章）、王芳（第 2 章、第 9 章）和钱苏珂（第 3 章），李宗昊同学则按照出版要求反复地进行了排版校对，在此对他们表示衷心的感谢。

本教材的编者从 2016 年 12 月开始编写，直至 2020 年 3 月完成初稿，后又反复地校核全文。本教材公式和电路图很多，虽然反复校核，但编者能力有限，难免有些内容不够妥善，甚至出现错误。希望读者，特别是使用本教材的教师和同学们积极提出批评和改进意见，以便今后修订完善。

杨　洁

2020 年 10 月

目 录

前 言

绪 论 1

第1章 电路的基本概念与基本定律 3
1.1 电路的作用与组成部分 3
1.2 电路模型 4
1.3 电压和电流的参考方向 6
1.4 欧姆定律 10
1.5 电源有载工作、开路与短路 11
1.6 基尔霍夫定律 16
1.7 电路中电位的概念及计算 22

第2章 电阻电路的直流分析方法 31
2.1 电阻串并联等效电路 31
*2.2 电阻星形连接与三角形连接的等效变换 34
2.3 支路电流法 36
2.4 叠加原理 39
2.5 电源等效变换法 42
2.6 节点电位（压）法 53
2.7 等效电源定理——戴维南定理与诺顿定理 58
*2.8 含受控源电路的分析 65
*2.9 非线性电阻电路的分析 70

第3章 正弦交流电路 92
3.1 正弦交流电的基本概念 92
3.2 正弦量的相量表示法 96
3.3 基尔霍夫定律的相量形式 101
3.4 单一参数的正弦交流电路 102
3.5 电阻 R、电感 L 与电容 C 元件串联的正弦交流电路 112
3.6 复阻抗的串并联 123

3.7　复杂正弦交流电路的分析与计算 ……………………………………………… 130
　3.8　功率因数的提高 ………………………………………………………………… 132
　3.9　交流电路的频率特性 …………………………………………………………… 136

第 4 章　三相电路 …………………………………………………………………………… 159
　4.1　三相电压 ………………………………………………………………………… 159
　4.2　负载星形连接的三相电路 ……………………………………………………… 162
　4.3　负载三角形连接的三相电路 …………………………………………………… 168
　4.4　三相功率 ………………………………………………………………………… 171

第 5 章　电路的暂态分析 …………………………………………………………………… 180
　5.1　换路定律与过渡过程中初始值和稳态值的确定 ……………………………… 180
　5.2　RC 电路的响应 …………………………………………………………………… 185
　5.3　一阶线性电路暂态分析的三要素法 …………………………………………… 192
　5.4　RL 电路的过渡过程 ……………………………………………………………… 197

第 6 章　磁路与铁心线圈电路 ……………………………………………………………… 211
　6.1　磁路基本物理量及交流铁心线圈电路 ………………………………………… 211
　6.2　变压器 …………………………………………………………………………… 216
　6.3　特殊变压器 ……………………………………………………………………… 224

第 7 章　工业企业供电与安全用电 ………………………………………………………… 228
　7.1　发电和输电概述 ………………………………………………………………… 228
　7.2　工业企业配电 …………………………………………………………………… 229
　7.3　安全用电 ………………………………………………………………………… 231
　7.4　节约用电 ………………………………………………………………………… 238

第 8 章　电工测量 …………………………………………………………………………… 239
　8.1　电工测量仪表的分类 …………………………………………………………… 239
　8.2　电工测量仪表型式及电流、电压的测量 ……………………………………… 241
　8.3　万用表 …………………………………………………………………………… 244
　8.4　功率的测量 ……………………………………………………………………… 247

第 9 章　交流电机 …………………………………………………………………………… 250
　9.1　三相异步电动机的构造 ………………………………………………………… 250
　9.2　三相异步电动机的转动原理 …………………………………………………… 252

*9.3 三相异步电动机的电路分析 ………………………………………………… 257
9.4 三相异步电动机的转矩与机械特性 …………………………………………… 261
9.5 三相异步电动机的起动 ………………………………………………………… 264
9.6 三相异步电动机的调速 ………………………………………………………… 269
9.7 三相异步电动机的制动 ………………………………………………………… 271
9.8 三相异步电动机的铭牌数据 …………………………………………………… 273
9.9 三相异步电动机的选择 ………………………………………………………… 277
*9.10 同步电动机 …………………………………………………………………… 280
*9.11 直线异步电动机 ……………………………………………………………… 281

第10章 继电接触器控制系统 ……………………………………………………… 285
10.1 常用控制电器 …………………………………………………………………… 285
10.2 鼠笼式电动机直接起动的控制线路 …………………………………………… 291
10.3 鼠笼型电动机正反转的控制线路 ……………………………………………… 294
10.4 行程控制 ………………………………………………………………………… 295
*10.5 时间控制 ……………………………………………………………………… 296
10.6 应用举例 ………………………………………………………………………… 300

参考文献 …………………………………………………………………………… 307

绪 论

1. 电工学课程的作用和任务

电工学是研究电工与电子技术的理论和应用技术的基础课程。电工和电子技术的发展十分迅速，应用非常广泛，现代一切新的科学技术无不与电有着密切的关系。因此，电工学作为高等学校工科非电类专业的一门重要技术基础课，它具有基础性、应用性和先进性。所谓基础是指基本理论、基本知识和基本技能。电工学课程可为学生后续的专业课程和毕业后从事有关电的工作打基础，也是为自学、深造、拓宽和创新打基础。学习电工学重在应用，学生们应具有将电工和电子技术应用于本专业和发展本专业的能力。为此，课程内容安排上注意理论联系实际，注意培养学生分析和解决实际问题的能力，重视实验实践技能的训练。同时考虑了电工和电子技术的发展及工科非电类专业的教学需要。

2. 电工和电子技术发展概况

电工与电子技术的发展历史悠久，我国很早就已经发现了电和磁的现象。磁石首先应用于指示方向和校正时间，后由于航海事业发展的需要，我国在 11 世纪就发明了指南针。在宋代沈括所著的《梦溪笔谈》中有"方家以磁石磨针锋，则能指南，然常微偏东，不全南也"的记载。这不仅说明了指南针的制造，而且证明当时已经发现了磁偏角。直到 12 世纪，指南针才经由阿拉伯人传入欧洲。但直至 18 世纪末和 19 世纪初，基于生产发展的需要，人们才开始深入研究电磁，并得到迅速发展。1785 年，法国的物理学家库仑(C. A. Coulomb)根据实验确定了电荷间的相互作用力，从此电荷的概念有了定量的意义。1820 年，丹麦科学家奥斯特(H. C. Oersted)通过实验发现了电流会对磁针产生力的作用，进而揭开了电学理论新的一页。同年，法国科学家安培(A. M. Ampere)确定了通有电流的线圈的作用与磁铁相似，指出了磁现象的本质问题。1826 年，德国科学家欧姆(G. S. Ohm)通过实验得出了著名的欧姆定律。1831 年，英国科学家法拉第(M. Faraday)发现了电工技术的重要理论基础——电磁感应现象。1833 年，俄国科学家楞次(ленца)在研究电磁现象理论和实用问题的基础上，建立了确定感应电流方向的定则——楞次定律。其后，他致力于电机理论的研究，并阐明了电机可逆性的原理，他还于 1844 年与英国物理学家焦耳(J. P. Joule)分别独立确定了电流热效应定律——焦耳-楞次定律。与楞次一道从事电磁现象研究工作的雅可比在 1834 年制造出世界上第一台电动机，从而证明了实际应用电能的可能性。电机工程得以飞跃地发展与多里沃·多勃罗沃尔斯基的工作密不可分。这位杰出的俄罗斯工程师是三相系统的创始者，他发明和制造出三相异步电动机和三相变压器，并首先采用了三相输电线。1864—1873 年，英国物理学家麦克斯韦(J. C. Maxwell)在法拉第的研究工作基础上提出了电磁波理论，他从理论上推测到电磁波的存在，为无线电技术的发展奠定了理论基础。1888 年，德国物理学家赫兹(H. R. Hertz)通过实验证实了麦克斯韦的理论，获得了电磁波。

赫兹实验成功约7年后，马可尼(G. Marconi)和波波夫(A. C. Попов)分别独立在意大利和俄国进行通信试验，为无线电技术的发展开辟了道路。1847年，德国物理学家基尔霍夫(G. Kirchoff)在其一篇划时代的电路理论论文《关于研究电路线性分布所得到的解》中提出了著名的基尔霍夫定律。1883年，法国工程师戴维南(M. L. Thevenin)提出了分析线性网络的重要定理——戴维南定律。美国贝尔电话实验室的工程师诺顿(E. L. Norton)提出了与之对应的等效关系的线性网络分析方法——诺顿定理。

现在人们已经掌握了大量的电工和电子技术方面的知识，且电工和电子技术还在不断地发展着。这些知识是人们长期劳动的结晶。

3. 本课程的学习目的

众所周知，现代的一切新的科学技术和人们的日常生活与电息息相关，如计算机和各种电器的应用和发展极大地方便了人们的生活。这一切皆源于电工和电子技术的发展与应用，而电工学作为研究电工和电子技术的理论和应用的基础课，学习并掌握这门课程非常必要。它可为控制类、信息类、电类专业的学生毕业后从事有关电学相关的工作奠定基础，也可培养非电类专业学生的逻辑思考和动手能力；培养理工类学生的理论联系实际、分析和解决实际问题及实验技能的能力。

4. 本课程的学习方法

为了学好本课程要求具有正确的学习目的和刻苦钻研、踏实的态度。主要可从以下三个方面来学习：

①课堂教学是当前主要的教学方式，也是获得知识的最快和最有效的学习途径。因此，务必认真听课、积极思考、主动学习。学习时要抓住物理概念、基本理论、工作原理和分析方法；要理解问题是如何提出和引申的，又是怎样解决和应用的；要注意各部分内容之间的联系及前后是如何呼应的；要重在理解，能积极思考，不要死记硬背；要注重应用。

②通过习题可以巩固和加深对所学理论的理解，并培养学生的分析能力和运算能力。为此，几乎每小节后都安排有练习与思考，提出的问题都是基本的和概念性的，有助于课后复习巩固，学生要注重练习。各章都安排了适当数量的习题。解题前，要对所学内容基本掌握；解题时，要看懂题意，注意分析，用哪个理论和公式以及解题步骤也都要搞清楚。做练习题时，图要绘制标示清楚，答案要注明单位。此外，在教师指导下要培养自学能力，并且要多看参考书。

③通过实验验证和巩固所学理论，训练实验实践技能，并培养严谨的科学作风。实验是本课程的一个重要环节，不能轻视。实验前务必认真准备，了解实验内容和实验步骤；实验时积极思考，多动手，学会正确使用常用的电子仪器、电工仪表、电机和电器设备以及电子元器件等，能正确连接电路，能准确读取数据，能根据相关理论计算其理论值并能分析误差产生的原因，能根据要求设计简单线路；实验后要对实验现象和实验数据认真整理分析，编写出整洁的实验报告。

通过各学习环节培养学生分析和解决问题的能力及创新能力。解决问题不是仅仅照着书本上的例题做练习题，而要求使用已有的知识对提出的要求能理解和领悟，并能提出自己的思路和解决问题的方案。

第 1 章　电路的基本概念与基本定律

电路是电工技术和电子技术的基础，也是学习电子电路、电机电路以及控制与测量电路的基础。

本章介绍电路的作用与组成部分、电路模型、电压和电流的参考方向、电路的基本概念和基本定律、电源的工作状态以及电路中电位的计算等。这些内容都是分析与计算电路的基本概念和基本定律。有些内容虽然已在中学物理课中学过，如贯穿整个电工与电子技术电路分析始终的欧姆定律，但现在讲述的欧姆定律扩展了其应用，引入了参考方向。为便于读者对相关知识的理解和应用，在内容安排上进一步加强了理论的系统性。

1.1　电路的作用与组成部分

所谓电路就是电流的通路，是为了某种需要由电工设备或电路元器件按一定方式组合而成的。当需要不同，所需要的电工设备元件不一样，或者组合方式不同，或者构成设备元件和组合方式都不同。

1.1.1　电路的作用

电路的作用主要有两个：实现电能的传输和转换；信号的传递与处理。

(1) 实现电能的传输和转换

在实现电能传输的电路中，电路的结构形式和其所能完成的任务可以多种多样。图 1-1-1 中，发电机是电源，是供应电能的设备，它将其他形式的能量转化为电能；电灯、电动机和各种用电器等是负载，是取用电能的设备；变压器、输电线是中间环节，是连接电源和负载的部分，它们起传输和分配电能的作用。如其中升压变压器是为了减少电能传输中的功率损失，到了需要用电的地方，再通过降压变压器将其转换为人们所需要的电压。电灯、电动机、用电器等称为负载，它们将电能转换成其他形式的能量。

(2) 传递和处理信号

图 1-1-2 所示为一扩音器电路，它由话筒、放大器、扬声器组成，可以传递和处理声音信号。话筒把声音(通常称为信息)转换为相应的电压和电流，它们就是电信号，而后通过电路传递到扬声器，扬声器再把电信号转换成声音(信息)，信号的这种转换和放大称为信号的处理。

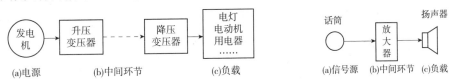

图 1-1-1　电力系统示意图　　　图 1-1-2　扩音器中信号的传递与处理图

1.1.2 电路的组成部分

任何一个电路包括电源、负载和中间环节三个组成部分。仍以图 1-1-1 和图 1-1-2 为例。在图 1-1-1 中，发电机为电源，是提供电能的装置；升压变压器、输电线和降压变压器为中间环节，起传递、分配和控制电能的作用；电灯、电动机和各种用电器为负载，为取用电能的装置。图 1-1-2 中，同样包括电源、负载和中间环节三个组成部分。其中信号源为电源，它提供信息，将其他形式的能量转化成电能；导电线及放大器等为中间环节，它通过连接电源和负载，传输、分配电能，放大器部分完成信号处理：实现信号的放大、调谐、检波等；扬声器为负载，它将电能转换成其他形式的能量。

可见，无论是电能的传输和转换，还是信号的传递和处理，任何一个电路中三个组成部分缺一不可。

1.1.3 激励、响应和电路分析

在电能的传输和转换电路及信号的传递和处理电路中，电源或信号源的电压或电流称为激励，它推动电路工作，分为直流和交流两大类。

（1）直流电

电量的大小和方向均不随时间而变化的称为直流电，用大写字母表示，是一个常量，如功率、电动势、电压和电流分别用 P，E，U，I 表示。

（2）交流电

电量的大小或方向随时间变化的称为交流电，用小写字母表示，它是一个函数，自变量为时间 t，如功率、电动势、电压和电流分别用 p，e，u，i 表示。

由激励所产生的电压和电流称为响应。相同的激励在不同的元件组成的电路中所产生的响应不同，不同的激励在相同元件组成的电路中产生的响应也不同。例如，对于电阻电路，在直流激励下，响应是直流的；在交流激励下，响应是交流的；对于动态（含有电感 L 或电容 C 的储能元件）电路，在直流激励下，响应也是随时间变化的；在交流激励下，当电路处于稳态时，响应也是交流变化的。

所谓电路分析就是在已知电路的结构和元件参数的条件下，讨论电路的激励和响应之间的关系。学习本课程的目标就是通过电路分析，或能设计一个合理的电网或者对已有电网的故障做出诊断。

1.2 电路模型

实际的电路元件或器件其电磁性质是很复杂的。例如，一盏白炽灯在有电流通过时：

$$电流 \rightarrow 磁场 \rightarrow 储存磁场能量（可逆）$$
$$电压 \rightarrow 电场 \rightarrow 储存电场能量（可逆）$$

其实际工作的能量转换及实际电路如图 1-2-1 所示。

在计算实际电路时，为了便于绘制、分析和用数学描述，常将实际元件理想化（或

称模型化)。所谓理想化,即在一定条件下常忽略实际部件的次要因素而突出其主要电磁性质,把它看成理想电路元件。如图 1-2-1 所示的白炽灯在有电流通过时,它除具有消耗电能的性质(电阻性)外,当通有电流时还会产生磁场(电感性)以储存磁场能和电场(电容性)以储存电场能,导致其在将电能转化成光能的同时还会发热。显然电阻性起主导地位,电感和电容性起次要作用。在进行电路分析时,只考虑其电阻性(将电能转化成光能的性质),而忽略其电感和电容性(即能量储存性),见图 1-2-2。

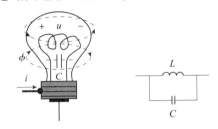

图 1-2-1　白炽灯工作时的实际电路及能量转换模型

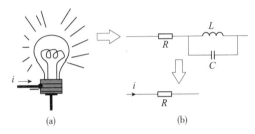

图 1-2-2　白炽灯实体图(a)和白炽灯理想电路模型(b)

用理想电路元件组成的电路称为实际电路的电路模型。它是对实际电路的电磁性质的科学抽象和概括。图 1-2-3 和图 1-2-4 分别为一个普通照明电路无开关和有开关的实体电路和电路模型。

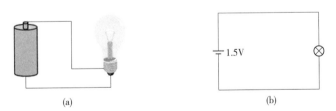

图 1-2-3　无开关的照明电路的实体图(a)和电路模型(b)

图 1-2-4　有开关的照明电路的实体图(a)和电路模型(b)

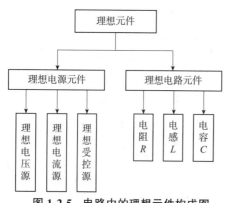

图 1-2-5 电路中的理想元件构成图

电路中的理想元件主要分为理想电路元件和理想电源元件。而理想电路元件主要有电阻元件、电感元件和电容元件，具体的构成关系如图 1-2-5 所示。其中，理想电阻元件是一种只消耗电能的元件；理想电容元件只储存电场能量；理想电感元件只储存磁场能量(具体原因在正弦交流电路中分析这三个元器件的功率时说明)。

注：以后本书中用于分析的电路均为电路模型，其中的电路元件均为理想元件。

1.3　电压和电流的参考方向

思考：在复杂电路中难于判断元件中物理量的实际方向，则电路如何求解？在如图 1-3-1 所示的电路中，如何判断各支路电流的方向？如何判断 A 点与 B 点哪一点的电位高？

1.3.1　电路基本物理量的实际方向与参考方向

电路基本物理量主要有电压、电流和电动势。正电荷在电路中转移时电能的得或失表现为电位的升高或降低，即电压升或电压降。而电子在转移时电能的得或失产生的电位的升降称为电动势。因电压和电动势实质相同，故这里只分析电流和电压。

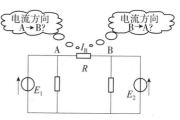

图 1-3-1　思考电压电流的实际方向图

1.3.1.1　电流

电荷或带电粒子有规则的定向运动形成电流。电流在数值上等于单位时间内通过某导体横截面的电荷量，公式表示为 $i=\dfrac{\mathrm{d}q}{\mathrm{d}t}$，电流的基本单位为安培(A)。

电流的方向分为实际方向和参考方向两种。

(1)电流的实际方向

电流的实际方向为正电荷运动的方向或负电荷运动的反方向。

(2)电流的参考方向

在分析一个复杂的电路时，我们往往难以确定其中某一条支路或某个元器件电流的实际方向。为便于分析，常假定一个方向作为参考方向，又称为正方向。

这里有几点要注意：①参考方向是任意选定的。②在无特别说明的情况下，以后的电路图上标注的都是参考方向。③在未标示参考方向的情况下，电流的正、负毫无意义。电流只有在参考方向选定之后才有正、负之分。当所选的电流的参考方向与实际方向相同时，为正；当所选电流的参考方向与实际方向相反时，为负。如在图 1-3-2 中，

若 $I=3A$，则表明电流的参考方向与实际方向相同；若 $I=-3A$，则表明电流的参考方向与实际方向相反。

（3）电流参考方向的标注

电流的参考方向标注方法常用的有两种：

①用箭头表示　这种标注方法最常见，也非常直观，如图 1-3-3 所示，根据箭头的指向，可以知道是假定电流从左流向右的。在使用这种标注法时，务必标明电流的流向和电流的名称（此处为 I），这样才能准确表达，避免在电路分析中引起歧义。

②用双下标表示　见图 1-3-3，I_{ab} 表示电流从 a 流向 b。

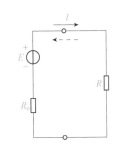

图 1-3-2　电流实际、参考方向电路图

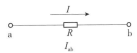

图 1-3-3　电流的参考方向

1.3.1.2　电压

电荷在电路中流动，就必然有能量的交换发生。因此，在分析电路时引用"电压"（也称"电位差"）这一物理量。电路中 a，b 两点间的电压表明了单位正电荷由 a 点转移到 b 点时所获得或失去的能量，即

$$u(t)=\frac{d\omega}{dq}$$

若正电荷由 a 点转移到 b 点时，失去能量，则 a 点为高电位，即"+"极；b 点为低电位，即"-"极。若正电荷由 a 点转移到 b 点时，获得能量，则 a 点为低电位，即"-"极；b 点为高电位，即"+"极。两点的电位差称为电压，电压的基本单位为伏特（V）。

（1）电压的实际方向

电压的实际方向为高电位指向低电位。

（2）电压的参考方向

在一个复杂的电路中，常难以确定其中某一条支路或某个元器件两端电位的高低。为便于分析与计算，我们常假定某一端为高电位，另一端为低电位。选定电压的参考方向时有几点要注意：①电压的参考极性可任意选定。②在无特别说明的情况下，电路图上标注的都是参考方向。③只有在参考极性选定之后，电压的正、负才有意义，换言之，在未标示参考极性的情况下，电压的正、负毫无意义。当电压的参考方向与实际方向相同时，为正；当电压的参考方向与其实际方向相反时，为负。

（3）电压参考方向的标注

电压的参考方向的标注方法常用的有三种：

①用"+""-"极性表示　"+"表示高电位，"-"表示低电位，这种标注方法最常见，如图 1-3-4 所示。

②用双下标 U_{ab} 表示　图 1-3-4 中的 U_{ab} 表示电压从高电位点 a 指向低电位 b。即假定 a 点为"+"，b 点为"-"，$U_{ab}=U_a-U_b$。

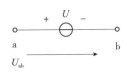

图 1-3-4　电压的参考方向

③用箭头表示　图 1-3-4 中根据箭头的指向，电压从左向右，左端为"+"，右端为"-"。

1.3.1.3 实际方向与参考方向的关系

若参考方向与实际方向一致,电压(或电流)值为正;若参考方向与实际方向相反,电压(或电流)值为负。

【例1.3.1】 图1-3-5中,若$I=2A$,则表明电流的参考方向与实际方向相同;若$I=-2A$,则表明电流的参考方向与实际方向相反。

【例1.3.2】 若$E=3V$,则图1-3-6(a)中,$U=3V$或$U_{AB}=3V$;而图1-3-6(b)中,$U=-3V$或$U_{AB}=-3V$。

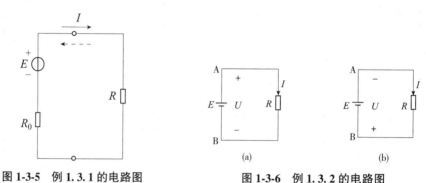

图1-3-5 例1.3.1的电路图   图1-3-6 例1.3.2的电路图

注:在电路图中所标电压、电流、电动势的方向,一般均为参考方向。

1.3.1.4 电压与电流的参考方向关联(又称为相同或一致)

若电流的参考方向是从电压的参考"+"极流向"-"极,则称电压与电流的参考方向关联,或称电压与电流的参考方向相同或一致,如图1-3-7所示。否则称为电压电流参考方向非关联或相反。

【例1.3.3】 在图1-3-8所示的电路中,R两端的电压与电流的参考方向相同或关联。

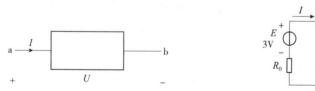

图1-3-7 电压与电流的参考方向   图1-3-8 例1.3.3的电路图

1.3.1.5 电源与负载的判别

一个电路元件在工作过程中是作电源还是负载用,主要有两种判别方法。

(1)根据电压与电流的实际方向来判别

当元件两端的电压与电流的实际方向相同时,此元件为负载,吸收或消耗功率;当此元件的电压与电流的实际方向相反时,此元件为电源,提供或产生功率。

(2)根据电压、电流的参考方向来确定

当某一电路元件上的电压电流为关联参考方向(相同或一致)时：

若 $P=UI>0$，则该元件为负载，吸收或消耗功率；

若 $P=UI<0$，则该元件为电源，提供或产生功率。

反之，当某一电路元件上的电压与电流为非关联参考方向(相反或不一致)时：

若 $P=UI>0$，则该元件为电源，提供或产生功率；

若 $P=UI<0$，则该元件为负载，吸收或消耗功率。

【例 1.3.4】 图 1-3-9 中，方框代表元件或某段电路，已知 $U=220\text{V}$，$I=-1\text{A}$，试判断哪些方框代表电源元件，哪些代表负载元件？

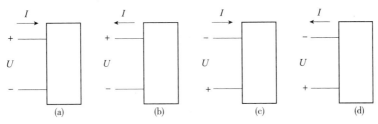

图 1-3-9 例 1.3.4 的电路图

【解】 方法一：用参考方向来判别

(a)图中，方框的电压、电流为关联参考方向，
$$P=UI=220\times(-1)=-220\text{W}<0 \quad 为电源$$

(b)图中，方框的电压、电流为非关联参考方向，
$$P=UI=220\times(-1)=-220\text{W}<0 \quad 为负载$$

(c)图中，方框的电压、电流为非关联参考方向，
$$P=UI=220\times(-1)=-220\text{W}<0 \quad 为负载$$

(d)图中，方框的电压、电流为关联参考方向，
$$P=UI=220\times(-1)=-220\text{W}<0 \quad 为电源$$

方法二：用实际方向来判别，(a)(b)(c)(d)的实际方向如图 1-3-10 所示。

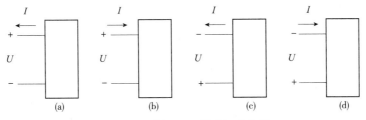

图 1-3-10 例 1.3.4 的实际方向图

(a)图中电压与电流的实际方向相反，为电源，提供功率；

(b)图中电压与电流的实际方向相同，为负载，消耗功率；

(c)图中电压与电流的实际方向相同，为负载，消耗功率；

(d)图中电压与电流的实际方向相反，为电源，提供功率。

【例 1.3.5】 求图 1-3-11 和图 1-3-12 所示元件的功率 P，并说明 P 的性质。

(1)图 1-3-11 中,若 $I=2A$,$U=5V$,$P=UI=10W$,消耗功率,为负载;若 $I=2A$,$U=-5V$,$P=UI=-10W$,提供功率,为电源。

(2)图 1-3-12 中,若 $I=-2A$,$U=5V$,$P=UI=-10W$,消耗功率,为负载;若 $I=-2A$,$U=-5V$,$P=UI=10W$,提供功率,为电源。

 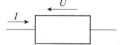

图 1-3-11 例 1.3.5(1)的电路图　　图 1-3-12 例 1.3.5(2)的电路图

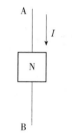

图 1-3-13 例 1.3.6 的电路图

提示:可以根据 U,I 的参考方向,画出实际方向图,根据若 U,I 的实际方向相同,P 为消耗功率,为负载;U,I 的实际方向相反时,P 为提供功率,为电源。

【例 1.3.6】 图 1-3-13 中,已知 $U_{AB}=3V$,$I=-2A$,求 N 的功率,并说明它是电源还是负载。

【解】 $P=UI=(-2)\times 3=-6W$

因为图中电压、电流的参考方向相同,而 P 为负值,所以 N 发出功率,为电源。

想一想,若根据电压电流的实际方向应如何分析?

1.4 欧姆定律

电路是由元件按一定要求组成的几何结构,因而电路中出现节点和回路,其各部分的电压、电流受两类约束所支配,其中一类约束来自元件的性质。如电阻元件会对其两端的电压和电流形成一个约束,即 VAR(伏安特性)关系。这种只取决于元件性质的约束,称为元件约束。另一类约束来自元件的相互连接方式,称为拓扑约束。本节以电阻为例讨论元件约束。

电阻分为线性和非线性两种。遵循欧姆定律的电阻称为线性电阻,它是一个与电压电流无关的常数。它与构成材料、构成电阻的导线长度(l)、横截面积(s)有关,$R=\rho \cdot \dfrac{l}{s}$。凡不满足欧姆定律的电阻元件称为非线性电阻。

通过电阻两端的电压与电流成正比,称为欧姆定律。变量 U,I 为关联参考方向时,如图 1-4-1(a)所示,则欧姆定律的表达式为 $U=IR$;若变量 U,I 为非关联方向,如图 1-4-1(b)和(c)所示,则欧姆定律的表达式为 $U=-RI$。

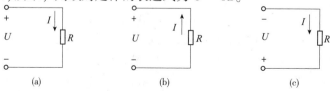

图 1-4-1 欧姆定律

图 1-4-1(b)中，若 $I=-2\text{A}$，$R=3\Omega$，则 $U=-(-2)\times 3=6\text{V}$。

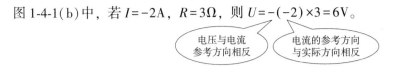

把电阻元件的电压取为纵坐标(或横坐标)，电流取为横坐标(或纵坐标)，可绘出 I–U 平面(或 U–I 平面)上的曲线，称为电阻元件的伏安特性曲线。显然，线性电阻元件的伏安特性曲线是一条经过坐标原点的直线，如图 1-4-3 所示为图 1-4-2 的伏安特性曲线，电阻值的大小由直线的斜率确定。

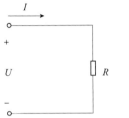

图 1-4-2　一个线性电阻两端的电压电流　　图 1-4-3　线性电阻的伏安特性曲线图

1.5　电源有载工作、开路与短路

1.5.1　几个基础知识点

1.5.1.1　无源二端网络和有源二端网络

所谓无源二端网络是指这个电网有两个端口，且电网中没有电源，如图 1-5-1 的虚线框部分即为一个无源二端网络。所谓有源二端网络是指这个电网有两个端口，且电网中有电源，如图 1-5-2 的虚线框部分即为一个有源二端网络。

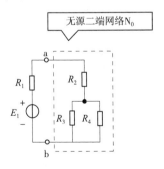
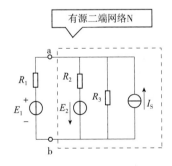

图 1-5-1　无源二端网络　　　　　　　图 1-5-2　有源二端网络

1.5.1.2　元件的串联与并联

串联：各个元件一个接一个地顺序相连，且它们流过同一电流。
并联：几个部分(元件或支路)首首相接，尾尾相连，且它们两端的电压相同。

1.5.1.3 电源

(1) 电源的分类

电源的分类方法不同,种类不同,但常用的分类方法有两种:①根据其输出电压或电流值是否受其他支路的电压或电流的控制可以分为独立电源和受控源两大类。②根据输出的电量为电压或电流可以分为电压源和电流源。用电压的形式表示称为电压源,用电流的形式表示称为电流源。在此我们只讲独立电源。

(2) 独立电压源的分类、表示符号及其特性

独立电压源分为实际电压源和理想电压源两大类:

①实际电压源(又称为一般电压源)　电路符号如图 1-5-3 所示。

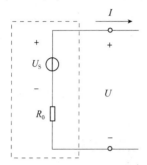 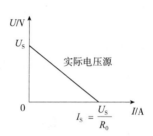

图 1-5-3　实际电压源图　　　　图 1-5-4　实际电压源的伏安关系图

图中 U_S 称为源电压,U 称为端电压或输出电压,I 称为端电流或输出电流,R_0 为内阻,是串联的,比较小。

实际电压源的输出电压与电流关系,即外特性关系为 $U=U_S-R_0 I$,得出电压源的外特性曲线如图 1-5-4 所示。内阻 R_0 越小,则直线越平。当实际电压源开路时,$I=0$,$U=U_0=U_S$;当实际电压源短路时,$U=0$,$I=I_S=U_S/R_0$,所有电能都消耗在内阻上,因此实际电压源不能短路。

②理想电压源　当实际电压源中串联的内阻 $R_0=0$ 时,电压 U 恒等于源电压 U_S,为一恒定值,而其中的电流 I 则是任意的,由负载电阻 R_L 及电压 U 本身确定。这样的电源称为理想电压源或恒压源,其电路符号如图 1-5-5 所示虚线框部分。

其伏安特性曲线为一条平行于 I 轴的直线,如图 1-5-6 所示。这表明恒压源的端电压与通过它的电流的大小无关。即恒压源的伏安关系为 $U=U_S$。

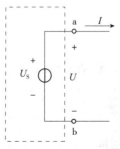 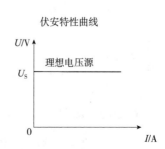

图 1-5-5　理想电压源图　　　　图 1-5-6　理想电压源的伏安关系图

（3）独立电流源的分类、表示符号及其特性

独立电流源分为实际电流源和理想电流源两大类：

①实际电流源（又称为一般电流源） 图 1-5-7 的虚线框部分为实际电流源的电路模型，图中 I_S 称为源电流，U 称为端电压或输出电压，I 称为端电流或输出电流，R_0 为内阻，是并联的，内阻 R_0 很大。其伏安关系为 $I = I_S - \dfrac{U}{R_0}$，由此可做出实际电流源的外特性曲线，如图 1-5-8 所示。当电流源开路时，$I=0$，$U=I_S R_0$，所有电流都消耗在内阻上，因此电流源不能开路；当电压源短路时，$U=0$，$I=I_S = \dfrac{U_S}{R_0}$。

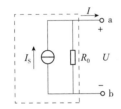
图 1-5-7 实际电流源图

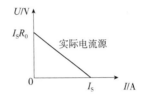
图 1-5-8 实际电流源伏安关系图

②理想电流源 当实际电流源中并联的电阻趋于无穷大时，即 $R_0 = \infty$（相当于并联支路 R_0 断开）时，电流 I 恒等于 I_S，是一恒定值，而其两端电压 U 则是任意的，由负载电阻 R_L 及电流 I_S 本身确定。这样的电源称为理想电流源或恒流源，其电路符号如图 1-5-9 所示的虚线框部分。

其伏安特性曲线为一条平行于 U 轴的直线，这表明理想恒流源输出的电流与其两端的电压的大小无关，为恒定值 I_S，与其两端的电压无关。即恒流源的伏安关系为 $I = I_S$，如图 1-5-10 所示。

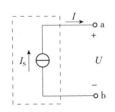
图 1-5-9 理想电流源图

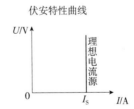
图 1-5-10 理想电流源的伏安关系图

1.5.2 电源有载工作

将图 1-5-11（a）中的开关合上，接通负载 R，即为电源的有载工作电路，如图 1-5-11（b）所示。

（1）电压与电流关系

$$I = \dfrac{U_S}{R_0 + R}$$

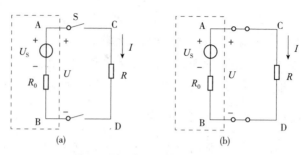

图 1-5-11 电源有载工作电路图

负载两端的电压(实际上也是电源的端电压):

$$U=RI \quad U=U_S-R_0I$$

电源端电压小于源电压,两者之差为电流通过电源内阻所产生的电压降 R_0I。

当 $R_0 \ll R$ 时,$U \approx E$,说明电源带负载能力强。

(2) 功率及功率平衡式

$$U=U_S-R_0I$$

两边都乘以电流 I,则得功率平衡式

$$UI=U_SI-R_0I^2 \quad 即 \quad P=P_{U_S}-\Delta P$$

式中,$P_{U_S}=U_SI$ 是电源产生的功率;$\Delta P=R_0I^2$ 是电源内阻上消耗的功率;$P=UI$ 是电源输出的功率。功率的单位:瓦[特](W)或千瓦(kW)。根据能量守恒定律,任何一个电路中的功率一定是平衡的。所谓功率平衡指的是电路中电源元件产生的功率与电路中负载元件消耗的功率相等。

电源输出功率 P = 电源产生功率 P_{U_S} - 内阻消耗功率 ΔP

验证功率平衡的方法有两种:①一个电路中所有元件的功率的代数和为零;②先判别哪些元器件是电源,哪些是负载,所有电源的功率的大小之和等于所有负载元件的功率的大小之和。

(3) 额定值与实际值

通常负载(如电灯、电动机)都是并联运行的,如图 1-5-12 所示。当负载加重(如并联的负载数目增加或负载功率变大)时,负载总电阻减少,则负载所取用的总电流 I 变大,电源产生的功率相应地增大。故电源输出的电流和电源产生的功率取决于负载的大小。

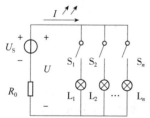

图 1-5-12 负载并联运行电路图

额定值是制造厂为了使产品能在给定的工作条件下正常运行而规定的正常容许值。常用下标 N(英文 Normal)表示,如功率、电压、电流的额定值常用 P_N,U_N,I_N 表示。各种电器设备的电压、电流及功率都有一个额定值。

电器实际工作时,其电压、电流和功率的实际值不一定等于它们的额定值。电器设备常有三种运行状态:①额定工作状态:$I=I_N$,$P=P_N$(经济合理安全可靠);②过载(超载):$I>I_N$,$P>P_N$(设备易损坏);③欠载(轻载):$I<I_N$,$P<P_N$(不经济)。

大多数电器设备的寿命与绝缘材料的耐热性能及绝缘强度有关。当电压、电流超过额定值时,绝缘材料将受到破坏;当电流、电压低于额定值时,又得不到正常使用。因此电器设备要在额定条件下运行。

1.5.3 电源开路

将图 1-5-11 中的开关断开,电源处于开路(空载)状态,如图 1-5-13 所示。

电路特征:输出电流 $I=0$,电源的端电压(称为开路电压或输出电压)等于电源电动势 $U=U_0=U_S$,电源不输出电能,输出功率 $P=0$。

1.5.4 电源短路

将图 1-5-11 中的电源两端连在一起时,电源则被短路,如图 1-5-14 所示。

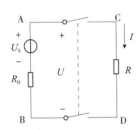

图 1-5-13 电源开路图

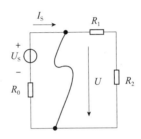

图 1-5-14 电源被短路的电路图

电路特征:

①电路中的电流很大(I_S称为短路电流或饱和电流)　　$I=I_S=\dfrac{U_S}{R_0}$。

②电源的端电压或输出电压等于零　　$U=0$。

③电源产生的电能全被内阻所消耗　　$P_{U_S}=\Delta P=R_0 I^2$　　输出功率 $P=0$。

注意:电流过大,将烧毁电源。

【练习与思考】

1.5.1 图 1-5-15 所示的电路中:(1)试求开关 S 闭合前后电路中的电流 I_1,I_2,I 及电源的端电压 U;当 S 闭合时,I_1 是否被分去一些?(2)如果电源的内阻 R_0 不能忽略不计,则闭合 S 时,60W 电灯中的电流是否有所变动?(3)计算 60W 和 100W 电灯在 220V 电压下工作时的电阻,哪个的电阻大?(4)100W 的电灯每秒钟消耗多少电能?(5)设电源的额定功率为 125kW,端电压为 220V,当只接上一个 220V 60W 的电灯时,电灯会不会被烧毁?(6)电流流过电灯后,会不会减少一点?(7)如果由于接线不慎,100W 电灯的两线碰触(短路),当闭合 S 时,后果如何?100W 电灯的灯丝是否被烧断?

1.5.2 额定电流为 100A 的发电机,只接了 60A 的照明负载,还有电流 40A 流到哪里去了?

1.5.3 额定值为 1W 100Ω 的碳膜电阻,在使用时电流和电压不得超过多大数值?

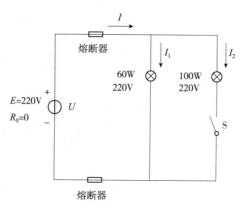

图 1-5-15 练习与思考 1.5.1 的图

1.5.4 图 1-5-16 中，方框代表电源或负载。已知 $U=-200\text{V}$，$I=-1\text{A}$，试问哪些方框是电源，哪些是负载？

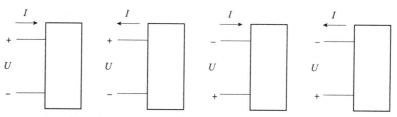

图 1-5-16 练习与思考 1.5.4 的图

1.5.5 图 1-5-17(a) 是一电池电路，当 $U=3\text{V}$，$E=5\text{V}$ 时，该电池作电源(供电)还是作负载(充电)用？图 1-5-17(b) 也是一电池电路，当 $U=5\text{V}$，$E=3\text{V}$ 时，则又如何？

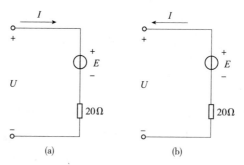

图 1-5-17 电池电路

1.5.6 一个电热器从 220V 的电源取用的功率为 1 000W，如将它接到 110V 的电源上，则取用的功率为多少？

1.5.7 根据日常观察，电灯在深夜要比黄昏时亮一些，为什么？

1.6 基尔霍夫定律

前面讲过电路是由元件按一定要求组成的几何结构，因而电路中出现了节点和回路,其各部分的电压、电流受两类约束所支配,其中一类约束来自元件的性质;另一类则来自元件的相互连接方式,称为拓扑约束,用基尔霍夫定律表示。

1.6.1 几个基本名词术语

①支路 电路中的每一分支。它可由一个元件或多个元件组成,实际判定支路时可看其是否流过同一电流,一条支路只有一个支路电流。一种简单易行的判别方法是:先将一个元件看作一条支路,数出所有元件数,然后看哪些元件是串联的,每有一个元件与另一个元件串联,支路数就减去一个,有三个元件串联在一起的就减去二,依此类推。最终所得即为电路中的支路数。

【例1.6.1】 试判断图1-6-1所示的电路中有几条支路?

【解】 图1-6-1中,有5个理想元件,其中恒压源E_1与电阻R_1串联,恒压源E_2与电阻R_2串联,因此可以判定这个电路有三条支路。

②支路电流 每条支路流过一个电流,称为支路电流,图1-6-1中有三条支路,故有三个支路电流I_1,I_2和I_3。

③节(结)点 电路中三条或三条以上的支路相连接的点,如图1-6-1中的a和b。

④回路 由一条或多条支路组成的闭合路径,如图1-6-1中的cabc,adba,cadbc。

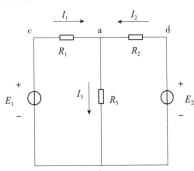

图1-6-1 例1.6.1的电路图

⑤网孔 电路中没有分支的回路,如图1-6-1中的cabc,adba。

【例1.6.2】 试判断图1-6-2(a)和(b)中所示的电路中有几条支路,几个节点,几个回路和多少个网孔?

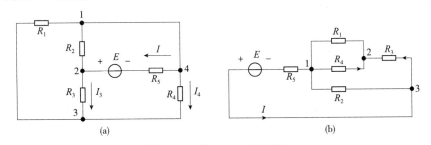

图1-6-2 例1.6.2的电路图

【解】 图1-6-2(a)中,一共有6个元件,其中恒压源E与电阻R_5串联,因此这个图示的电路有5条支路,节点1和4为等电位点,可视作一个节点,故有3个节点,7个回路,3个网孔。

图1-6-2(b)中,一共有6个元件,其中恒压源E与电阻R_5串联,因此可以判定这个电路有5条支路,3个节点,6个回路,3个网孔。事实上,这两个电路等效。

1.6.2 基尔霍夫定律

各支路连接到一个节点的,其电流必受到基尔霍夫电流定律(KCL)的约束;与一个回路相联系的各支路,其电压必受到基尔霍夫电压定律(KVL)的约束。因此,基尔霍夫定律包括基尔霍夫电流定律(简称 KCL)和基尔霍夫电压定律(简称 KVL)。

1.6.2.1 基尔霍夫电流定律

根据电流连续性原理,电荷在任何一点均不能堆积(包括节点)。因此在任一瞬间,流入任一节点的电流的代数和为零,即 $\sum i = 0$(任意波形电路);$\sum I = 0$(直流电路),这即为基尔霍夫定律。基尔霍夫电流定律是用来确定连接在同一节点上的各支路电流之间的关系。

规定:流入节点的电流为正,流出节点的电流为负。

图 1-6-3 中,根据 KCL,对节点 a 可写出:$I_2 - I_1 - I_3 - I_4 = 0$。

注:电路中的电流 I_1、I_2、I_3、I_4 是我们所选的参考方向,它们本身还有正负。

【**例 1.6.3**】 若图 1-6-3 中 $I_1 = 9\text{A}$,$I_2 = -2\text{A}$,$I_4 = 8\text{A}$,求 I_3。

【**解**】 把已知数据代入节点 a 的 KCL 方程,有
$$(-2) - 9 - I_3 - 8 = 0 \quad I_3 = -19\text{A}$$

(求解结果 I_3 电流为负值是由于电流所选的参考方向与实际方向相反。)

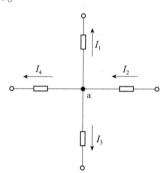

图 1-6-3 具有一个节点的电路图

将节点的电流根据流向进行移项,可得基尔霍夫定律的另一种形式:任一瞬间,流入某一节点的电流之和应该等于流出该节点的电流之和,即 $\sum i_\text{入} = \sum i_\text{出}$(任意波形电路);$\sum I_\text{入} = \sum I_\text{出}$(直流电路)。

KCL 定律可以推广应用于包围部分电路的任一假设的闭合面。

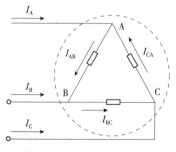

图 1-6-4 任一假设闭合面的电路图

图 1-6-4 中,分别对 A,B,C 3 个节点应用 KCL 可列出:
$$I_A = I_{AB} - I_{CA}$$
$$I_B = I_{BC} - I_{AB}$$
$$I_C = I_{CA} - I_{BC}$$

上列三式相加,便得 $I_A + I_B + I_C = 0$ 或 $\sum I = 0$。

可见,在任一瞬间通过任一封闭面的电流的代数和也恒等于零。

【**例 1.6.4**】 图 1-6-5 中 $I = 0$ 吗?理由是什么?

【**解**】 $I = 0$,可以把虚线框看成一个广义节点,只有流入电流 I,流出电流为 0,因此可以判定 $I = 0$。

【例 1.6.5】 在图 1-6-6 所示电路中，已知电流 $I_1=2A$，$I_3=1A$，则电流 I_2 为多少？

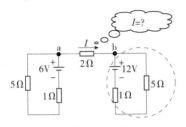

图 1-6-5 例 1.6.4 的电路图

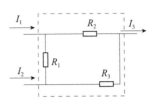

图 1-6-6 例 1.6.5 的电路图

【解】 可以把封边的方框如虚线框看成一个广义节点，根据基尔霍夫定律的推广应用有 $I_1+I_2=I_3$，求得 $I_2=-1A$。

1.6.2.2 基尔霍夫电压定律

在任一瞬间，沿任一回路的循行方向，各段电压降的代数和恒等于零，即 $\sum u=0$（任意形式的电路）；$\sum U=0$（直流电路）。

规定： 电压降与回路循行方向一致为正，相反为负。

注： 所谓的回路循行方向就是沿着回路循环行走的方向，顺时针或逆时针方向，这个循行方向是任选的，在应用 KVL 之前选定。在实际分析中，为避免出错，最好将回路的循行方向画成跟回路的形状一致。

图 1-6-7 中，各段电压的参考方向已标示，沿图所示选回路的循行方向如图所示，列写回路 cadbc 的 KVL 方程，为：$U_2+U_3+U_4-U_1=0$，此式也可改写为：$U_2+U_3=E_1-E_2$。

【例 1.6.6】 图 1-6-8 中，若 $U_1=-2V$，$E_1=-3V$，$U_4=8V$，$E_2=5V$，求 U_2 等于多少？

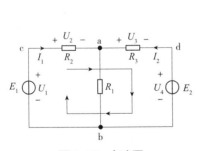

图 1-6-7 电路图

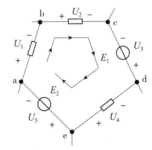

图 1-6-8 例 1.6.6 的电路图

【解】 首先选回路的循行方向，如图 1-6-8 所示，根据 KVL 列写方程为：

$$U_1+U_2-U_3-U_4+U_5=0 \text{ 或 } U_1+U_2-U_4=E_1-E_2$$

将数值代入上式得

$$(-2)+U_2-(-3)-8+5=0$$

故

$$U_2=2V$$

【例 1.6.7】 在图 1-6-9 中，已知 $U_1=10V$，$E_1=4V$，$E_2=2V$，$R_1=4\Omega$，$R_2=2\Omega$，$R_3=5\Omega$，1、2 两点间处于开路状态，试计算开路电压 U_2。

【解】 选定回路的循行方向如图 1-6-9 所示，
回路Ⅰ中，根据 KVL
$$U_1 = R_2I + R_1I + E_1$$
$$I = \frac{U_1 - E_1}{R_1 + R_2} = \frac{10-4}{4+2} = 1\text{A}$$

回路Ⅱ中
$$U_2 + E_2 - E_1 - R_1I = 0$$
$$U_2 = -E_2 + R_1I + E_1 = -2 + 4 \times 1 + 4 = 6\text{V}$$

KVL 可推广应用到任一假想的闭合回路。

图 1-6-10 中，根据 KVL 可列出：$E + IR - U_{AB} = 0$ 或 $U_{AB} = E + IR$。

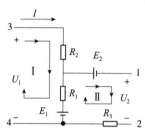

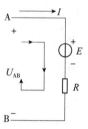

图 1-6-9 例 1.6.7 的电路图　　　图 1-6-10 假想 AB 闭合的电路图

图 1-6-11 中，根据 $\sum U = 0$ 得 $U_A - U_B - U_{AB} = 0$ 或 $U_{AB} = U_A - U_B$。

【例 1.6.8】 图 1-6-12 中，若 $U_1 = -2\text{V}$，$U_2 = 8\text{V}$，$U_3 = 5\text{V}$，$U_5 = -3\text{V}$，$R_4 = 2\Omega$，求电阻 R_4 两端的电压及流过它的电流。

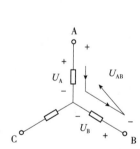

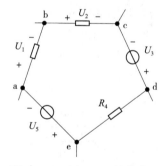

图 1-6-11 假想 AB、BC、AC 闭合的电路图　　图 1-6-12 例 1.6.8 的电路图

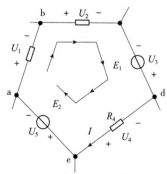

图 1-6-13 图 1-6-12 选定了回路循行方向及参考方向的图

【解】 选电阻 R_4 两端的电压 U_4 及流过它的电流 I 的参考方向如图 1-6-13 所示。沿顺时针方向列写回路的 KVL 方程式，有
$$U_1 + U_2 - U_3 - U_4 + U_5 = 0$$
代入数据，有
$$(-2) + 8 - 5 - U_4 + (-3) = 0$$
$$U_4 = -2\text{V}$$
根据欧姆定律　　$U_4 = -IR_4$
$$I = 1\text{A}$$

【练习与思考】

1.6.1 图 1-6-4 中，如 I_A、I_B、I_C 的参考方向如图中所选，这三个电流有无可能都是正值？

1.6.2 求图 1-6-14 中电流 I_5 的数值，已知 $I_1=4A$，$I_2=-2A$，$I_3=1A$，$I_4=-3A$。

1.6.3 图 1-6-15 中，已知 $I_a=1mA$，$I_b=10mA$，$I_c=2mA$，求电流 I_d。

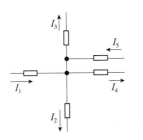

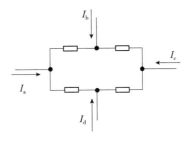

图 1-6-14 练习与思考 1.6.2 的图　　　**图 1-6-15** 练习与思考 1.6.3 的图

1.6.4 图 1-6-16 所示的两个电路中，各有多少支路和节点？U_{ab} 和 I 是否等于零？如将图(a)中右下臂的 6Ω 改为 3Ω，则又如何？

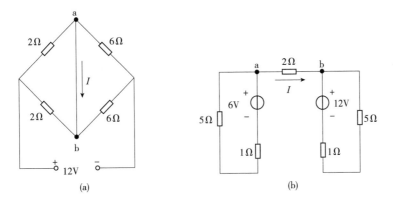

图 1-6-16 练习与思考 1.6.4 的图

1.6.5 图 1-6-17 所示电路中的电压 U_{AB} 为多少？

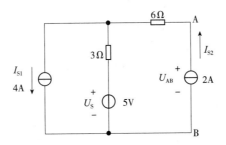

图 1-6-17 练习与思考 1.6.5 的图

1.7 电路中电位的概念及计算

电压实际上是两点的电位差。在分析电子电路时,常用到电位这个概念。

在计算电位时,选定电路中某一点作为参考点,令其电位为零,称为参考电位。其他各点到参考点的电压,即为该点的电位,用 V 表示。其他点的电位与它比较,比它高的为正,比它低的为负。

电路中某两点的电压值是绝对的,但电路中某点的电位是相对的,取决于所选的参考点。

1.7.1 电位的计算

【例 1.7.1】 计算图 1-7-1(a)所示电路中 B 点的电位。1-7-1(b)所示电路中 B 点的电位计算作为课堂练习。

【解】 图 1-7-1(a)中,

$$I = \frac{V_A - V_C}{R_1 + R_2} = 0.1\text{mA}$$

$$U_{AB} = V_A - V_B = R_2 I$$

$$V_B = V_A - U_{AB} = 6 - 50 \times 0.1 = 6 - 5 = 1\text{V}$$

【例 1.7.2】 已知图 1-7-2 中,$U_{da} = 4\text{V}$,$U_{ac} = 6\text{V}$,求各点电位。

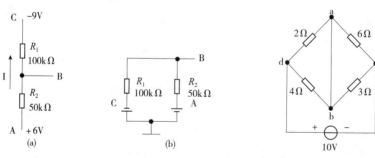

图 1-7-1 例 1.7.1 的电路图   图 1-7-2 例 1.7.2 的电路图

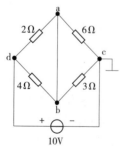

图 1-7-3 选图 1-7-2 中的 c 点接地

【解】 设 c 点接地,$V_c = 0$,如图 1-7-3,则

$$V_d = U_{dc} = 10\text{V}$$

$$U_a = U_b = U_{ac} = 6\text{V}$$

设 d 点接地,即 $V_d = 0$,如图 1-7-4,则

$$V_c = U_{cd} = -10\text{V}$$

$$V_a = U_b = U_{ad} = -U_{da} = -4\text{V}$$

结论:选择的参考点不同,各点的电位不同,但两点之间的电压不变。

【例 1.7.3】 电路如图 1-7-5 所示,分别以 A、B 为参考电位点计算 C 和 D 点的电位及 C 和 D 两点之间的电压。

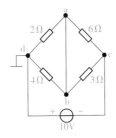

图 1-7-4　选图 1-7-2 中的 d 点接地

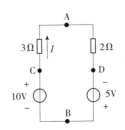

图 1-7-5　例 1.7.3 的电路图

【解】　以 A 为参考点，如图 1-7-6 所示。

根据 KVL　　　　　$3I+2I-5-10=0$，$I=\dfrac{10+5}{3+2}=3\text{A}$

根据欧姆定律　　　　　$V_\text{C}=3\times 3=9\text{V}$

$$V_\text{D}=-3\times 2=-6\text{V}$$

$$V_\text{CD}=V_\text{C}-V_\text{D}=9-(-6)=15\text{V}$$

以 B 为参考点，如图 1-7-7 所示。

$$V_\text{C}=10\text{V}$$

$$V_\text{D}=-5\text{V}$$

$$V_\text{CD}=V_\text{C}-V_\text{D}=15\text{V}$$

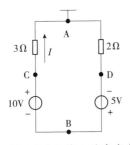

图 1-7-6　图 1-7-5 中选 A 为参考点的图解

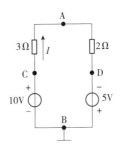

图 1-7-7　图 1-7-5 中选 B 为参考点的图解

1.7.2　利用电位化简电路

【例 1.7.4】

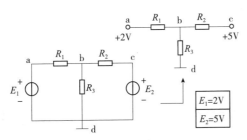

图 1-7-8　例 1.7.4 的图

【例 1.7.5】

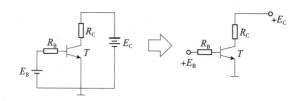

图 1-7-9　例 1.7.5 的电路图

思考：将图 1-7-10 所示的两个电路图化为原理电路图。

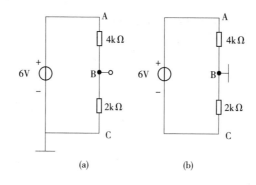

图 1-7-10　思考的电路图

【练习与思考】

1.7.1　计算图 1-7-11 所示两电路中 A，B，C 各点的电位。

1.7.2　有一电路如图 1-7-12 所示，(1)零电位参考点在哪里？在电路图中表示出来。(2)当将电位器 R_P 的滑动触点向下滑动时，A、B 两点的电位增高了还是降低了？

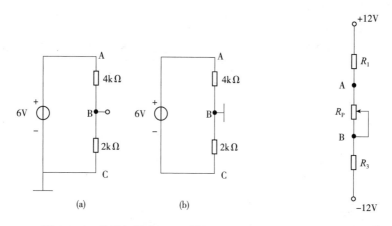

图 1-7-11　练习与思考 1.7.1 的图　　图 1-7-12　练习与思考 1.7.2 的图

1.7.3　计算图 1-7-13 所示电路在开关 S 断开和闭合时 A 点的电位 V_A。

1.7.4　计算图 1-7-14 中 A 点的电位 U_A。

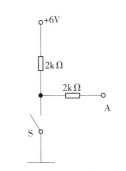
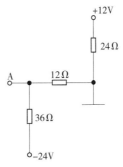

图 1-7-13 练习与思考 1.7.3 的图　　图 1-7-14 练习与思考 1.7.4 的图

综合例题解析

【综合例 1-1】 在综合图 1-1 所示的电路中，若已知 $I_{SC}=8A$，则电阻 R 消耗的电功率 P 为多少瓦？

【解】 本题综合利用欧姆定律和基尔霍夫定律，首先选定各支路电流的参考方向和网孔的回路循行方向，如综合图 1-2 所示。

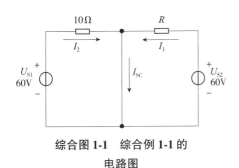
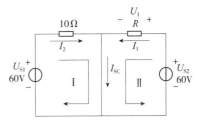

综合图 1-1　综合例 1-1 的电路图　　综合图 1-2　选定综合图 1-1 中回路循行方向和参考方向

回路 Ⅰ 中：　　　　　　　　　　$10I_2 - 60 = 0$　　$I_2 = 6A$

　　根据 KCL　　　　　　　　　　$I_1 + I_2 = I_{SC}$

　　故　　　　　　　　　　　　　$I_1 = 2A$

回路 Ⅱ 中：　　　　　　　　　　$I_1 R - 60 = 0$　　$R = 30\Omega$

　　或　　　　　　　　　　　　　$U_1 - 60 = 0$　　$U_1 = 60V$

电阻 R 上消耗的功率为

$$P = I_1^2 R = 120W \text{ 或 } P = U_1 I_1 = 120W$$

【综合例 1-2】 试求综合图 1-3 所示电路的电流 I_1，I_2，I_3 及 I_4，并求元件 3 的功率为吸收功率还是发散功率？元件 1、2、3 是电源还是负载？

【解】 选定两条支路电流的参考方向 I_5，I_6 和各网孔回路的循环方向，如综合图 1-4 所示。

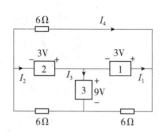
综合图 1-3 综合例 1-2 的电路图

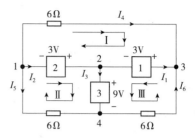
综合图 1-4 综合图 1-3 中选定了回路循行方向和参考方向的图解

根据 KVL 得

回路 Ⅰ：$6I_4+3+3=0$ $I_4=-1\text{A}$

回路 Ⅱ：$-3+9-6I_5=0$ $I_5=1\text{A}$

回路 Ⅲ：$3+9+6I_6=0$ $I_6=-2\text{A}$

根据 KCL 得

节点 1：$I_2+I_4+I_5=0$ $I_2=-(-1+1)=0\text{A}$

节点 3：$I_1+I_4+I_6=0$ $I_1=2-(-1)=3\text{A}$

节点 2：$I_2=I_1+I_3$ $I_3=0-3=-3\text{A}$

元件 3 的功率：$P_3=9I_3=-27\text{W}<0$，且其电压、电流为关联参考方向，发出功率，元件 3 为电源。

元件 2 的功率：$P_2=3I_2=0\text{W}$，故元件 2 消耗的功率为 0，既不是电源也不是负载。

元件 1 的功率：$P_1=3I_1=9\text{W}$，电压、电流参考方向相反，故元件 1 是电源，提供功率。

【综合例 1-3】 在综合图 1-5 中，请问 U_{ab} 和 I 是否为零？为什么？

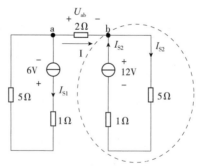
综合图 1-5 综合例 1-3 的电路图

【解】 有两种判断方法。

方法 1：对 a 节点：$I_{S1}=I+I_{S1}$，$I=0\text{A}$

对 b 节点：$I+I_{S2}=I_{S2}$，同样 $I=0\text{A}$

根据欧姆定律 $U_{ab}=2I=0\text{V}$

方法 2：虚线框为一封闭平面，故 $I=0\text{A}$，$U_{ab}=2I=0\text{V}$

图中 U_{ab} 和 I 均为 0；因为左右两个单眼回路没有共同的等电位点，所以 a 点的电位与 b 点的电位相等。因此，U_{ab} 为 0；既然 U_{ab} 为 0，那么 I 也为 0。

【综合例 1-4】 判断综合图 1-6 中元件 A，B，C，D，E 是电源还是负载？

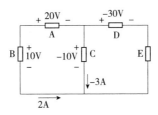

综合图 1-6 综合例 1-4 的电路图

【解】 选 D，E 的电压电流的参考方向，如综合图 1-7(a) 所示，按照基尔霍夫定律可求出每个元件的电压、电流，重新标出各元件上的电流和电压的实际方向，如图综合 1-7(b) 所示。

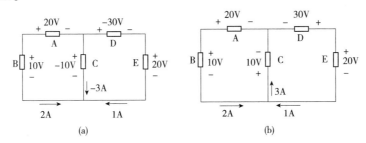

综合图 1-7 综合图 1-6 的选定参考方向及实际方向图
(a) 选定综合图 1-6 的参考方向图 (b) 综合图 1-6 的实际方向图

根据元件的电压与电流实际方向相同为负载，相反为电源，可知：电源元件为 A，D；负载元件为 B，C，E。

习　题

1.5.1 有一直流电源，其额定功率 $P_N = 200W$，额定电压 $U_N = 50V$，内阻 $R_0 = 0.5\Omega$，负载电阻 R 可以调节，其电路如图 1-5-11 所示。试求：(1) 额定工作状态下的电流及负载电阻；(2) 开路状态下的电源端电压；(3) 电源短路状态下的电流。

1.5.2 有人打算将 110V 100W 和 110V 40W 两只白炽灯串联后接在 220V 的电源上使用，是否可以？为什么？

1.5.3 一只 110V 8W 的指示灯，现在要接在 380V 的电源上，问要串多大阻值的电阻？该电阻应选用多大瓦数的？

1.5.4 图 1-1 的两个电路中，要在 12V 的直流电源上使 6V 50mA 的电珠正常发光，应该采用哪一个连接电路？

1.5.5 图 1-2 所示的是用变阻器 R 调节直流电机励磁电流 I_f 的电路。设电机励磁绕组的电阻为 315Ω，其额定电压为 220V，如果要求励磁电流在 0.35~0.7A 的范围内变动，试在下列三个变阻器中选择一个合适的：(1) 1 000Ω 0.5A；(2) 200Ω 1A；(3) 350Ω 1A。

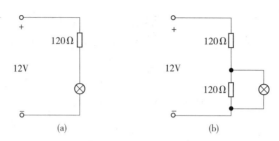

图 1-1 习题 1.5.4 的图

1.5.6 图 1-3 中的电路可用来测量电源的电动势 E 和内阻 R_0。图中，$R_1 = 2.6\Omega$，$R_2 = 5.5\Omega$。当将开关 S_1 闭合时，电流表读数为 2A；断开 S_1，闭合 S_2 后，读数为 1A。试求 E 和 R_0。

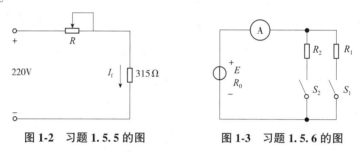

图 1-2 习题 1.5.5 的图   图 1-3 习题 1.5.6 的图

1.5.7 有两只电阻，其额定值分别为 40Ω 10W 和 200Ω 40W，试问它们允许通过的电流是多少？如将两者串联起来，其两端最高允许电压可加多大？

1.5.8 图 1-4 所示是电阻应变仪中的测量电桥的原理电路。R_x 是电阻应变片，黏附在被测零件上。当零件发生变形(伸长或缩短)时，R_x 的阻值随之而改变，这反映在输出信号 U_0 上。在测量前如果把各个电阻调节到 $R_x = 100\Omega$，$R_1 = R_2 = 200\Omega$，$R_3 = 100\Omega$，这时满足 $R_x R_2 = R_1 R_3$ 的电桥平衡条件，$U_0 = 0$。在进行测量时，如果测出 (1) $U_0 = +1\text{mV}$，(2) $U_0 = -1\text{mV}$，试计算两种情况下的 ΔR_x。U_0 极性的改变反映了什么？设电源电压 U 是直流 3V。

1.5.9 图 1-5 是电源有载工作的电路。电源的电动势 $E = 220\text{V}$，内阻 $R_0 = 0.2\Omega$；负载电阻 $R_1 = 10\Omega$，$R_2 = 6.67\Omega$；线路电阻 $R_l = 0.1\Omega$。试求负载电阻 R_2 并联前后：(1) 电路中电流 I；(2) 电源端电压 U_1 和负载端电压 U_2；(3) 负载功率 P。当负载增大时，总的负载电阻、线路中电流、负载功率、电源端和负载端的电压是如何变化的？

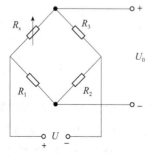   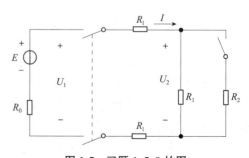

图 1-4 习题 1.5.8 的图   图 1-5 习题 1.5.9 的图

1.6.1　图 1-6 中，已知 $I_1=0.01\mu A$，$I_2=0.3\mu A$，$I_5=9.61\mu A$，试求电流 I_3，I_4 和 I_6。

1.6.2　试求图 1-7 中所示电路中的电流 I，I_1 和电阻 R。设 $U_{ab}=0$。

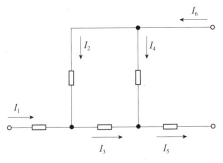

图 1-6　习题 1.6.1 的图

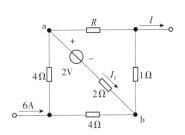

图 1-7　习题 1.6.2 的图

1.6.3　图 1-8 所示电路的电压 U_{AB} 为多少？

1.6.4　图 1-9 中，5 个元件代表电源或负载。电流和电压的参考方向如图中所示，今通过实验测量得知：

$$I_1=-4A \quad I_2=6A \quad I_3=10A \quad U_1=140V$$
$$U_2=-90V \quad U_3=60V \quad U_4=-80V \quad U_5=30V$$

(1) 试标出各电流的实际方向和各电压的实际极性(可另画一图)；(2) 判断哪些元件是电源，哪些是负载；(3) 计算各元件的功率，电源发出的功率和负载取用的功率是否平衡。

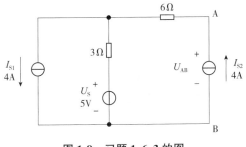

图 1-8　习题 1.6.3 的图

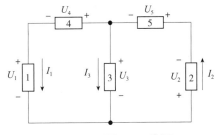

图 1-9　习题 1.6.4 的图

1.6.5　图 1-10 中，已知 $I_1=3mA$，$I_2=1mA$。试确定电路元件 3 中的电流 I_3 和其两端电压 U_3，并说明它是电源还是负载。校验整个电路的功率是否平衡。

1.7.1　试求图 1-11 所示电路中 A 点的电位。

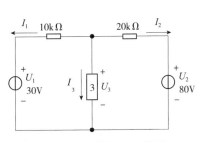

图 1-10　习题 1.6.5 的图

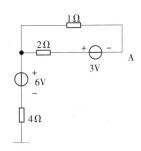

图 1-11　习题 1.7.1 的图

1.7.2　试求图 1-12 所示电路中 A 点和 B 点的电位。如将 A，B 两点直接连接或接一电阻，对电路工作有无影响？

1.7.3　图 1-13 中，在开关 S 断开和闭合的两种情况下试求 A 点的电位。

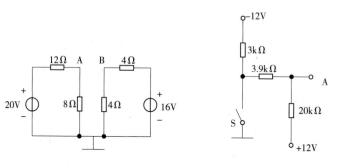

图 1-12　习题 1.7.2 的图　　图 1-13　习题 1.7.3 的图

1.7.4　图 1-14 中，求 A 点电位 V_A。

1.7.5　图 1-15 中，如果 15Ω 电阻上的电压降为 30V，其极性如图所示，试求电阻 R 及 B 点的电位 V_B。

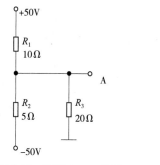 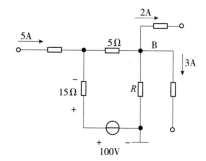

图 1-14　习题 1.7.4 的图　　图 1-15　习题 1.7.5 的图

第 2 章 电阻电路的直流分析方法

所谓电阻电路是指由电源元件与电阻元件组成的电路。电阻电路的直流分析就是分析在直流激励下电路的响应问题。电路有简单电路和复杂电路两大类。所谓简单电路就是能用电阻串、并联等效变换化简的电路。凡不能用电阻串、并联等效化简的电路,称为复杂电路。在分析电路时,根据电路的支路数和节点数以及电路的结构利用欧姆定律、KCL(对节点列电流方程)和 KVL(对回路列电压方程)等列写方程。

简单电路的分析方法:其解决方法就是利用电源的等效变换及电阻的等效变换化简为一个电源与一个电阻相连接的电路,然后利用欧姆定律进行求解。

复杂电路的分析方法:其求解方法虽然用欧姆定律、KCL 和 KVL 可以解决,但方程数目多,计算复杂。故常用本章介绍的方法来简化计算。

2.1 电阻串并联等效电路

2.1.1 电阻串联的等效电路

两个或更多个电阻顺序相连,且它们通过同一电流,则这样的连接方法称为电阻的串联。

变换前后两个电路两端的电压 U 和端电流 I 保持不变称为等效变换。

根据等效变换的特性和基尔霍夫电压定律(KVL),图 2-1-1(a)中有 $U=U_1+U_2$,根据欧姆定律有 $U_1=IR_1$,$U_2=IR_2$,图 2-1-1(b)中,根据欧姆定律有 $U=IR$,故等效电阻 $R=R_1+R_2$,可推广 n 个电阻串联的等效电阻为 $R=R_1+R_2+\cdots+R_n$。

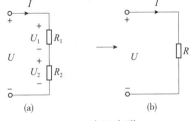

图 2-1-1 两电阻串联(a)及等效电路(b)

两电阻串联时的分压公式:

$$U_1=\frac{R_1}{R_1+R_2}U,\quad U_2=\frac{R_2}{R_1+R_2}U$$

可见,电阻串联时各段电压的分配与电阻成正比。当其中某个电阻比其他电阻小很多时,在它两端的电压也比其他电阻上的电压低很多。电阻串联的应用很多,譬如在负载的额定电压低于电源电压的情况下,通常需要与负载串联一个电阻,以降落一部分电压。有时为了限制负载中通过过大的电流,也可以与负载串联一个限流电阻。如果需要调节电路中的电流时,常在电路中串联一个变阻器来进行调节。另外,改变串联电阻的大小可以得到不同的输出电压。因此,电阻串联的应用场合主要为:降压、限流、调节电压等。

2.1.2 电阻并联的等效电路

电路中两个或多个电阻连接在两个公共的节点之间,则这样的连接法称为电阻的并联。各个并联电阻上两端的电压相同。

根据等效变换的特性和基尔霍夫电流定律(KCL),对图 2-1-2(a)有 $I=I_1+I_2$,根据欧姆定律有 $I_1=\dfrac{U}{R_1}$,$I_2=\dfrac{U}{R_2}$,在图 2-1-2(b)中,根据欧姆定律有 $I=\dfrac{U}{R}$,故等效电阻 $\dfrac{1}{R}=\dfrac{1}{R_1}+\dfrac{1}{R_2}$,可推广 n 个电阻并联时的等效电阻为 $\dfrac{1}{R}=\dfrac{1}{R_1}+\dfrac{1}{R_2}+\cdots+\dfrac{1}{R_n}$。

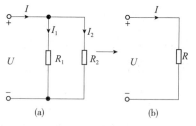

图 2-1-2 两电阻并联(a)及等效电路(b)

两电阻并联时的分流公式:

$$I_1=\frac{R_2}{R_1+R_2}I$$

$$I_2=\frac{R_1}{R_1+R_2}I$$

可见,电阻并联时其通过的电流与电阻值的大小成反比。当其中某个电阻较其他电阻大很多时,通过它的电流就较其他电阻上的电流小很多,此时这个电阻的分流作用常可忽略不计。

电阻的倒数称为电导,用 G 表示,在国际单位制中,电导的单位是西[门子](S),两个电阻并联用电导表示:$G=G_1+G_2$。

一般地,负载都是并联运用的。当负载并联连接时,它们具有相同的电压,这样其中任何一个负载的工作基本上不受其他负载的影响。并联的负载电阻越多(负载数增加),则总电阻越小,电路中的总电流和电流提供的功率也就越大。但是每个负载的电流和功率却基本不变。有时为了某种需要,可将电路中的某一段与电阻或变阻器并联,以起分流或调节电流的作用。因此,电阻并联的应用场合主要为分流和调节电流等。

【例 2.1.1】 图 2-1-3 所示为变阻器调节负载电阻 R_L 两端电压的分压电路。$R_L=50\Omega$,$U=220V$。中间环节是变阻器,其规格是 100Ω 3A。今把它平分为四段,在图上用 a,b,c,d,e 点标出。求滑动点分别在 a,c,d,e 时,负载和变阻器各段所通过的电流及负载电压,并就流过变阻器的电流与其额定电流比较说明使用时的安全问题。

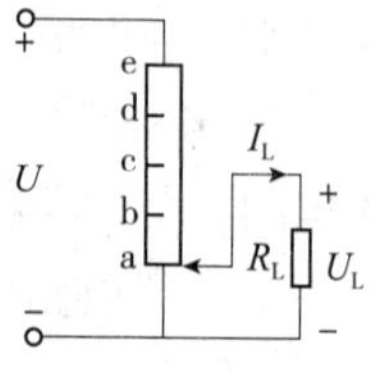

图 2-1-3 例 2.1.1 的变阻器电路图

【解】 (1)在 a 点:R_L 被短路,$U_L=0$,$I_L=0$

$$I_{ea}=\frac{U}{R_{ea}}=\frac{220}{100}=2.2A$$

(2)在 c 点:等效电阻 R 为 R_{ca} 与 R_L 并联,再与 R_{ec} 串联,即

$$R' = \frac{R_{ca}R_L}{R_{ca}+R_L} + R_{ec} = \left(\frac{50\times 50}{50+50}+50\right) = 75\Omega$$

$$I_{ec} = \frac{U}{R'} = \frac{200}{75} \approx 2.93\text{A}$$

$$I_L = I_{ca} = \frac{2.93}{2} \approx 1.47\text{A}$$

$$U_L = R_L I_L = 50\times 1.47 = 73.5\text{V}$$

注意：此时滑动触点虽在变阻器的中点，但是输出电压不等于电源电压的一半，而是 73.5V。

(3) 在 d 点：

$$R' = \frac{R_{da}R_L}{R_{da}+R_L} + R_{ed} = \left(\frac{75\times 50}{75+50}+25\right)\Omega = 55\Omega$$

$$I_{ed} = \frac{U}{R'} = \frac{220}{55}\text{A} = 4\text{A}$$

$$I_L = \frac{R_{da}}{R_{da}+R_L}I_{ed} = \frac{75}{75+50}\times 4 = 2.4\text{A}$$

$$I_{da} = \frac{R_L}{R_{da}+R_L}I_{ed} = \frac{50}{75+50}\times 4 = 1.6\text{A}$$

$$U_L = R_L I_L = 50\times 2.4 = 120\text{V}$$

注意：因 $I_{ed}=4\text{A}>3\text{A}$，ed 段有被烧毁的可能。

(4) 在 e 点：

$$I_{ea} = \frac{U}{R_{ea}} = \frac{220}{100} = 2.2\text{A}$$

$$I_L = \frac{U}{R_L} = \frac{220}{50} = 4.4\text{A}$$

$$U_L = U = 220\text{V}$$

【例 2.1.2】 求图 2-1-4 所示的电阻混联电路中的 U 是多少？

【解】 $R'' = 1 /\!/ (2+1) = \frac{3}{4}\Omega$

$R' = 1 /\!/ (2+R'') = \frac{11}{15}\Omega$

则 $U_1 = \frac{R'}{2+R'}\times 41 = 11\text{V}$

$U_2 = \frac{R''}{2+R''}U_1 = 3\text{V}$

得 $U = \frac{1}{2+1}U_2 = 1\text{V}$

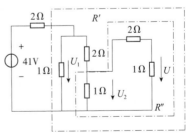

图 2-1-4 例 2.1.2 的电阻混联电路图

【练习与思考】

2.1.1 试估算图 2-1-5 所示两个电路中的电流 I。

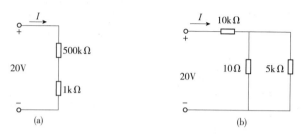

图 2-1-5 练习与思考 2.1.1 的电路图

2.1.2 计算图 2-1-6 所示两电路中 a，b 间的等效电阻 R_{ab}。

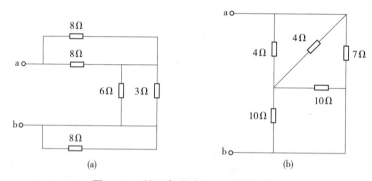

图 2-1-6 练习与思考 2.1.2 的电路图

2.1.3 通常电灯开得越多，总负载电阻越大还是越小？

2.1.4 在图 2-1-7 所示电路中，A、B 之间等效电阻 R_{AB} 为多少？

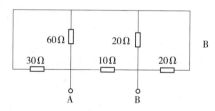

图 2-1-7 练习与思考 2.1.4 的电路图

*2.2 电阻星形连接与三角形连接的等效变换

在计算电路时，将串联或并联的电阻化简为等效电阻，最为简便。但是有的电路，如图 2-2-1(a)所示的电路，5 个电阻既非串联，又非并联，就不能用电阻串、并联来化简。如果能将图中 a，b，c 三端间连成三角形(△形)的三个电阻等效变换为星形(Y 形)连接的另外三个电阻，那么电路的结构形式就变为图 2-2-1(b)。显然，该电路中 5 个电阻是串、并联的，这样，就很容易计算电流 I 和 I_1 了。

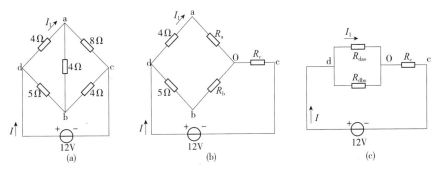

图 2-2-1 用 Y-△ 等效变换求解电路的一例
(a)三个电阻△形连接 (b)等效变换为Y形连接 (c)变换后用串并联等效化简的图

Y形连接的电阻与△形连接的电阻等效变换的条件是：对应端(如 a，b，c)流入或流出的电流 I_a，I_b，I_c 相等，对应端间的电压 U_{ab}，U_{bc}，U_{ca} 也相等[图 2-2-2(a)和(b)]。即等效变换前后，不改变电路流入 a，b，c 三端的电流和任意两点间的电压。

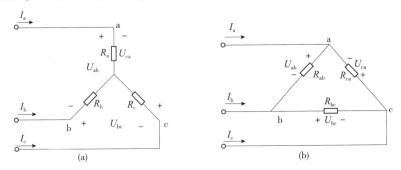

图 2-2-2 Y-△ 等效变换电路图
(a)三个电阻星形连接 (b)三个电阻三角形连接

当满足上述等效条件后，在 Y 形和△形两种接法中，对应的任意两端间的等效电阻也必然相等。设某一对应端(如 c 端)开路时，其他两端(a 和 b)间的等效电阻为

$$R_a+R_b=\frac{R_{ab}(R_{bc}+R_{ca})}{R_{ab}+R_{bc}+R_{ca}}$$

同理

$$R_b+R_c=\frac{R_{bc}(R_{ca}+R_{ab})}{R_{ab}+R_{bc}+R_{ca}}$$

$$R_c+R_a=\frac{R_{ca}(R_{ab}+R_{bc})}{R_{ab}+R_{bc}+R_{ca}}$$

解上列三式，可得出：将 Y 形连接等效变换为△形连接时，

$$R_{ab}=\frac{R_aR_b+R_bR_c+R_cR_a}{R_c}$$

$$R_{bc}=\frac{R_aR_b+R_bR_c+R_cR_a}{R_a} \quad (2\text{-}2\text{-}1)$$

$$R_{ca}=\frac{R_aR_b+R_bR_c+R_cR_a}{R_b}$$

将△形连接等效变换为Y形连接时，

$$R_\mathrm{a} = \frac{R_\mathrm{ab} R_\mathrm{ca}}{R_\mathrm{ab} + R_\mathrm{bc} + R_\mathrm{ca}}$$

$$R_\mathrm{b} = \frac{R_\mathrm{ab} R_\mathrm{bc}}{R_\mathrm{ab} + R_\mathrm{bc} + R_\mathrm{ca}} \tag{2-2-2}$$

$$R_\mathrm{c} = \frac{R_\mathrm{ca} R_\mathrm{bc}}{R_\mathrm{ab} + R_\mathrm{bc} + R_\mathrm{ca}}$$

【例 2.2.1】 计算图 2-2-1(a)所示电路中的电流 I_1。

【解】 将连成△形的 abc 间的电阻变换为 Y 形连接的等效电阻，其电路如图 2-2-1(b)所示。应用式(2-2-2)，得

$$R_\mathrm{a} = \frac{4 \times 8}{4+4+8} = 2\Omega \quad R_\mathrm{b} = \frac{4 \times 4}{4+4+8} = 1\Omega \quad R_\mathrm{c} = \frac{8 \times 4}{4+4+8} = 2\Omega$$

将图 2-2-1(b)化简为图 2-2-1(c)的电路，其中

$$R_\mathrm{dao} = 4+2 = 6\Omega$$

$$R_\mathrm{dbo} = 5+1 = 6\Omega$$

因此

$$I = \frac{12}{6 /\!/ 6 + 2} = 2.4\mathrm{A} \quad I_1 = \frac{1}{2}I = 1.2\mathrm{A}$$

2.3 支路电流法

支路电流法是以支路电流(电压)为未知量，直接应用 KCL 和 KVL 列出方程，联立方程组，然后求解出各支路的电流(电压)。它是计算复杂电路最基本的方法。它列写的是独立节点的 KCL 方程和独立回路的 KVL 方程及元件的伏安关系式。

支路电流法的求解步骤：

①确定支路数 b 和节点数 n，选定各支路电流的参考方向。

②选取 $(n-1)$ 个独立节点，列写 KCL 方程。

③选取 $(b-n+1)$ 个独立的回路列写 KVL 方程。

④将独立节点的 KCL 方程和独立回路的 KVL 方程联立方程组求解，求得各支路电流；由支路电流，根据欧姆定律计算支路电压。

下面以图 2-3-1 为例应用上面的求解步骤介绍如何用支路电流法分析电路。

①根据电路图可知，图中的支路数 $b=3$，选定各支路电流的参考方向如图 2-3-1 所示。

②图中的节点 $n=2$，故只需列写一个 KCL 方程。

对图中的 A 节点：

$$I_1 + I_2 - I_3 = 0 \tag{2-3-1}$$

③应用 KVL 列出余下的 $3-(2-1)=2$ 个方程(一般针对网孔列写 KVL 方程)。图中对左右两个网孔列写 KVL 方程：

$$I_1 R_1 - I_2 R_2 = E_1 - E_2 \tag{2-3-2}$$

$$I_2 R_2 + I_3 R_3 - E_2 = 0 \tag{2-3-3}$$

④联立这 $b=3$ 个方程构成的方程组,求解出三条支路的电流 I_1,I_2,I_3。

【例 2.3.1】 在图 2-3-1 所示的电路中,已知 $E_1=140\text{V}$,$E_2=90\text{V}$,$R_1=20\Omega$,$R_2=5\Omega$,$R_3=6\Omega$,试求各支路电流。

【解】 将已知数据代入式(2-3-1)、式(2-3-2)和式(2-3-3)得:

$$I_1+I_2-I_3=0$$
$$20I_1-5I_2=140-90$$
$$5I_2+6I_3-90=0$$

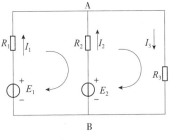

图 2-3-1 支路电流法
分析的电路图

解之,得
$$I_1=4\text{A}$$
$$I_2=6\text{A}$$
$$I_3=10\text{A}$$

验算结果是否正确,有两种方法:

①选用求解时未用过的回路,应用基尔霍夫电压定律进行验算。

$$E_1=I_1R_1+I_3R_3$$
$$140=4\times20+10\times6$$
$$140\text{V}=140\text{V}$$

②用电路中的功率平衡关系进行验算。

$$E_1I_1+E_2I_2=R_1I_1^2+R_2I_2^2+R_3I_3^2$$
$$140\times4+90\times6=20\times4^2+5\times6^2+6\times10^2$$
$$1\,100\text{W}=1\,100\text{W}$$

【课堂练习】 图 2-3-2 所示电路有多少条支路,多少个节点,多少个网孔?试列出求解方程。

【例 2.3.2】 采用支路电流法求解图 2-3-3 所示电路中的各支路电流。

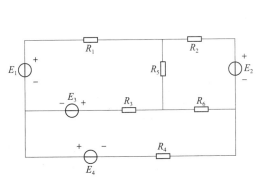

图 2-3-2 课堂练习的电路图

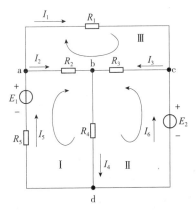

图 2-3-3 例 2.3.2 和例 2.3.3 的电路图

【解】 图示电路中支路 $b=6$，节点 $n=4$，网孔 $l=3$。求解量：支路电流 $I_1 \sim I_6$，因此采用支路电流法时要列出六元一次方程组。

KCL：$(n-1)=3$ 个

a：$I_1+I_2=I_5$

b：$I_2+I_3=I_4$

c：$I_1+I_6=I_3$

KVL：$b-(n-1)=3$ 个

网孔 I：$R_2I_2+R_4I_4+R_5I_5=E_1$

网孔 II：$R_3I_3+R_4I_4=E_2$

网孔 III：$R_1I_1+R_3I_3-R_2I_2=0$

联立以上 6 个方程，解方程组，得 $I_1 \sim I_6$。

【例 2.3.3】 已知图 2-3-3 中 $E_1=15\text{V}$，$E_2=10\text{V}$，$R_1=1\Omega$，$R_2=4\Omega$，$R_3=2\Omega$，$R_4=4\Omega$，$R_5=1\Omega$，采用支路电流法求解图示电路中的各支路电流。

【解】 图中支路 $b=6$，节点 $n=4$，网孔 $l=3$，
根据【例 2.3.2】所列的方程组可以求得

$$I_1=2\text{A} \quad I_2=1\text{A}$$
$$I_3=1\text{A} \quad I_4=2\text{A}$$
$$I_5=3\text{A} \quad I_6=-1\text{A}$$

用功率平衡方程式验证结果

负载： $$\sum I^2R=4+4+2+16+9=35\text{W}$$

电源： $$\sum IE=3\times15+(-1)\times10=35\text{W}$$

$$\sum I^2R=\sum IE \quad 正确$$

【例 2.3.4】 图 2-3-4 中，已知 $I_1=3\text{mA}$，$I_2=1\text{mA}$。试确定元件 3 中的电流 I_3 和其两端的电压 U_3，并说明它是电源还是负载？

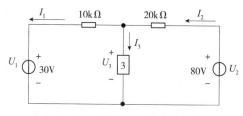

图 2-3-4 例 2.3.4 的电路图

【解】 根据 KVL 有：$10\times10^3I_1+30=U_3$，故 $U_3=60\text{V}$。根据 KCL 有：$I_2=I_1+I_3$，故 $I_3=-2\text{mA}$ 元件 3 消耗的功率：$P_3=U_3I_3=-120\text{mW}$，且 U_3，I_3 为关联参考方向，故元件 3 为发出功率，是电源。

【练习与思考】

2.3.1 图 2-3-5 所示的电路共有三个回路，是否也可应用基尔霍夫电压定律列出三个方程求解三个支路电流？

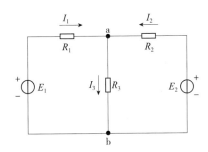

图 2-3-5 练习与思考 2.3.1 和 2.3.2 的电路图

2.3.2 对图 2-3-5 所示电路，下列各式是否正确？

$$I_1 = \frac{E_1 - E_2}{R_1 - R_2} \quad I_1 = \frac{E_1 - U_{ab}}{R_1 - R_3} \quad I_2 = \frac{E_2}{R_2} \quad I_2 = \frac{E_2 - U_{ab}}{R_2}$$

2.4 叠加原理

由线性元件及独立电源组成的电路称为线性电路。独立电源是非线性单口元件(其伏安特性曲线不是过原点的直线)，但它们是电路的输入，对电路起着激励的作用。也就是说，电压源的电压、电流源的电流与所有其他元件的电压、电流相比扮演着不同的角色，后者只是激励所引起的响应。因此，尽管电源是非线性的，但只要电路的其他部分是由线性元件组成，响应与激励之间将存在线性关系。

叠加原理：在多个电源共同作用的线性电路中，某一支路的电压(或电流)等于每个电源单独作用在该支路上所产生的电压(或电流)的代数和。这个原理中有两点要强调说明。

(1)"除源"

当电路中只有一个电源单独作用时，就是假设将其余电源均除去，即"除源"。前面我们讲过恒压源的特性是输出电压恒定，恒流源输出的电流恒定，因此要除去一个恒压源或恒流源的作用，只能是令电路中恒压源产生的源电压或恒流源产生的源电流为零，即将理想电压源(恒压源)部分短路，理想电流源(恒流源)部分开路。

(2)代数和

在第 1 章介绍基尔霍夫定律时讲过这个概念，凡是涉及代数和的地方就有正负。将多个电源共同作用的线性电路分解为单个电源作用的分电路时，单个电源作用的分电路中各支路的电压或电流的方向任选。叠加时有正负，同时要注意分电路中各支路的电压或电流的方向为参考方向，它们本身还有正负。

规定：分电路中某条支路的电压或电流的方向与未分解之前的总电路中对应的那条支路的电压或电流的方向相同为正，相反为负。

图 2-4-1 中： $$I = I' + I''$$

应用叠加原理分析电路的步骤：

①画出 n 个电源分别作用的 n 张图，并在 $(n+1)$ 张图上标示所求支路电压(流)的参考方向，方向可任意选定。

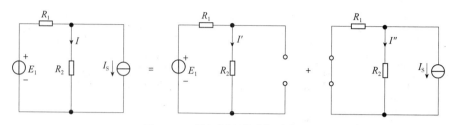

图 2-4-1 叠加原理的除源分解图

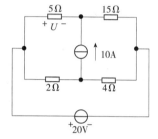

图 2-4-2 例 2.4.1 的电路图

②分别求出 n 个分电路中的电压(流)分量。

③按参考方向求取 n 个分量的代数和。

【例 2.4.1】 求图 2-4-2 所示电路中 5Ω 的电阻两端的电压 U 及功率 P。

【解】 应用叠加原理分解电路,并选定各分电路中待求支路的电压参考方向,如图 2-4-3 所示。

先计算 20V 恒压源单独作用时在 5Ω 电阻上所产生的电压 U',此时恒流源不作用相当于开路:

$$U' = 20 \times \frac{5}{5+15} = 5\text{V}$$

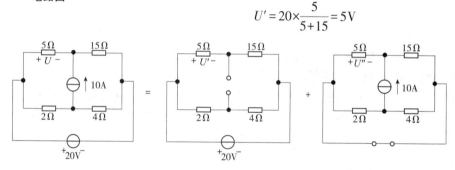

图 2-4-3 例 2.4.1 的叠加原理等效分解电路图

再计算 10A 电流源单独作用在 5Ω 电阻上所产生的电压 U'':

$$U'' = -10 \times \frac{15}{5+15} \times 5 = -37.5\text{V}$$

$$U = U' + U'' = 5 - 37.5 = -32.5\text{V}$$

$$P = \frac{(-32.5)^2}{5} = 221.25\text{W}$$

应用叠加原理分析电路的注意事项:

①当恒压源不作用时应视其为短路,而恒流源不作用时则应视其为开路。

②虽然电压或电流满足叠加原理,但元件的功率不等于各电源单独作用时在该元件上所产生的功率之和。计算功率时不能使用叠加原理。

如 $I_2 = I'_2 + I''_2$ $U_2 = U'_2 + U''_2$

$P = U_2 I_2 = U'_2 I'_2 + U''_2 I'_2 + U'_2 I''_2 + U''_2 I''_2 \neq U'_2 I'_2 + U''_2 I''_2$

由此可见,若用叠加原理来计算功率,将失去"交叉乘积"项。故在计算功率时,必须根据元件上的总电压和总电流来计算。

叠加原理不仅可以用来计算复杂电路，而且是分析与计算线性问题的普遍原理，在后面还常用到。

【例 2.4.2】 求图 2-4-4 所示电路中的电压 U。

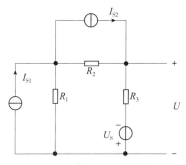

图 2-4-4 例 2.4.2 的电路图

【解】 将图 2-4-4 分解为单个独立源单独作用的电路，如图 2-4-5 所示。

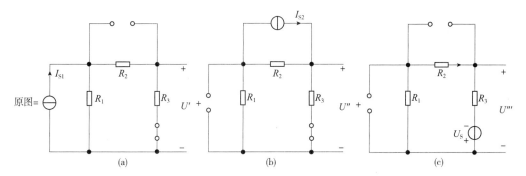

图 2-4-5 图 2-4-4 的叠加原理分解图

图 2-4-5(a) 中，运用分流公式求出流经 R_3 的电流后，可得

$$U' = I_{S1}\left(\frac{R_1}{R_1+R_2+R_3}\right)R_3$$

图 2-4-5(b) 中，运用分流公式和欧姆定律可得

$$U'' = I_{S2}\left(\frac{R_2}{R_1+R_2+R_3}\right)R_3$$

图 2-4-5(c) 中，运用分压公式可得

$$U''' = -U_S\left(\frac{R_1+R_2}{R_1+R_2+R_3}\right)$$

由叠加原理可得

$$U = \frac{I_{S1}R_3R_1 + I_{S2}R_3R_2 - U_S(R_1+R_2)}{R_1+R_2+R_3}$$

叠加原理的推广应用(即比例性)：在单个激励或可等效为单个激励作用的线性电路中，当激励的源电压或源电流变化 k 倍时，各支路的响应电压或电流也相应地变化 k 倍。即源电压或源电流增大 k 倍时，电路中各条支路的电压或电流也增大 k 倍；源电压

或源电流减少 k 倍时，电路中各条支路的电压或电流也减少 k 倍。

【例 2.4.3】 在图 2-4-6 所示电路中，已知 $I_{S1}=3A$，$I_{S2}=6A$。当理想电流源 I_{S1} 单独作用时，流过电阻 R 的电流是 2A，那么，当理想电流源 I_{S1} 和 I_{S2} 共同作用时，流过电阻 R 的电流 I 值为多少？

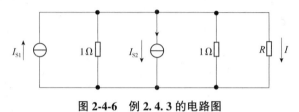

图 2-4-6 例 2.4.3 的电路图

【解】 利用叠加原理的推广应用来求解。当理想电流源 $I_{S1}=3A$ 单独作用时，流过电阻 R 的电流是 2A，则当理想电流源 I_{S1} 和 I_{S2} 共同作用时，相当于 I_{S1} 变为 $-3A$，等效为单个恒流源作用变换了 -1 倍，相应地电阻 R 流过的电流也变化 -1 倍，故此时 $I=-2A$。

2.5 电源等效变换法

通过第 1 章的学习可知：电源有两种电路模型，即电压源和电流源。

实际电压源的电路模型是源电压为 U_S 的理想电压源和内阻 R 串联的电路，其输出特性为 $U=U_S-R_0I$，其反函数为 $I=\dfrac{U_S}{R_0}-\dfrac{U}{R_0}=I_S-\dfrac{U}{R_0}\left(令 I_S=\dfrac{U_S}{R_0}\right)$；而实际电流源的输出特性为 $I=I_S-\dfrac{U}{R_0}$。同理，实际电流源的电路模型是源电流为 I_S 的理想电流源与内阻 R 并联的电路，其输出特性为 $I=I_S-\dfrac{U}{R_0}$，其反函数为 $U=I_SR_0-IR_0=U_S-IR_0(令 U_S=I_SR_0)$；与实际电压源的输出特性 $U=U_S-R_0I$ 完全相同。很显然，一个实际的电压源与一个实际电流源的外特性互为反函数的关系，它们之间是等效的，可进行等效变换。具体如图 2-5-1 的虚线框所示。

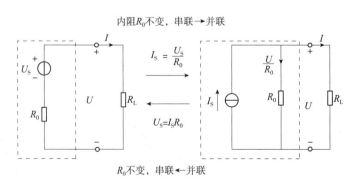

图 2-5-1 实际电压源等效变换前后的各种等效关系图

实际电压源和实际电流源等效变换前后的外特性如图 2-5-2 所示。

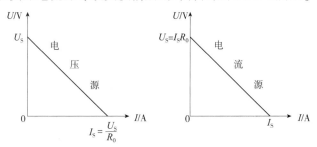

图 2-5-2 实际电压源等效变换前后的外特性图

所谓电源等效换法就是利用实际电压源与实际电流源的外特性互为反函数的关系进行电源等效变换，将复杂电路转换为简单的电路，从而简化分析计算。

这里有几点需要注意：

①等效变换的条件　实际电压源和实际电流源之间才可以进行等效变换；理想电压源和理想电流源之间不能进行等效变换。

②等效变换前后对电源外部等效，对电源内部不等效　图 2-5-1 所示的等效变换图中，外部输出的电压 U 和电流 I 的大小及方向均未变，即外部等效。但左图内阻 R_0 上通过的电流为 I，方向由下至上，等效变换后内阻虽然大小不变，但流过的电流为 I_S-I，方向为由上至下，且它们上面所产生的电压降不同，消耗的功率也不同，同时恒压源 U_S 和恒流源 I_S 两端的电压和电流不同，所提供的功率也不同，因此对内部不等效。

③根据上面所讲的第二点，在采用电源等效变换法化简电路时，自始至终要保留一条待求支路作为外电路，不参与等效互换。待求出此条支路的电压或电流之后，将其代回到原电路即没有进行等效变换前的电路中，利用基尔霍夫和欧姆定律去求解其他待求支路的电压和电流。

④变换前后 U_S 和 I_S 的方向应保持一致　即 I_S 从 U_S 的正极性端流出；U_S 的正极对应 I_S 流出的一端。

⑤等效变换前后的内阻 R_0　变换前后内阻大小不变，在实际电压源中内阻与恒压源串联，变换为实际电流源时内阻与恒流源并联。

⑥等效变换时内阻 R_0 的处理　除了待求支路以外，凡与恒压源串联的电阻或与恒流源并联的电阻，均可作为内阻 R_0 进行等效互换。除了待求支路以外，凡与恒压源并联的电阻或恒流源或任意支路在等效变换时均可以去掉（直接断开）；凡与恒流源串联的电阻或恒压源或任意支路在等效变换时均可不考虑（直接将这部分短接）。

强调一下，这点与前面所讲的不矛盾，因为并联支路两端的电压相等，而恒压源输出的电压恒定，与恒压源并联的视为无效的支路仍然有电流通过，电阻仍然消耗功率，恒压源仍然提供功率，但是它们的存在不影响这条待求支路中各元件两端的电压、电流和功率，只会改变恒压源的输出电流和其提供的功率。同样，因为串联元件流过的电流相等，而恒流源输出的电流为一恒定值，与恒流源串联的可视为无效的元件中仍然有电流通过，仍然有压降，电阻仍然消耗功率，恒压源仍然提供功率，只是它们的存在与否不影响这条待求支路中各元件两端的电压、电流和功率，只会改变恒流源的输出电压和提供的功率。

【例 2.5.1】 图 2-5-3 所示的电路中,对负载电阻 R_L 而言,点划线框中的电路可用一个等效电源代替,该等效电源是什么电源?

【解】 由上面所讲的注意点中的第⑥条可以知道一个恒流源与一个恒压源串联对外电路而言可以等效为理想电流源(恒流源)。

【例 2.5.2】 若把图 2-5-4(a)所示的电路用图 2-5-4(b)所示的等效电压源代替,则等效电压源的参数 U_S 和 R 为多少?

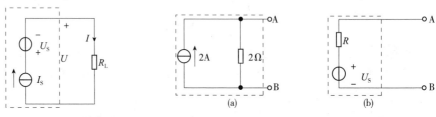

图 2-5-3 例 2.5.1 的电路图　　　　图 2-5-4 例 2.5.2 的电路图

【解】 根据等效变换:

$$U_S = I_S R = 2 \times 2 = 4V \qquad R = 2\Omega$$

【例 2.5.3】 试用电压源与电流源等效变换法求图 2-5-5 中 2Ω 电阻中的电流 I。

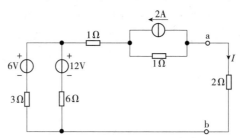

图 2-5-5 例 2.5.3 的电路图

【解】 图 2-5-5 可作如图 2-5-6 所示的等效变换。

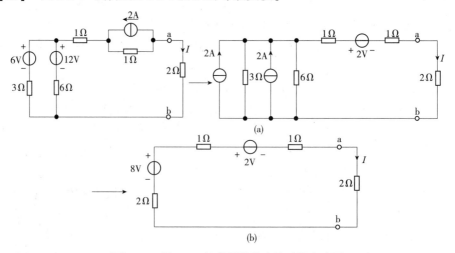

图 2-5-6 图 2-5-5 的电源等效变换过程电路图

图 2-5-6(b)中 $\qquad I+2+I+2I+2I-8=0$
故 $\qquad I=1\text{A}$

【例 2.5.4】 试用电源等效变换法求解图 2-5-7 所示的电路中流过 2Ω 电阻的电流 I。

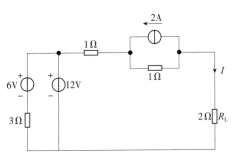

图 2-5-7 例 2.5.4 的电路图

【解】 图 2-5-7 的等效变换过程如图 2-5-8 所示。

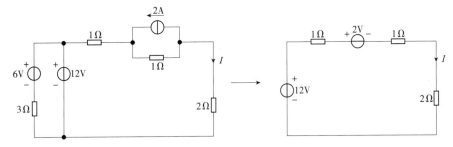

图 2-5-8 例 2.5.4 的等效变化电路原图

图 2-5-8 中 $\qquad 2I-12+I+2+I=0 \quad I=2.5\text{A}$

【例 2.5.5】 试用电源等效变换法求图 2-5-9 所示的电路中电流 I_1，I_2，I_3 和 U_S。

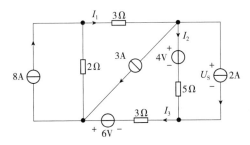

图 2-5-9 例 2.5.5 的电路图

【解】 图 2-5-9 可作如图 2-5-10(a)(b)(c)所示的等效变换，
图 2-5-10(c)中 $\qquad -6+5I_3+3I_3-6+5I_3-1=0$
故 $\qquad I_3=1\text{A}$
再把 $I_3=1\text{A}$ 代回原电路得
$$I_2=I_3-2=1-2=-1\text{A}, \quad I_1=3+I_2+2=4\text{A}$$
$$U_\text{S}=4+5I_2=4-5=-1\text{V}$$

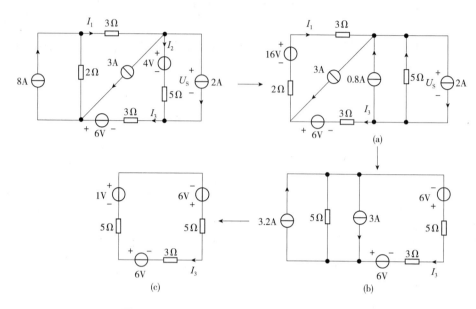

图 2-5-10 图 2-5-9 的电源等效变换过程电路图

【例 2.5.6】 试用电源等效变换法求解图 2-5-11 所示电路中的支路电流 I_2，I_3，I_4 及恒流源的端电压 U_{S1}，U_{S2} 的值？

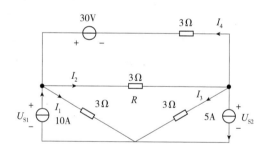

图 2-5-11 例 2.5.6 的电路图

【解】 采用电源等效变换法可作如图 2-5-12 所示的变换。

图 2-5-12 中
$$I_2 = \frac{2}{3+2} \times 17.5 = 7\text{A}$$

再把 I_2 代回原电路求其他待求量：

$$30 - 3I_4 = 3I_2 \quad I_4 = 10 - I_2 = 10 - 7 = 3\text{A}$$
$$10 + I_4 = I_1 + I_2 \quad I_1 = I_4 + 10 - I_2 = 10 + 3 - 7 = 6\text{A}$$
$$I_2 = I_3 + I_4 + 5 \quad I_3 = 7 - 3 - 5 = -1\text{A}$$
$$U_{S1} = 3I_1 = 18\text{V} \quad U_{S2} = 3I_3 = -3\text{V}$$

注意：电源等效变换法中自始至终保留一条待求支路。

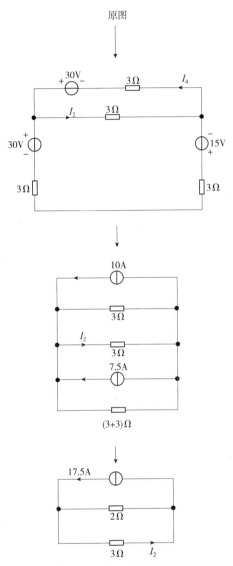

图 2-5-12 图 2-5-11 的电源等效变换过程电路图

【例 2.5.7】 (1)试用叠加原理和电源的等效变换法求图 2-5-13 所示电路中的 I；(2)用电源的等效变换法求 I_1。

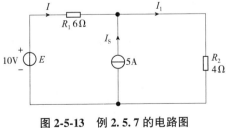

图 2-5-13 例 2.5.7 的电路图

【解】 (1)第一，用叠加原理求 I。

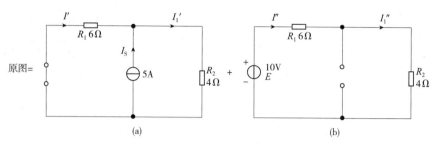

图 2-5-14　图 2-5-13 的叠加原理分解电路图

图 2-5-14(a) 中　　　$I' = -\dfrac{R_2 I_S}{R_1 + R_2} = -\dfrac{4 \times 5}{6+4} = -2\text{A}$

图 2-5-14(b) 中　　　$I'' = \dfrac{E}{R_1 + R_2} = \dfrac{10}{6+4} = 1\text{A}$

$$I = I' + I'' = -2 + 1 = -1\text{A}$$

第二，用电源等效变换法求 I。

等效变换过程如图 2-5-15 所示，保留 I 所在的待求支路始终不参与等效互换。

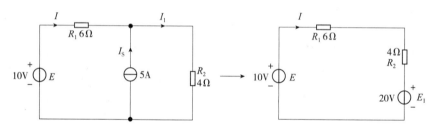

图 2-5-15　图 2-5-13 的电源等效变换过程电路图

图 2-5-15 中　　　$I = \dfrac{E - E_1}{R_1 + R_2} = \dfrac{10 - 20}{6+4} = -1\text{A}$

显然，同一个电路的同一条支路，采用不同的求解方法解得的结果一定相同。

(2) 用电源的等效变换法求 I_1。

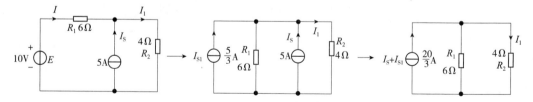

图 2-5-16　图 2-5-13 的电源等效变换过程电路图

注意：不能在图 2-5-14(a) 中求 I_1，因为电源内部在等效变换的过程中是不等效的，而 I_1 所在的支路在等效变换过程中视为电源的内阻进行了等效互换，因此若用电源的等效互换求 I_1，就必须保留它所在的支路作为外电路，自始至终不能参与等效互换，具体变换如图 2-5-16 所示。

$$I_1 = \frac{R_1}{R_1+R_2}(I_{S1}+I_S) = \frac{6}{6+4} \times \left(\frac{5}{3}+5\right) = \frac{6}{6+4} \times \frac{20}{3} = 4\text{A}$$

【例2.5.8】 电路如图2-5-17所示，$U_1=10\text{V}$，$I_S=2\text{A}$，$R_1=1\Omega$，$R_2=2\Omega$，$R_3=5\Omega$，$R=1\Omega$。(1)求电阻R中的电流；(2)计算理想电压源U_1中的电流和理想电流源I_S两端的电压；(3)分析功率平衡。

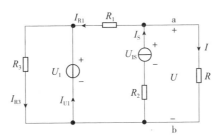

图2-5-17　例2.5.8的电路图

【解】 (1)根据电源等效变换法，求I时，可将与理想电压源U_1并联的电阻R_3除去(断开)，并不影响该并联电路两端的电压U_1；同时也可将与理想电流源串联的电阻R_2除去(短接)，并不影响该支路中的电流I_S。化简后的电路如图2-5-18(a)所示，而后将电压源(U_1，R_1)等效变换为电流源(I_1，R_1)，得出图2-5-18(b)所示电路。

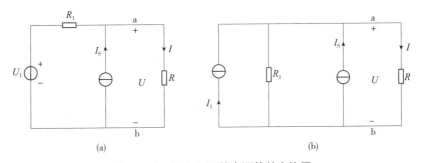

图2-5-18　图2-5-17的电源等效变换图

则
$$I_1 = \frac{U_1}{R_1} = \frac{10}{1} = 10\text{A}$$

$$I = \frac{I_1+I_S}{2} = \frac{10+2}{2} = 6\text{A}$$

(2)与理想电压源U_1并联的电阻R_3除去(断开)及与理想电流源串联的电阻R_2除去(短接)只适用于求外电路的响应时才可以，而求功率及流过该电阻的电流和电源的值时都不可除去。

原图中，
$$I_{R1} = I_S - I = 2 - 6 = -4\text{A}$$

$$I_{R3} = \frac{U_1}{R_3} = \frac{10}{5} = 2\text{A}$$

于是，理想电压源U_1中的电流
$$I_{U1} = I_{R3} - I_{R1} = 2-(-4) = 6\text{A}$$

理想电流源 I_S 两端的电压
$$U_{I_S} = U + R_2 I_S = RI + R_2 I_S = 1\times 6 + 2\times 2 = 10\text{V}$$
（3）理想电压源和理想电流源的电压与电流实际方向均相反，故都为电源，发出的功率为
$$P_{U1} = U_1 I_{U1} = 10\times 6 = 60\text{W}$$
$$P_{I_S} = U_{I_S} I_S = 10\times 2 = 20\text{W}$$
各个电阻所消耗的功率为
$$P_R = RI^2 = 1\times 6^2 = 36\text{W}$$
$$P_{R1} = R_1 \ (I_{R1})^2 = 1\times(-4)^2 = 16\text{W}$$
$$P_{R2} = R_2 \ (I_S)^2 = 2\times(2)^2 = 8\text{W}$$
$$P_{R3} = R_3 \ (I_{R3})^2 = 5\times(2)^2 = 20\text{W}$$
两者平衡
$$60 + 20 = 36 + 16 + 8 + 20$$
$$80\text{W} = 80\text{W}$$

【例 2.5.9】 电路如图 2-5-19 所示，计算图中的电流 I_3。

【解】 把图 2-5-19 右边的电流源等效变换为电压源，如图 2-5-20 所示。

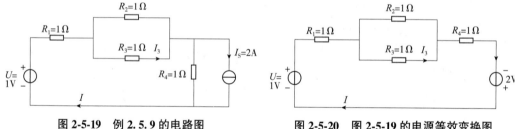

图 2-5-19　例 2.5.9 的电路图　　　图 2-5-20　图 2-5-19 的电源等效变换图

则电流
$$I = \frac{1+2}{1+1/\!/1+1} = \frac{3}{2.5} = \frac{6}{5}\text{A}$$

根据电阻并联分流得
$$I_3 = \frac{I}{2} = 0.6\text{A}$$

【例 2.5.10】 试用电压源与电流源等效变换的方法计算图 2-5-21 中 1Ω 电阻上的电流 I。

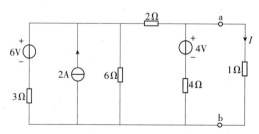

图 2-5-21　例 2.5.10 的电路图

【解】 等效变换过程如图 2-5-22 所示。

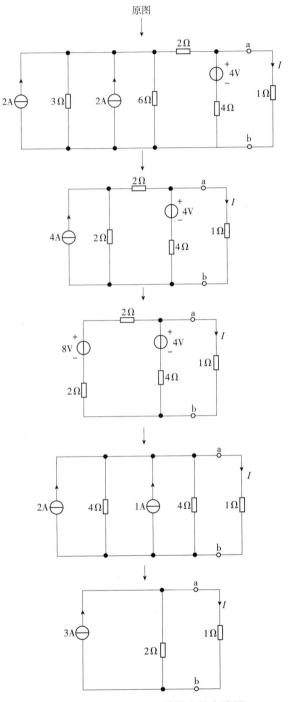

图 2-5-22 图 2-5-21 的等效变换电路图

$$I = \frac{2}{2+1} \times 3 = 2\text{A}$$

【练习与思考】

2.5.1 把图 2-5-23 中的电压源模型变换为电流源模型，电流源模型变换为电压源模型。

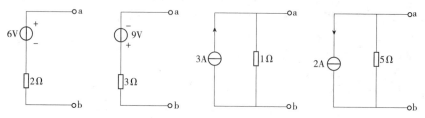

图 2-5-23 练习与思考 2.5.1 的图

2.5.2 在图 2-5-24 所示的两个电路中，(1) R_1 是不是电源的内阻？(2) R_2 中的电流 I_2 及其两端的电压 U_2 各等于多少？(3) 改变 R_1 的阻值，对 R_2 和 U_2 有无影响？(4) 理想电压源中的电流 I 和理想电流源两端的电压 U 各等于多少？(5) 改变 R_1 的阻值，对 (4) 中的 I 和 U 有无影响？

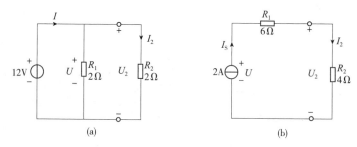

图 2-5-24 练习与思考 2.5.2 的图

2.5.3 在图 2-5-25 所示的两个电路中，(1) 负载电阻 R_L 中的电流 I 及其两端的电压 U 各为多少？如果在图 2-5-25(a) 中除去 (断开) 与理想电压源并联的理想电流源，在图 2-5-25(b) 中除去 (短接) 与理想电流源串联的理想电压源，对计算结果有无影响？(2) 判别理想电压源和理想电流源，何者为电源，何者为负载？(3) 试分析功率平衡关系。

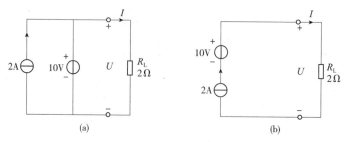

图 2-5-25 练习与思考 2.5.3 的图

2.5.4 若把图 2-5-26(a) 所示的电路用图 2-5-26(b) 所示的等效电压源代替，则等效电压源的参数为多少？

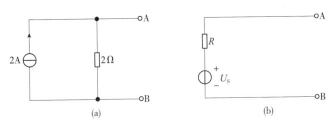

图 2-5-26 练习与思考 2.5.4 的图

2.6 节点电位(压)法

节点电位法：在电路中任选一个节点为参考节点，其余的每一节点到此参考节点的电压降即为此节点的电位(或节点电压)，用 U_n 表示，n 是 node 的首字母，以节点电位(或节点电压)为未知量的分析方法称为节点电位(压)法。一个电路如有 n 个节点，则可列出 $(n-1)$ 个节点电位(或节点电压)方程。由节点电位就可算出电路中所有的支路电压。利用基尔霍夫定律和欧姆定律还可进一步求出所有的支路电流，如图 2-6-1 所示。这种方法适用于网孔多，节点少的电路，可减少方程的个数。

2.6.1 一般公式的推导

（1）以有三个节点的电路为例（图 2-6-2）

选定图 2-6-2 中 3(或 4)为参考节点，对节点 1、2 列节点电流方程。

$$1: I_1 + I_3 + I_4 = 0$$
$$2: I_4 = I_2 + I_5$$

U_{n1}，U_{n2} 为节点 1、2 的电位，用节点电位表示电流

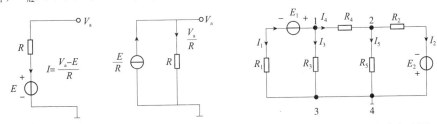

图 2-6-1 由节点电位求各支路电流图　　图 2-6-2 具有三个节点的电路图

$$I_1 = \frac{U_{n1} - E_1}{R_1} \quad I_3 = \frac{U_{n1}}{R_3} \quad I_2 = \frac{U_{n2} + E_2}{R_2} \quad I_5 = \frac{U_{n2}}{R_5} \quad I_4 = \frac{U_{n1} - U_{n2}}{R_4}$$

代入 KCL 方程得

$$\begin{cases} \dfrac{U_{n1} - E_1}{R_1} + \dfrac{U_{n1}}{R_3} + \dfrac{U_{n1} - U_{n2}}{R_4} = 0 \\ \dfrac{U_{n2} + E_2}{R_2} - \dfrac{U_{n1} - U_{n2}}{R_4} + \dfrac{U_{n2}}{R_5} = 0 \end{cases}$$

整理得

$$\begin{cases} \left(\dfrac{1}{R_1}+\dfrac{1}{R_3}+\dfrac{1}{R_4}\right)U_{n1}-\dfrac{U_{n2}}{R_4}=\dfrac{E_1}{R_1} \\ -\dfrac{U_{n1}}{R_4}+\left(\dfrac{1}{R_2}+\dfrac{1}{R_4}+\dfrac{1}{R_5}\right)U_{n2}=-\dfrac{E_2}{R_2} \end{cases}$$

故可得到具有三个节点的电路的求解节点电位的通用公式：

$$\begin{cases} G_{11}U_{n1}+G_{12}U_{n2}=\sum I_{S11} \\ G_{21}U_{n1}+G_{22}U_{n2}=\sum I_{S22} \end{cases}$$

其中，G_{11}、G_{22} 称为节点 1、2 的自电导，取正，为所有连接到节点 1（或 2）的有效电导之和，图 2-6-2 中，连接到节点 1 的有三条支路，R_1、R_4、R_3 均为有效电阻，有效电阻产生的电导即为有效电导，因此 $G_{11}=\dfrac{1}{R_1}+\dfrac{1}{R_4}+\dfrac{1}{R_3}$。这里解释一下，何为有效电导？在前面电源等效变换法里已经讲过与恒压源并联的电阻及与恒流源串联的电阻等效变换时可以去掉，这里也是这么确定的，凡与节点相连的所有支路中有与恒压源并联的电阻或与恒流源串联的电阻均为无效电阻，相应地其电导是无效的。同样地，连接到节点 2 的有三条支路，R_2、R_4、R_5 均为有效电阻，因此 $G_{22}=\dfrac{1}{R_2}+\dfrac{1}{R_4}+\dfrac{1}{R_5}$。$G_{12}=G_{21}$，称为节点 1 与 2 的互电导，取负，为所有连接节点 1 与 2 的公共有效电导之和。公共有效电导一定是直接连接节点 1 与 2 之间的，只要支路中有其他节点均不是公共支路。图 2-6-2 中，连接到节点 1 与 2 的只有一条支路 R_4，为有效电阻，有效电阻产生的电导即为有效电导，因此 $G_{12}=G_{21}=-\dfrac{1}{R_4}$。$\sum I_{S11}$、$\sum I_{S22}$ 为所有流入节点 1 或 2 的源电流的代数和，前面讲过，凡是代数和就有正负。

规定：流入节点 1（或 2）的源电流为正，流出节点 1（或 2）的源电流为负。因为一个实际的电压源可以等效变换为一个实际的电流源，因此也会产生源电流，规定凡电压源"+"极与节点 1 或 2 相连的为正，否则为负。

故图 2-6-2 中，$\sum I_{S11}=\dfrac{E_1}{R_1}$，$\sum I_{S22}=\dfrac{E_2}{R_2}$。

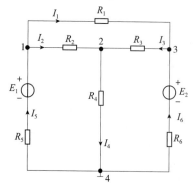

图 2-6-3 具有四个节点的电路图

（2）具有四个节点的电路（图 2-6-3）

一般地，参考节点是任选的，这里选 4 为参考节点，U_{n1}、U_{n2}、U_{n3} 为节点 1、2、3 的电位，为未知量，其节点电位公式为：

$$\begin{cases} G_{11}U_{n1}+G_{12}U_{n2}+G_{13}U_{n3}=\sum I_{S11} \\ G_{21}U_{n1}+G_{22}U_{n2}+G_{23}U_{n3}=\sum I_{S22} \\ G_{31}U_{n1}+G_{32}U_{n2}+G_{33}U_{n3}=\sum I_{S33} \end{cases}$$

G_{11}、G_{22}、G_{33} 分别为节点 1、2、3 的自电导，等于连接于该节点的所有有效电导之和，其值为正。图中：

$$G_{11} = \frac{1}{R_1} + \frac{1}{R_2} + \frac{1}{R_5}, \quad G_{22} = \frac{1}{R_2} + \frac{1}{R_3} + \frac{1}{R_4}, \quad G_{33} = \frac{1}{R_3} + \frac{1}{R_1} + \frac{1}{R_6}$$

$G_{12} = G_{21}$ 为第 1 个节点与第 2 个节点间的公共有效电导，$G_{13} = G_{31}$ 为第 1 个节点与第 3 个节点间的互电导，$G_{32} = G_{23}$ 为第 2 个节点与第 3 个节点间的互电导，其值为负，图中：

$$G_{12} = G_{21} = -\frac{1}{R_2}, \quad G_{13} = G_{31} = -\frac{1}{R_1}, \quad G_{23} = G_{32} = -\frac{1}{R_3}$$

I_{S11}，I_{S22}，I_{S33} 分别为电流源输送到第 1、2、3 个节点的源电流的代数和。图中：

$$\sum I_{S11} = \frac{E_1}{R_5}, \quad \sum I_{S22} = 0, \quad \sum I_{S33} = \frac{E_2}{R_6}$$

【**例 2.6.1**】 以图 2-6-4 所示四节点电路为例，列出节点电位方程。

【**解**】 选 4 为参考节点，U_{n1}，U_{n2}，U_{n3} 为节点 1、2、3 的电位，

$$\begin{cases} G_{11}U_{n1} + G_{12}U_{n2} + G_{13}U_{n3} = \sum I_{S11} \\ G_{21}U_{n1} + G_{22}U_{n2} + G_{23}U_{n3} = \sum I_{S22} \\ G_{31}U_{n1} + G_{32}U_{n2} + G_{33}U_{n3} = \sum I_{S33} \end{cases}$$

图中：

$$G_{11} = \frac{1}{R_1} + \frac{1}{R_5}, \quad G_{22} = \frac{1}{R_1} + \frac{1}{R_2} + \frac{1}{R_3}, \quad G_{33} = \frac{1}{R_3} + \frac{1}{R_4} + \frac{1}{R_5},$$

$$G_{12} = G_{21} = -\frac{1}{R_1}, \quad G_{13} = G_{31} = -\frac{1}{R_5}, \quad G_{23} = G_{32} = -\frac{1}{R_3};$$

$$\sum I_{S11} = I_S, \quad \sum I_{S22} = 0, \quad \sum I_{S33} = 0$$

【**例 2.6.2**】 用节点电位（压）法求解图 2-6-5 中的 I。

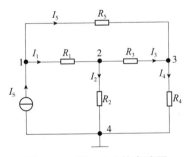
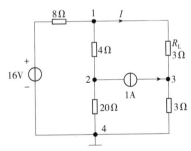

图 2-6-4　例 2.6.1 的电路图　　　图 2-6-5　例 2.6.2 的电路图

【**解**】 选 4 为参考节点，应用节点电位法的公式有：

$$\begin{cases} \left(\frac{1}{8} + \frac{1}{4} + \frac{1}{3}\right)U_{n1} - \frac{1}{4}U_{n2} - \frac{1}{3}U_{n3} = \frac{16}{8} \\ -\frac{1}{4}U_{n1} + \left(\frac{1}{4} + \frac{1}{20}\right)U_{n2} = -1 \\ -\frac{1}{3}U_{n1} + \left(\frac{1}{3} + \frac{1}{3}\right)U_{n3} = 1 \end{cases}$$

得 $U_{n1}=5\text{V}$，$U_{n2}=\dfrac{5}{6}\text{V}$，$U_{n3}=4\text{V}$，$I=\dfrac{U_{n1}-U_{n3}}{3}=\dfrac{1}{3}\text{A}$

【例 2.6.3】 求图 2-6-6 中的 U_0。

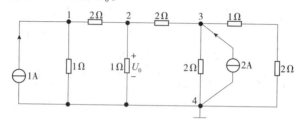

图 2-6-6 例 2.6.3 的电路图

【解】 应用节点电位法，选 4 为参考节点，对 1、2、3 节点电位列方程：

$$\left(1+\dfrac{1}{2}\right)U_{n1}-\dfrac{1}{2}U_{n2}=1$$

$$-\dfrac{1}{2}U_{n1}+\left(\dfrac{1}{2}+1+\dfrac{1}{2}\right)U_{n2}-\dfrac{1}{2}U_{n3}=0$$

$$-\dfrac{1}{2}U_{n2}+\left(\dfrac{1}{2}+\dfrac{1}{3}+\dfrac{1}{2}\right)U_{n3}=2$$

得 $U_0=U_{n2}=\dfrac{52}{79}\text{V}$

(3) 具有两个节点的电路

若电路中仅有两个节点，把其中一个节点设为参考节点，如图 2-6-7 所示。选 2 为参考节点，则仅剩一个节点，U_{n1} 为节点 1 的电位，此时的节点电位公式为：$G_{11}U_{n1}=\sum I_{S11}$

$$\left(\dfrac{1}{R_1}+\dfrac{1}{R_2}+\dfrac{1}{R_3}+\dfrac{1}{R_4}\right)U_{n1}=\dfrac{E_1}{R_1}+\dfrac{E_2}{R_2}+\dfrac{E_3}{R_3}$$

【例 2.6.4】 用节点电压法求解图 2-6-8 中的 U_{n1}，I 和 I_1。

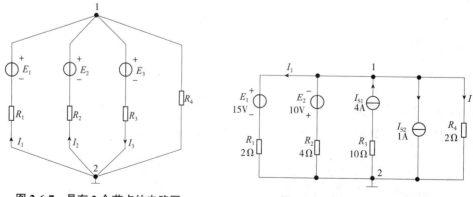

图 2-6-7 具有 2 个节点的电路图　　图 2-6-8 例 2.6.4 的电路图

【解】 选 2 为参考节点，此时与 I_{S1} 串联的 10Ω 电阻 R_3 为无效电阻，其他的均为有效电阻，应用节点电位法的公式有：

$$\left(\frac{1}{2}+\frac{1}{4}+\frac{1}{2}\right)U_{n1}=\frac{15}{2}-\frac{10}{4}+4-1$$

$$U_{n1}=6.4\text{V},\ I=\frac{U_{n1}}{2}=3.2\text{A},\ 2I_1+15=U_{n1},\ I_1=-4.3\text{A}$$

(4) 特殊情况下节点电位法的应用

两个节点之间通过一个恒压源相连，此时应用节点电位法时，参考节点就不能任选，只能选连接恒压源的两个节点中的一个为参考节点，下面以图2-6-9(a)为例来讲解节点电位法在这种情况下的应用。

图2-6-9(a)所示的电路中含有恒压源，且跨接在两个节点1和3之间，此时只能选1或3为参考节点，这里选3为参考节点，如图2-6-9(b)所示。

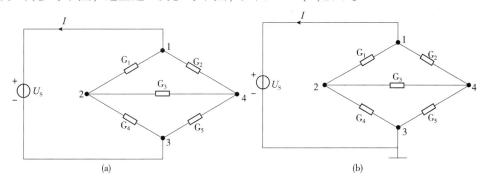

图 2-6-9 节点电位法

(a) 两节点间有一恒压源相联的电路图　(b) 选定参考节点的电路图

则 $U_{n1}=U_S$，只需对2、4节点列方程：

$$(G_1+G_3+G_4)U_{n2}-G_1U_{n1}-G_3U_{n4}=0$$
$$-G_2U_{n1}+(G_2+G_3+G_5)U_{n4}-G_3U_{n2}=0$$

联立求解即可。

【例 2.6.5】 电路如图 2-6-10 所示，列出节点电位方程。

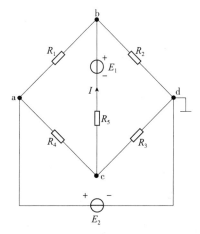

图 2-6-10 例 2.6.5 的电路图

图2-6-10中，a和d两个节点之间通过一个恒压源 E_2 相接，选d为参考节点。$V_a = E_2$，此时只要列写出b和c节点的电位方程即可。

$$\begin{cases} \left(\dfrac{1}{R_1}+\dfrac{1}{R_2}+\dfrac{1}{R_5}\right)V_b - \dfrac{1}{R_5}V_c - \dfrac{1}{R_1}V_a = \dfrac{E_1}{R_5} \\ -\dfrac{1}{R_5}V_b + \left(\dfrac{1}{R_4}+\dfrac{1}{R_5}+\dfrac{1}{R_3}\right)V_c - \dfrac{1}{R_4}V_a = -\dfrac{E_1}{R_5} \end{cases}$$

【课堂练习】 电路如图2-6-11所示，计算图示电路中a点的电位。已知 $E = 12\text{V}$，$U_{ab} = 10\text{V}$。

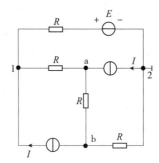

图2-6-11 课堂练习的电路图

2.7 等效电源定理——戴维南定理与诺顿定理

(1)有源二端网络

第1章讲过，所谓有源二端网络就是具有两个出线端的含有电源的部分电路，如图2-7-1中的虚线框部分。任一有源二端网络一定可以化简为一个等效电源，经过这种等效变换，这个有源二端网络两端输出的电压和电流并没有改变。

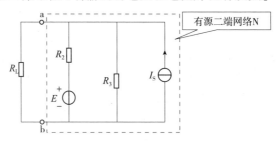

图2-7-1 有源二端网络电路图

(2)等效电源定理

图2-7-1中，对于 R_L 而言有源二端网络N相当于一个电源，即对虚线框外的这个支路它相当于一个电源，为这个支路供给电能。故它可以用电源模型来等效代替。而一个电源可以用两种电路模型表示，从而得到戴维南定理和诺顿定理两个定理。

用电压源模型(恒压源与电阻串联的电路)等效代替的称为戴维南定理。

用电流源模型(恒流源与电阻并联的电路)等效代替的称为诺顿定理。

(3)应用场合

当只需求解复杂电路其中的一个支路的电流或电压时,可以将这个支路划出(图2-7-1中的ab支路,其中电阻为R_L),而把其余部分看作一个有源二端网络(图2-7-1中的虚线框部分)。

(4)利用等效电源定理求解电路的步骤

①将欲求支路去掉,其余部分作为有源二端网络N;

②求有源二端网络N的开路电压U_{OC}或短路电流I_{SC};

③将有源二端N除源,使其成为无源二端网络N_0,求等效输入电阻R_0;

④将原支路接回到戴维南(诺顿)等效电路上,求电量$I(U)$。

2.7.1 戴维南定理

2.7.1.1 戴维南定理概述

任意一个线性有源二端网络N都可以用一个源电压为U_S的恒压源与内阻R_0串联的电源来等效代替。其中等效电源中的恒压源的源电压就是有源二端网络的开路电压U_0(即将负载断开后ab两端之间的电压);等效电源的内阻R_0等于有源二端线性网络中所有电源均除去(将各个理想电压源部分短接,即其源电压为零;将各个理想电流源部分开路,即其源电流为零)后所得到的无源网络ab两端之间的等效电阻。如图2-7-2所示。

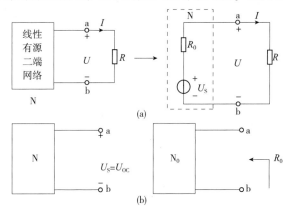

图 2-7-2 戴维南定理

(a)有源二端网络的戴维南等效图 (b)等效电压源的源电压和内阻

注:这里的除去独立源与前面所讲的叠加原理里的"除源"是同一个概念:恒压源部分短路,恒流源部分开路。

2.7.1.2 戴维南定理的证明

应用叠加原理,在图2-7-3(a)中:ab支路用一个$I_S=I$的理想电流源置换,这样置换后不会改变原有源二端网络各支路电流和电压。

在图2-7-3(b)中:除去恒流源,保留有源二端网络中所有的电源。此时

$$I'=0, \quad U'=U_{abo}=U_S$$

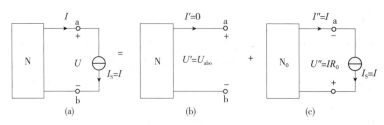

图 2-7-3 戴维南定理证明图

在图 2-7-3(c)中：除去有源二端网络中所有电源，只有 I_S 单独作用。此时

$$I'' = I_S = I, \quad U'' = IR_0$$

由此可得 $\quad U = U' - U'' = U_S - IR_0$

结论：有源二端网络可用一个源电压为 U_S 的恒压源与一个内阻为 R_0 的电压源等效代替。

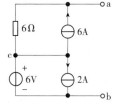

图 2-7-4 例 2.7.1 的电路图

【例 2.7.1】 求图 2-7-4 所示电路的戴维南等效电路。

【解】 （1）图 2-7-4 中，ab 之间开路时，6Ω 的电阻与 6A 的恒压源是串联的，因此其流过的电流是 6A，这样就回避掉了恒流源的端电压不确定的问题，直接对大回路应用 KVL，如图 2-7-5(a)所示，即可求解 ab 之间的开路电压 $U_{abo} = U_{ac} + U_{cb} = 6 \times 6 + 6 = 42V$。

（2）ab 之间除源后的等效电阻如图 2-7-5(b)所示，$R_{ab} = 6\Omega$。

（3）戴维南等效电路图如图 2-7-5(c)所示。

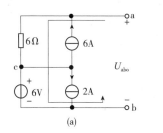 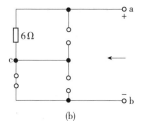 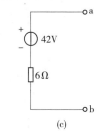

图 2-7-5 戴维南等效电路图

（a）选回路求 ab 间的开路电压 （b）ab 间除源后的等效电阻 （c）图 2-7-4 的戴维南等效电路

【例 2.7.2】 用戴维南定理计算图 2-7-6 所示电路中的电压 U。

【解】 （1）将待求支路断开，求开路电压和除源后的等效电阻，很显然这个电路即为图 2-7-4，所以戴维南等效电路即为图 2-7-5(c)，不再求解。

（2）将原支路接回到有源二端网络的两端（图 2-7-7），求解此单回路，得

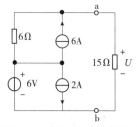 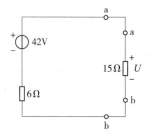

图 2-7-6 例 2.7.2 的电路图　　图 2-7-7 将待求支路接回等效电源图

$$U = \frac{15}{6+15} \times 42 = 30\text{V}$$

【例 2.7.3】 求图 2-7-8 所示电路的戴维南等效电路。

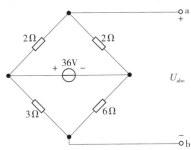

图 2-7-8 例 2.7.3 的电路图

【解】（1）为了求 U_{abo}，选定 d 为零电位点，如图 2-7-9(a)所示，则

$$V_c = 36\text{V}, \quad V_a = \frac{2}{4} \times 36 = 18\text{V}$$

$$V_b = \frac{6}{9} \times 36 = 24\text{V}, \quad U_{abo} = V_a - V_b = -6\text{V}$$

（2）求 ab 之间除源后的等效电阻 R_{ab} 如图 2-7-9(b)所示

$$R_{ab} = 2//2 + 3//6 = 3\Omega$$

（3）戴维南等效电路如图 2-7-9(c)所示

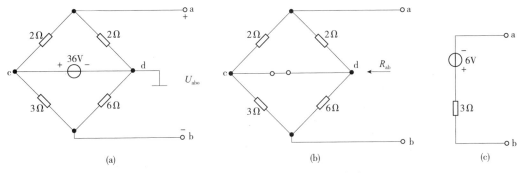

图 2-7-9 计算例 2.7.3 的戴维南等效电路图

(a)求图 2-7-8 的开路电压图 (b)图 2-7-8 除源后的等效输入电阻图 (c)图 2-7-8 的戴维南等效电路图

这里有一点需要注意，因为选的 a 为高电位，b 为低电位，而 $U_{abo} = -6\text{V}$，所以所选的参考方向与实际方向相反，此时可以表示为图 2-7-9(c)，也可以仍然是上正下负，但若恒压源是上正下负，一定要记得源电压为 -6V。

【例 2.7.4】 求图 2-7-10 所示电路中的电流 I。已知 $R_1 = R_3 = 2\Omega$，$R_2 = 5\Omega$，$R_4 = 8\Omega$，$R_5 = 14\Omega$，$E_1 = 8\text{V}$，$E_2 = 5\text{V}$，$I_S = 3\text{A}$。

【解】（1）将待求支路断开，求开路电压 U_{ABO}，如图 2-7-11(a)所示。

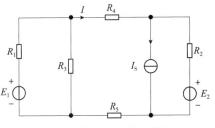

图 2-7-10 例 2.7.4 的电路图

$$I_3 = \frac{E_1}{R_1+R_3} = 2\text{A}$$

$$U_{ABO} = I_3R_3 - E_2 + I_SR_2 = 14\text{V}$$

(2) 求 AB 之间除源后的等效电阻 R_{AB}，如图 2-7-11(b) 所示

$$R_{ab} = R_1 /\!/ R_3 + R_5 + R_2 = 2/\!/2 + 14 + 5 = 20\Omega$$

(3) 将原支路接回到有源二端网络的两端，如图 2-7-11(c) 所示，求解此单回路

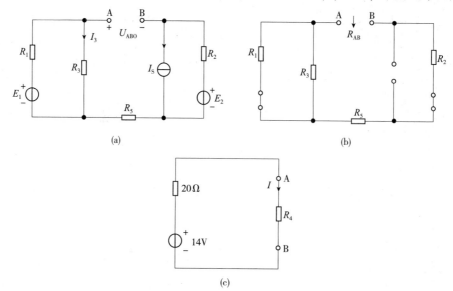

图 2-7-11 计算图 2-7-10 的戴维南等效电路图
(a) 图 2-7-9 的 AB 支路断开电路图　(b) AB 间除源的等效电阻图　(c) 将待求支路接回等效电源两端

$$I = \frac{14}{20+8} = 0.5\text{A}$$

【例 2.7.5】 电路如图 2-7-12 所示，求电阻 R 中的电流 I，$R = 2.5\text{k}\Omega$。

【解】(1) 将 ab 支路断开，求等效电源的源电压 U_S，即开路电压 U_{abo}，如图 2-7-13(a) 所示。应用节点电压法求，选参考电位如图 2-7-13(a) 所示。

$$V_{ao} = \frac{\dfrac{15}{3\times10^3} - \dfrac{12}{6\times10^3}}{\dfrac{1}{3\times10^3} + \dfrac{1}{6\times10^3}} = 6\text{V}$$

$$V_{bo} = \frac{\dfrac{-8}{2\times10^3} + \dfrac{7}{10^3} + \dfrac{11}{2\times10^3}}{\dfrac{1}{2\times10^3} + \dfrac{1}{1\times10^3} + \dfrac{1}{2\times10^3}} = 4.25\text{V}$$

$$U_S = U_{abo} = V_{ao} - V_{bo} = 1.75\text{V}$$

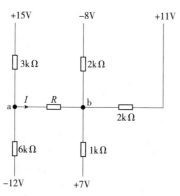

图 2-7-12 例 2.7.5 的电路图

(2) 将图 2-7-13(a) 中的电源进行除源，求 ab 间的等效电阻 R_{ab}，如图 2-7-13(b) 所示。

$$R_{ab} = R_0 = 3/\!/6 + 2/\!/1/\!/2 = 2.5\text{k}\Omega$$

(3) 将原支路接回到有源二端网络的两端，如图 2-7-13(c)，求电阻 R 中的电流

$$I = \frac{U_S}{R+R_0} = \frac{1.75}{(2.5+2.5)\times 10^3} = 0.35\text{mA}$$

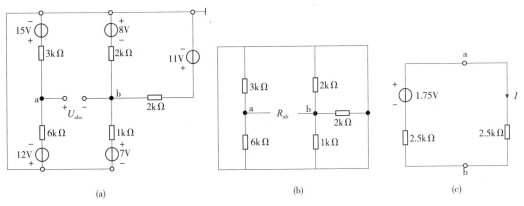

图 2-7-13　计算图 2-7-12 的戴维南等效电路图
(a) 选了参考电位的 ab 开路图　(b) ab 间除源后的等效输入电阻图　(c) 将待求支路接回等效电源图

*2.7.2　诺顿定理

诺顿定理：任何一个线性有源二端网络 N，可以用一个电流为 I_S 的恒流源与内阻 R_0 并联的电源来等效代替。其中恒流源的源电流 I_S 等于有源二端网络的短路电流（即将负载 ab 两端短接后其中通过的电流），等效电源的内阻 R_0 等于有源二端网络所有独立源都除去，这里的"除源"与叠加原理和戴维南定理中的是同一概念，即将各个理想电压源部分短接，即源电压为零；将各个理想电流源部分开路，即源电流为零后所得到的无源网络 ab 两端之间的等效电阻，如图 2-7-14(a) 和 (b) 所示，与戴维南定理实质相同。

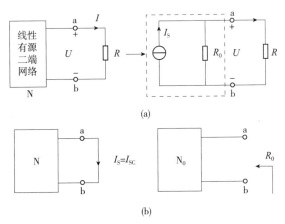

图 2-7-14　诺顿定理
(a) 诺顿定理等效电路图　(b) 诺顿定理的等效源电流和等效内阻图

【例 2.7.6】 求图 2-7-4 所示电路的诺顿等效电路。

【解】 (1)图 2-7-4 中，将 ab 之间短路，如图 2-7-15(a)所示，此时 6Ω 的电阻与 6V 的恒压源是并联的，根据 KCL 可得 $I_{SC} = 6+6/6 = 7A$。

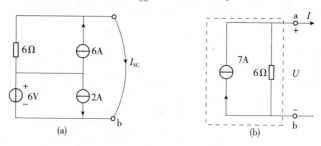

图 2-7-15 计算例 2.7.6 的电路图
(a)ab 间短接的电路 (b)诺顿等效电路

(2)将 ab 之间除源后的等效电阻如图 2-7-5(b)所示，$R_{ab} = R_0 = 6Ω$。

(3)图 2-7-4 所示电路的诺顿等效电路如图 2-7-15(b)所示。

【练习与思考】

2.7.1 分别应用戴维南定理和诺顿定理将图 2-7-16 所示各电路化为等效电压源和等效电流源。

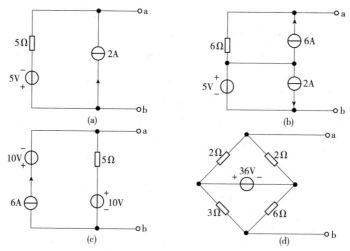

图 2-7-16 练习与思考 2.7.1 的图

2.7.2 分别应用戴维南定理和诺顿定理计算图 2-7-17 所示电路中流过 8kΩ 电阻的电流。

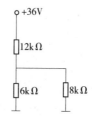

图 2-7-17 练习与思考 2.7.2 的图

*2.8 含受控源电路的分析

前面所讨论的电压源和电流源，都是独立电源。所谓独立电源就是电压源的源电压或电流源的源电流不受外电路的控制而独立存在。但在电子电路中还会遇到另一种类型的电源：电压源的源电压和电流源的源电流是受电路中其他部分的电流或电压控制的，这种电源称为受控电源，简称为受控源。当控制的电压或电流消失或等于零时，受控源的电压或电流也将为零。控制量有电压和电流两种，受控量也有电压和电流两种（图 2-8-1）。

因此，受控电源可分为电压控制电压源（简写为 VCVS）、电流控制电压源（简写为 CCVS）、电压控制电流源（简写为 VCCS）和电流控制电流源（简写为 CCCS）四种类型。所谓理想受控电源，就是它的控制端（输入端）和受控端（输出端）都是理想的。在控制端，对电压控制的受控电源，其输入端电阻为无穷大（$I_1=0$）；对电流控制

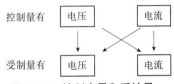

图 2-8-1 控制变量和受控量组合图

的受控电源，其输入端电阻为零（$U_1=0$）。这样，控制端消耗的功率为零。在受控端，对受控电压源，其输出端电阻为零，输出电压恒定；对受控电流源，其输出端电阻为无穷大，输出电流恒定。这点和理想独立电压源、电流源相同。四种理想受控电源的模型如图 2-8-2 所示。

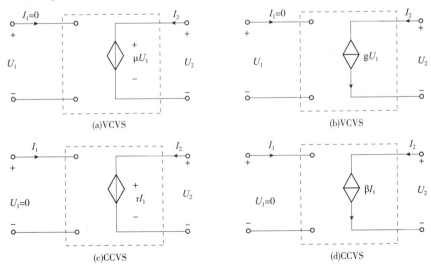

图 2-8-2 理想受控电源模型

如果受控电源的电压或电流和控制它们的电压或电流之间有正比关系，则这种控制作用是线性的，图 2-8-2 中的系数 μ, r, g 和 β 都是常数。这里 μ 和 β 是没有量纲的纯数，r 具有电阻的量纲，g 具有电导的量纲。在电路图中，受控电源用菱形表示，以便与独立电源的圆形符号相区别。对含有受控电源的线性电路，也可以用前几节所讲的电阻电路的分析方法进行分析与计算，但考虑到受控电源的特性，在分析与计算时有需要

注意的点，将在下列各例题中说明。

实际受控源的模型如图 2-8-3 所示。

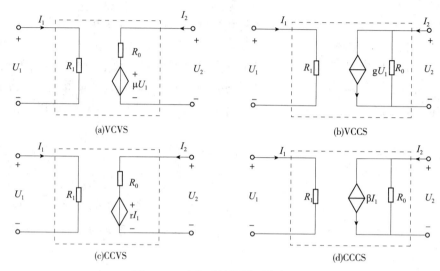

图 2-8-3　实际受控源模型的电路图

含受控源电路的分析：

(1) 分析方法

可使用各种复杂电阻电路的分析方法。

(2) 需要注意的问题

① 列写基尔霍夫方程时，可将受控源与独立源同等对待，但应加入受控源与控制量之间的关系式，使未知数与方程的个数相等。

② 采用各种复杂电路的分析方法时，不能将受控源与控制量二者之一去掉。

③ 求等效电阻 R_0 时，常采用"开路电压，短路电流法"：$R_0 = \dfrac{U_{OC}}{I_{SC}}$，或"外加电源法"（保留受控源）：$R_0 = \dfrac{U_S}{I} = \dfrac{U}{I_S}$。

【例 2.8.1】　图 2-8-4 所示电路中，已知：$U_I = 0.1\text{V}$，$\beta = 50$，$R_B = 2\text{k}\Omega$，$R_C = 10\text{k}\Omega$，$R_L = 10\text{k}\Omega$，求 U_0。

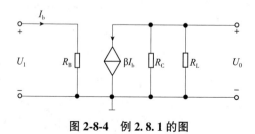

图 2-8-4　例 2.8.1 的图

【解】　图示电路含有一个电流控制的电流源，在分析电路列写基尔霍夫定律时，它和独立源同样对待。

对输入回路 $I_b = \dfrac{U_I}{R_B} = \dfrac{0.1}{2\,000} = 0.05\text{mA}$

对输出回路 $U_0 = -\beta I_b(R_C /\!/ R_L) = -50 \times 0.05 \times 5 = -12.5\text{V}$

【例 2.8.2】 图 2-8-5 所示电路中，用戴维南定理求图示电路中的 I。

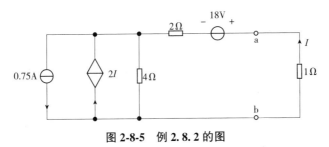

图 2-8-5 例 2.8.2 的图

【解】 (1) 将待求支路断开，求 U_{OC}。因控制量 $I' = 0$，所以受控源 $2I' = 0$，即相当于开路，如图 2-8-6 所示。

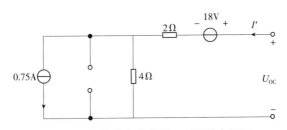

图 2-8-6 将待求支路断开，求开路电压图

得 $\qquad U_{OC} = 18 - 0.75 \times 4 = 15\text{V}$

(2) 求 R_0。求 R_0 时二端网络内所有独立源都不作用，即把恒压源短路，恒流源开路，但受控源要保留在电路里，如图 2-8-7 所示。

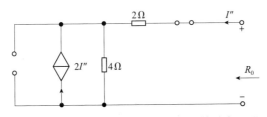

图 2-8-7 将图 2-8-6 进行除独立源求等效电阻图

由于除去独立电源后的二端网络中含有受控电源，此时一般不能用电阻串并联进行等效变换。常用外加电压法求 R_0（所谓外加电压法即在除去独立电源而含有受控电源的二端网络端口外加一电压 U，求出相应的端口电流 I，于是得出 $R_0 = \dfrac{U}{I}$)，如图 2-8-8 所示。

$$2I'' + 4 \times (2I'' + I'') - U = 0$$

$$U = 14I'', \quad R_0 = \dfrac{U}{I''} = 14\Omega$$

(3)图 2-8-5 的戴维南等效电路如图 2-8-9 所示。

$$I+14I+15=0 \quad 得 \ I=-1\text{A}$$

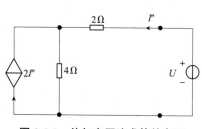
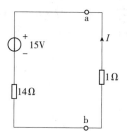

图 2-8-8　外加电压法求等效电阻　　图 2-8-9　图 2-8-5 的戴维南等效电路图

【例 2.8.3】 图 2-8-10 所示电路中，求 I_X。

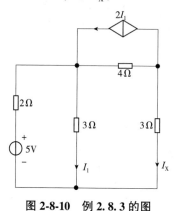

图 2-8-10　例 2.8.3 的图

【解】 利用电源等效变换法化简图 2-8-10，并选定一个参考电位点，如图 2-8-11 所示。

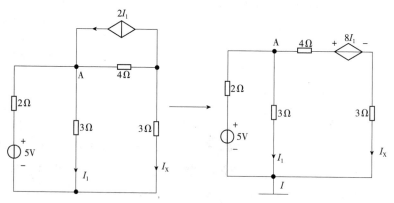

图 2-8-11　等效变换法化简图 2-8-10

根据节点电位法可得：$\left(\dfrac{1}{2}+\dfrac{1}{3}+\dfrac{1}{4+3}\right)U_\text{A}=\dfrac{5}{2}+\dfrac{8I_1}{4+3}$

又　　　　　　　　　　　　$U_\text{A}=3I_1$

得 $I_1 = \dfrac{7}{5}\text{A}\left(\text{或 } U_A = \dfrac{21}{5}\text{V}\right)$

而 $3I_1 = 7I_X + 8I_1$

所以 $I_X = -\dfrac{5I_1}{7} = -1\text{A}$

【例 2.8.4】 求图 2-8-12 所示电路中的电压 U_2。

【解】 图 2-8-12 的电路中，含有一个电压控制电流源，在求解时，它和其他电路元件一样，也按基尔霍夫定律列写方程，即

$$I_1 + \dfrac{1}{6}U_2 = I_2$$

$$2I_1 + U_2 - 8 = 0$$

$$U_2 = 3I_2$$

联立求解得 $I_1 = 1\text{A}$，$I_2 = 2\text{A}$，$U_2 = 6\text{V}$

【例 2.8.5】 应用叠加原理求图 2-8-13 所示电路中的电压 U 和电流 I_2。

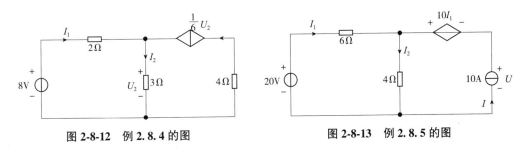

图 2-8-12 例 2.8.4 的图 图 2-8-13 例 2.8.5 的图

【解】 根据叠加原理，将原图分解为如图 2-8-14(a)和(b)所示的电路，图 2-8-13 电路中的电压 U 等于图 2-8-14(a)和(b)两个电路中电压 U' 和 U'' 的代数和。图 2-8-14 (a)的电路中，20V 恒压源单独作用；图 2-8-14(b)的电路中，10A 恒流源单独作用。但在两个电路中，受控电源均应保留。

在图 2-8-14(a)中，

$$I_1' = I_2' = \dfrac{20}{6+4} = 2\text{A}$$

$$U' = -10I_1' + 4I_2' = -12\text{V}$$

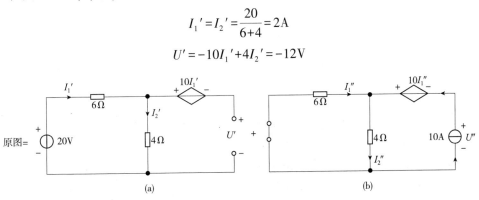

图 2-8-14 图 2-8-13 的叠加原理分解图
(a) 20V 恒压源单独作用图　(b) 10A 恒流源单独作用图

在图 2-8-14(b)中，
$$I_1''+10=I_2''$$
$$6I_1''+4I_2''=0$$

得　　　　　　　　$I_1''=-4\text{A}$　　$I_2''=6\text{A}$

而　　　　　　　$4I_2''=U''+10I_1''$，　$U''=64\text{V}$

所以　　　　$U=U'+U''=52\text{V}$，$I_2=I_2'+I_2''=2+6=8\text{A}$

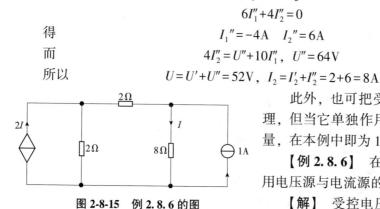

图 2-8-15　例 2.8.6 的图

此外，也可把受控电源当作独立电源处理，但当它单独作用时，应保持原来的受控量，在本例中即为 $10I_1$。

【例 2.8.6】 在图 2-8-15 所示的电路中，用电压源与电流源的等效变换法求电流 I。

【解】 受控电压源与受控电流源也可等效变换，但在变换过程中不能把受控电源的控制量变换掉，在本例中，即不能把电阻 8Ω 支路中的电流 I 变换掉。具体变换过程如图 2-8-16 所示。

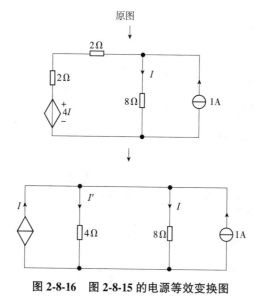

图 2-8-16　图 2-8-15 的电源等效变换图

在图 2-8-16 中，应用基尔霍夫电流定律列出 $1+I=I+I'$，得 $I'=1\text{A}$，$8I=4I'$，$I=0.5\text{A}$。

*2.9　非线性电阻电路的分析

如果电阻两端的电压与通过的电流成正比，这说明电阻是一个常数，不随电压或电流而变动，这种电阻称为线性电阻。线性电阻两端的电压与其中电流的关系遵循欧姆定律，即 $R=U/I$。

实际上绝对的线性电阻是没有的，如果能基本上遵循上式，就可以认为是线性的。

如果电阻不是一个常数,而是随着它两端的电压或电流而变化,则称这种电阻为非线性电阻。非线性电阻两端的电压与其电流的关系不遵循欧姆定律,一般不能用数学式表示,而是用电压与电流的关系曲线 $U=f(I)$ 或 $I=f(U)$ 来表示。这种曲线就是伏安特性曲线,是通过实验得到的。非线性电阻元件在生产上应用很广。图 2-9-1(a)是非线性电阻的符号,图 2-9-1(b)和(c)所示的分别为白炽灯丝和二极管的伏安特性曲线。

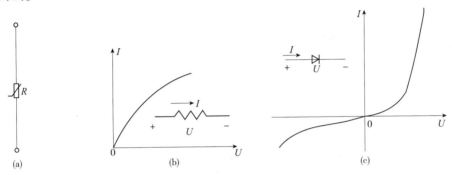

图 2-9-1 非线性电阻电路
(a)非线性电阻符号 (b)白炽灯的伏安特性曲线 (c)二极管的伏安特性曲线

由于非线性电阻的阻值是随着电压或电流而变化的,计算它的电阻时就必须指明它的工作电流或工作电压,例如在图 2-9-2 中,就是工作点 Q 处的电阻。非线性电阻元件的电阻有两种表示方式。一种称为静态电阻(或称为直流电阻),它等于工作点 Q 的电压 U 与电流 I 之比,即 $R=\dfrac{U}{I}$。由图 2-9-2 可见,Q 点的静态电阻正比于 $\tan\alpha$。另一种称为动态电阻(或称为交流电阻),它等于工作点 Q 附近的电压微变量 ΔU 与电流微变量 ΔI 之比的极限,即

$$r=\lim_{\Delta I\to 0}\frac{\Delta U}{\Delta I}=\frac{\mathrm{d}U}{\mathrm{d}I} \tag{2-9-1}$$

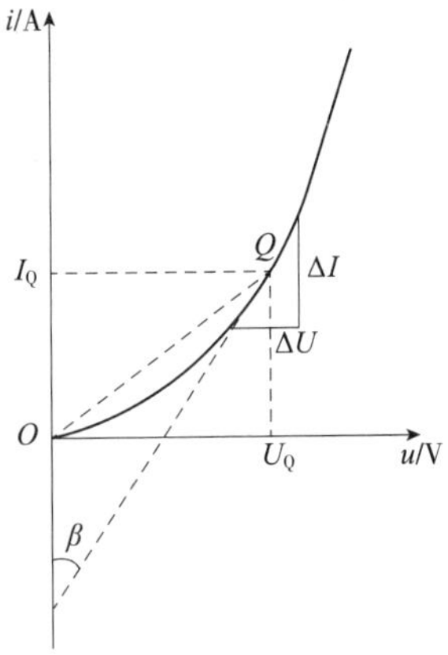

图 2-9-2 静态电阻与动态电阻的图解

动态电阻用小写字母表示。由图 2-9-2 可见,Q 点的动态电阻正比于 $\tan\beta$,β 是 Q 点的切线与纵轴的夹角。由于非线性电阻的阻值不是常数,在分析与计算非线性电阻电路时一般都采用图解法。

(1)分析非线性电阻电路方法——图解法

图 2-9-3 所示的是一非线性电阻电路,线性电阻 R_1 与非线性电阻元件 R 相串联。非线性电阻元件的伏安特性曲线 $I(U)$,如图 2-9-4 所示。对图 2-9-3 的电路可应用基尔霍夫电压定律列出

$$U=E-R_1 I$$
$$I=\frac{E}{R_1}-\frac{U}{R_1} \tag{2-9-2}$$

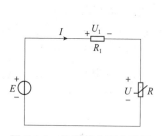

图 2-9-3 非线性电阻电路图

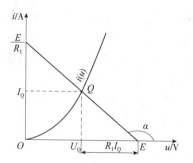

图 2-9-4 非线性电阻元件的伏安特性曲线图

这是一个直线方程,斜率为 $-\dfrac{1}{R_1}$,在横轴上的截距为 E,在纵轴上的截距为 $\dfrac{E}{R_1}$,因此很容易作出(R_1 是一负载电阻,因为这直线的斜率与 R_1 有关,所以它也称为负载线)。

显然,这一直线与电阻 R_1 及电源电动势 E 的大小有关,当电源电动势 E 一定时,该直线将随 R_1 的增大而趋近于与横轴平行;随 R_1 的减小而趋近于与横轴垂直。当电阻 R_1 一定时,随着电源电动势 E 的不同,该直线将做平行的移动;因为它的斜率仅与 R_1 有关,不因 E 的改变而改变(图 2-9-5)。电路的工作情况由式(2-9-1)的直线与非线性电阻元件 R 的伏安特性曲线 $i(u)$ 的交点 Q 确定;因为两者的交点,既表示了非线性电阻元件 R 上电压与电流间的关系,同时也符合电路中电压与电流的关系,即式(2-9-1)。

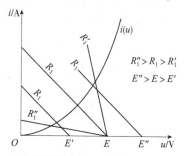

图 2-9-5 对应于不同电阻 R_1 和电源电动势 E 的情况

【例 2.9.1】 在图 2-9-6 所示的电路中,已知:$E = 2.4\text{V}$,$R_3 = 100\Omega$,$R_1 = R_2 = 40\Omega$,二极管的正向伏安特性曲线如图示。求二极管的 I,U 及 I_2。

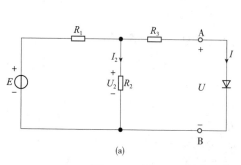
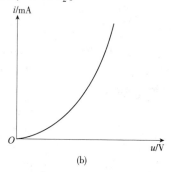

图 2-9-6 例 2.9.1 的电路图(a)和伏安特性曲线图(b)

【解】 将已知电路除二极管之外的部分用戴维南电路等效代替,得电路图 2-9-7(a)。

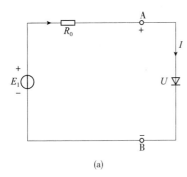
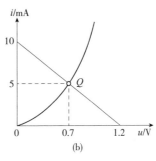

图 2-9-7 戴维南等效电路图(a)及伏安特性曲线图(b)

$U = E_1 - IR_0$,其中 E_1 等于除二极管之外有源二端网络的开路电压。伏安特性曲线 $i(u)$,如图 2-9-7(b)所示。

AB 支路断开图中,等效电源:$E_1 = U_0 = \dfrac{E}{R_1+R_2} R_2 = 1.2\text{V}$

$$R_0 = R_3 + \dfrac{R_1 R_2}{R_1+R_2} = 120\Omega$$

$I_Q = 5\text{mA}$,$U_Q = 0.7\text{V}$,若要求 I_2,需返回原电路中,由 KVL 可知电阻 R_2 两端的电压 $U_2 = IR_3 + U$,代入 $I = 5\text{mA}$,$U = 0.7\text{V}$,则

$$U_2 = 1.2\text{V}, \quad I_2 = \dfrac{U_2}{R_2} = 30\text{mA}$$

(2) 分析非线性电阻电路方法——等效电路法

【例 2.9.2】 求图 2-9-8 所示电路中理想二极管 D 中流过的电流 I。

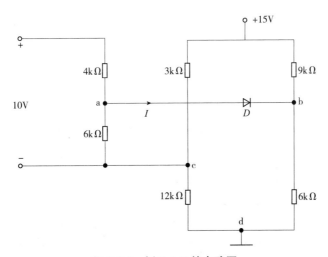

图 2-9-8 例 2.9.2 的电路图

【解】 所谓理想二极管是指在加正向电压时电阻为零,而加反向电压时电阻为无穷大。

(1) 求除去二极管的有源二端网络的开路电压 U_{abo}

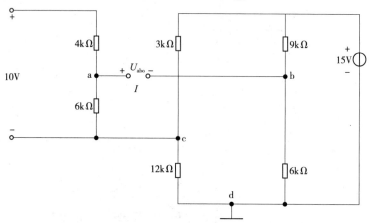

图 2-9-9　图 2-9-8 中 ab 间开路的电路图

$$U_{abo} = U_{ac} + U_{cd} + U_{db} = 10 \times \frac{6}{6+4} + 15 \times \frac{12}{3+12} - 15 \times \frac{6}{6+9} = 12\text{V}$$

(2) 求除去二极管的无源二端网络的等效电阻 R_{ab}，如图 2-9-10 所示，等效图如图 2-9-11 所示。

$$R_{ab} = \frac{6 \times 4}{6+4} + \frac{3 \times 12}{3+12} + \frac{6 \times 9}{6+9} = 8.4\text{k}\Omega$$

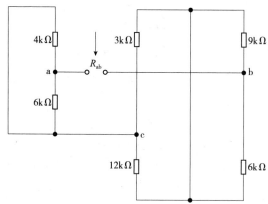

图 2-9-10　图 2-9-9 中 ab 间除源后的电路图

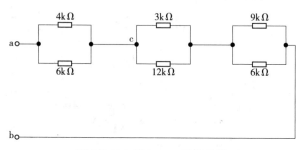

图 2-9-11　图 2-9-10 的等效图

（3）将二极管接回等效电压源的两端，如图 2-9-12 所示，求 I。

$$I = \frac{12}{8.4} \approx 1.43\text{mA}$$

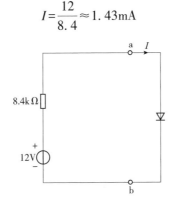

图 2-9-12　图 2-9-8 的戴维南等效电路图

【综合例题解析】

【综合例 2-1】　在综合图 2-1 中，(1)当将开关 S 合在 a 点时，用节点电压(位)法求电流 I_1，I_2 和 I_3；(2)当将开关 S 合在 b 点时，利用(1)的结果，采用叠加原理计算电流 I_1，I_2 和 I_3 的值。

【解】　(1)当开关 S 合在 a 点时，综合图 2-1 变为综合图 2-2

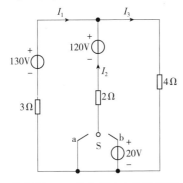

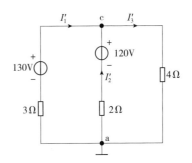

综合图 2-1　综合例 2-1 的电路图　　　综合图 2-2　综合图 2-1 的开关 S 合在 a 点且选定参考节点图

采用节点电压法，选节点 a 作为参考节点，

则有

$$\left(\frac{1}{3}+\frac{1}{2}+\frac{1}{4}\right)U_{nc} = \frac{130}{3}+\frac{120}{2}$$

得

$$U_{nc} = \frac{1240}{13}\text{V}$$

$$I_1' = \frac{130-U_{nc}}{3} = \frac{450}{39} \approx 11.54\text{A} \qquad I_2' = \frac{120-U_{nc}}{2} = \frac{160}{13} \approx 12.31\text{A}$$

$$I_3' = \frac{U_{nc}}{4} = \frac{1240}{13\times 4} \approx 23.85\text{A}$$

(2)当开关 S 合在 b 点时,综合图 2-1 变为综合图 2-3,综合图 2-3=综合图 2-2+综合图 2-4。

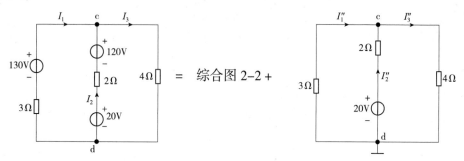

综合图 2-3 综合图 2-1 的开关 S 合在 b 点　　综合图 2-4 20V 恒压源单独作用图

在综合图 2-4 中,

$$I_2'' = \frac{20}{2+3/\!/4} = \frac{70}{13} \approx 5.38\text{A}$$

$$I_1'' = -\frac{4}{3+4}I_2'' = -\frac{40}{13} \approx -3.08\text{A}$$

$$I_3'' = \frac{3}{4+3}I_2'' = \frac{30}{13} \approx 2.30\text{A}$$

故
$$I_1 = I_1' + I_1'' = 11.54 - 3.08 = 8.46\text{A}$$
$$I_2 = I_2' + I_2'' = 12.31 + 5.38 = 17.69\text{A}$$
$$I_3 = I_3' + I_3'' = 23.85 + 2.30 = 26.15\text{A}$$

【综合例 2-2】 计算综合图 2-5 所示电路中电阻 R_L 上的电流 I_L。分别用叠加原理和戴维南定理计算。

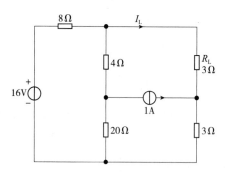

综合图 2-5 综合例 2-2 的电路图

【解】 (1)用戴维南定理求解

①将待求支路断开,如综合图 2-6(a)所示,求开路电压 U_{abo},电路中含有两个电源,故采用叠加原理求解。如综合图 2-6 所示。

由综合图 2-6(b)和(c)可知,流过 8Ω 电阻上的电流为

$$I = I' + I'' = \frac{16}{4+8+20} + \frac{20}{20+(4+8)} \times 1 = \frac{1}{2} + \frac{5}{8} = \frac{9}{8}\text{A}$$

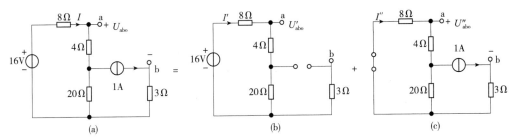

综合图 2-6 用叠加原理求开路电压 U_{abo} 的分解图

$$U_{abo} = 16 - 1 \times 3 - \frac{9}{8} \times 8 = 4V$$

②等效电阻为将综合图 2-6(a)中所有的电源均除去，即

$$R_0 = 3 + (4+20) /\!/ 8 = 9\Omega$$

③等效电路如综合图 2-7，

则 $$I_L = \frac{U_{abo}}{R_0 + R_L} = \frac{4}{3+9} = \frac{1}{3}A$$

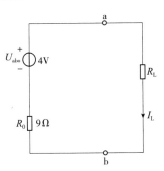

综合图 2-7 戴维南等效电路图

(2) 用叠加原理求解

在综合图 2-8(a)中，用节点电压法，选节点 d 作为参考节点，

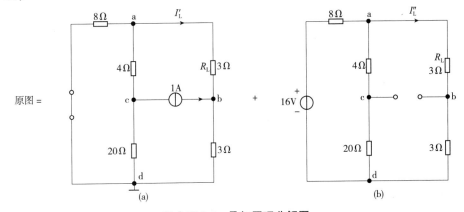

综合图 2-8 叠加原理分解图

$$\begin{cases} \left(\frac{1}{3} + \frac{1}{8} + \frac{1}{4}\right)U_a - \frac{1}{3}U_b - \frac{1}{4}U_c = 0 \\ -\frac{1}{3}U_a + \left(\frac{1}{3} + \frac{1}{3}\right)U_b = 1 \\ -\frac{1}{4}U_a + \left(\frac{1}{4} + \frac{1}{20}\right)U_c = -1 \end{cases} \quad 得 \begin{cases} U_a = -1V \\ U_b = 1V \\ U_c = -\frac{25}{6}V \end{cases}$$

故 $$I_L' = \frac{U_a - U_b}{R_L} = \frac{-1-1}{3} = -\frac{2}{3}A$$

在综合图 2-8(b)中，$I_L'' = \frac{16}{8 + 24/\!/6} \times \frac{24}{24+6} = 1A$

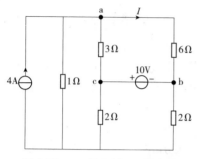

综合图 2-9　综合例 2-3 的电路图

根据叠加原理得　$I_L = I_L' + I_L'' = -\dfrac{2}{3} + 1 = \dfrac{1}{3}\text{A}$

结论：采用不同的分析方法求解同一个电路的同一条支路，结果一定是相同的。

【综合例 2-3】　采用戴维南定理求综合图 2-9 所示电路中 ab 支路的电流 I。

【解】（1）将 ab 支路断开，求开路电压 U_{abo}，如综合图 2-10(a)，电源等效变换为综合图 2-10(b)。

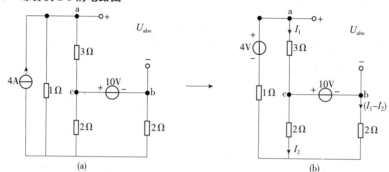

综合图 2-10　将 ab 支路断开求 U_{abo}(a) 及其电源等效变换图(b)

在综合图 2-10(b) 中，

$$\left.\begin{array}{r}3I_1 + 2I_2 + I_1 - 4 = 0 \\ 10 + 2(I_1 - I_2) = 2I_2\end{array}\right\} \Rightarrow \begin{cases}I_1 = -\dfrac{1}{5}\text{A} \\ I_2 = \dfrac{12}{5}\text{A}\end{cases}$$

故　　　　　$U_{\text{abo}} = U_{\text{ac}} + U_{\text{cb}} = 3I_1 + 10 = -\dfrac{3}{5} + 10 = 9.4\text{V}$

（2）求 ab 间除源后的等效电阻（综合图 2-11）

$$R_0 = R_{\text{ab}} = 3 /\!/ (1 + 2 /\!/ 2) = 1.2\Omega$$

（3）戴维南等效电路（综合图 2-12）

$$6I + 1.2I - 9.4 = 0,\ I = \dfrac{9.4}{7.2} \approx 1.3\text{A}$$

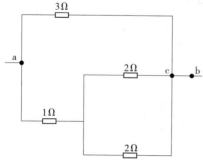

综合图 2-11　ab 间除源后的等效电阻

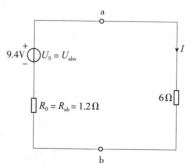

综合图 2-12　戴维南等效电路

【综合例 2-4】 用戴维南定理求综合图 2-13 所示电路中 AB 支路的电流 I。

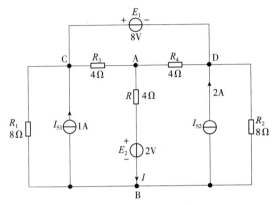

综合图 2-13　综合例 2-4 的电路图

【解】（1）将 AB 支路断开，求开路电压 U_{ABO}，如综合图 2-14，在综合图 2-14 中，选三个参考电流，如综合图 2-14 中所示，由 KVL 和 KCL 列出：

$$4I_3+4I_3=8 \quad I_3=1\text{A}$$
$$I_1+I_2=1+2=3$$

又 $8-8I_1+8I_2=0$，得

$$I_1=2\text{A} \quad I_2=1\text{A}$$

故

$$U_{ABO}=4I_3+8I_2=4\times1+8\times1=12\text{V}$$

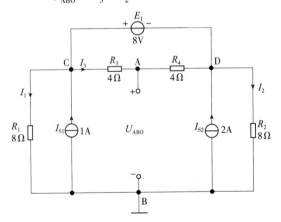

综合图 2-14　综合图 2-13AB 间开路的电路图

（2）求 AB 间除源后的等效电阻 $R_{AB}=R_0$（综合图 2-15）

$$R_{AB}=4/\!/4+8/\!/8=2+4=6\Omega$$

综合图 2-15　AB 间除源后的等效电阻图

（3）戴维南等效电路如综合图 2-16，得

$$2+4I+6I-12=0 \quad I=1\text{A}$$

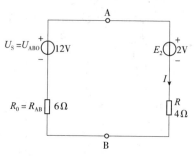

综合图 2-16　戴维南等效电路图

【综合例 2-5】 两个相同的有源二端网络 N 与 N′连接如综合图 2-17(a)，测得 $U_1=4\text{V}$。若连接如综合图 2-17(b)，则测得 $I_1=1\text{A}$。求连接如综合图 2-17(c)时的电流 I_1 为多少？

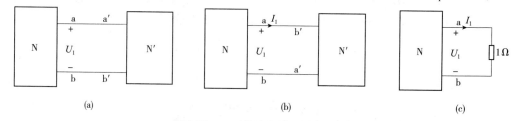

综合图 2-17　综合例 2-5 的电路图

【解】 任何有源二端网络都可用戴维南定理或诺顿定理来等效替换。该题为两个相同的有源二端网络，如用戴维南定理来替换，则可等效为一个理想电压源与电阻串联。它们的等效电路图如综合图 2-18 所示。

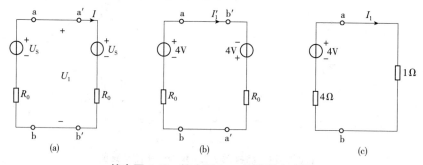

综合图 2-18　综合图 2-17 的等效电路图

由(a)可得 $U_S+IR_0+IR_0-U_S=0$，$I=0\text{A}$，$U_S=U_1-IR_0=4-IR_0=4\text{V}$，即等效电源的源电压 $U_S=4\text{V}$。

由(b)图中，$I_1'=\dfrac{4+4}{2R_0}=1\text{A}$　得 $R_0=4\Omega$。

由(c)图中，$I_1=\dfrac{4}{4+1}=\dfrac{4}{5}\text{A}$。

【综合例 2-6】 电路如综合图 2-19 所示，求电流 I。

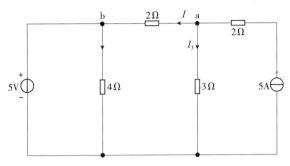

综合图 2-19　综合例 2-6 的电路图

【解】

方法一：用戴维南定理

①将 ab 支路断开，求开路电压 U_{abo}，如综合图 2-20 所示。

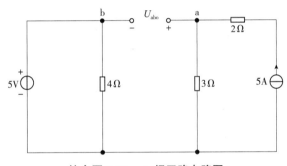

综合图 2-20　ab 间开路电路图

选取参考电位点如综合图 2-21 所示，分别求取 a，b 两点的电位，$U_a = 3 \times 5 = 15\text{V}$；$U_b = 5\text{V}$；故 $U_{abo} = U_a - U_b = 10\text{V}$。

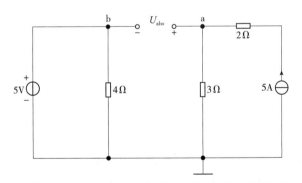

综合图 2-21　ab 间开路选取参考电位的电路图

②ab 之间的除源后的等效电阻，除源后的等效电路图如综合图 2-22 所示，可得 $R_{ab} = R_0 = 3\Omega$。

③戴维南等效电路如综合图 2-23 所示。

故
$$I = \frac{U_{abo}}{R_0 + R} = \frac{10}{3+2} = 2\text{A}$$

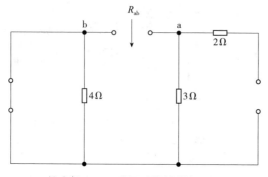
综合图 2-22 除源后的等效电阻图

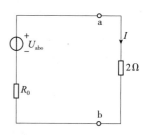
综合图 2-23 戴维南等效电路图

方法二：用电源等效替换法

等效变换过程如综合图 2-24。

则 $2I+5+3I-15=0$ $I=\dfrac{15-5}{3+2}=2\text{A}$

【综合例 2-7】 化简综合图 2-25 所示的电路。

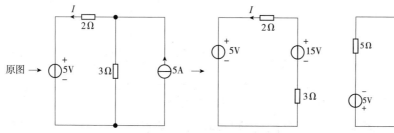

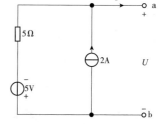

综合图 2-24 综合例 2-6 的电源等效变换图　　综合图 2-25 综合例 2-7 的电路图

【解】 化简电路如综合图 2-26 所示。

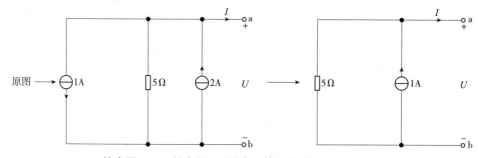

综合图 2-26 综合例 2-7 的电源等效变换化简电路图解

【综合例 2-8】 电路如综合图 2-27 所示，已知 $E=12\text{V}$，$U_{ab}=10\text{V}$。若将理想电压源除去后，试问这时 U_{ab} 等于多少？

【解】 采用叠加原理，$U_{ab}=10\text{V}$ 是在三个电源共同作用下得出的，这里将其分解为恒压源和恒流源分别作用的两个电路，分解图如综合图 2-28 所示，

恒压源单独作用时（恒流源除去），如综合图 2-28(a)，$U'_{ab}=\dfrac{E}{4R}\times R=\dfrac{E}{4}=3\text{V}$。

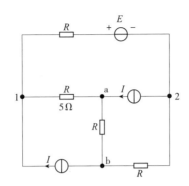

综合图 2-27　综合例 2-8 的电路图

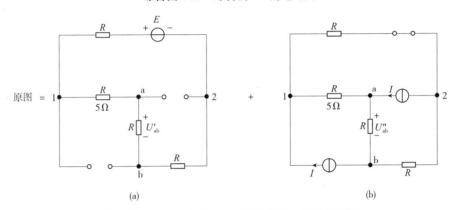

综合图 2-28　综合例 2-8 电路图的叠加原理分解图

若将理想电压源除去后，则在两恒流源共同作用下，如图 2-28(b)，则

$$U''_{ab} = U_{ab} - U'_{ab} = 10 - 3 = 7\text{V}$$

【**综合例 2-9**】　电路如综合图 2-29 所示，试用戴维南定理计算图示电路中的电流 I。

【**解**】　用戴维南定理计算，把所求支路断开，求开路电压 U_{abo}，如综合图 2-30 所示。

根据 KVL 得　　　　　　$30 - 140 + 120 - U_{abo} = 0$，$U_{abo} = 10\text{V}$

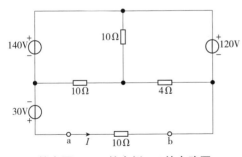

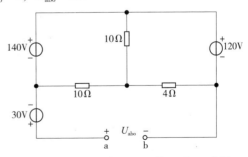

综合图 2-29　综合例 2-9 的电路图　　　　综合图 2-30　综合图 2-29 的 ab 间开路图

求取等效电阻的电路如综合图 2-31 所示，等效电阻：$R_0 = 0\Omega$。

戴维南等效电路如综合图 2-32 所示，

$$I = \frac{10}{10} = 1\text{A}$$

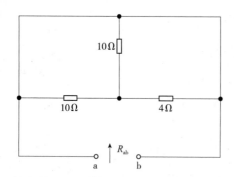
综合图 2-31　综合图 2-30ab 间除源电路图

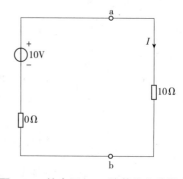
综合图 2-32　综合图 2-29 的戴维南等效电路图

【综合例 2-10】　试用两个 6V 的电源、两个 1kΩ 的电阻和一个 10kΩ 的可变电阻连成调压范围为 −5～+5V 的调压电路并画出电路图。

【解】　所连调压电路如综合图 2-33 所示。
$$I = [6-(-6)] / [(1+10+1) \times 10^3] = 1 \times 10^{-3} = 1\text{mA}$$
当滑动触头移在 a 点，
$$U-(-6) = (10 \times 10^3 + 1 \times 10^3) \times I$$
$$U = 11-6 = 5\text{V}$$
当滑动触头移在 b 点，
$$U-(-6) = 1 \times 10^3 I = 1 \times 10^3 \times 1 \times 10^{-3} = 1$$
$$U = 1-6 = -5\text{V}$$
于是连线图如综合图 2-33 所示。

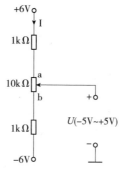
综合图 2-33　综合例 2-10 的连线图

习　题

2.1.1　有一无源二端电阻网络（图 2-1），通过实验测得：当 $U = 10\text{V}$ 时，$I = 2\text{A}$；并已知该电阻网络由四个 3Ω 的电阻构成，试问这四个电阻是如何连接的？

2.1.2　在图 2-2 中，$R_1 = R_2 = R_3 = R_4 = 300\text{Ω}$，$R_5 = 600\text{Ω}$，试求开关 S 断开和闭合时 a 和 b 之间的等效电阻。

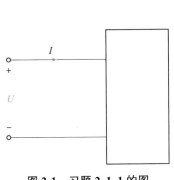

图 2-1　习题 2.1.1 的图

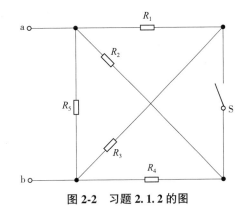

图 2-2　习题 2.1.2 的图

2.1.3　图 2-3 所示的是直流电动机的一种调速电阻，它由四个固定电阻串联而成。利用几个开关的闭合或断开，可以得到多种电阻值。设四个电阻都是 1Ω，试求在下列三种情况下 a, b 两点间的电阻值：(1) S_1 和 S_3 闭合，其他断开；(2) S_1，S_3 和 S_5 闭合，其他断开；(3) S_1，S_3 和 S_4 闭合，其他断开。

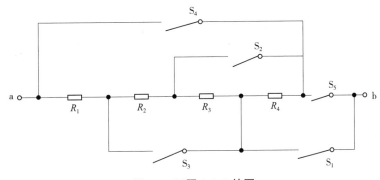

图 2-3　习题 2.1.3 的图

2.1.4　图 2-4 所示是一衰减电路，共有四档。当输入电压 $U_1 = 16V$ 时，试计算各档输出电压 U_2。

2.1.5　图 2-5 所示的是由电位器组成的分压电路，电位器的电阻 $R_2 = 270Ω$，两边的串联电阻 $R_1 = 350Ω$，$R_3 = 550Ω$。设输入电压 $U_1 = 12V$，试求输出电压 U_2 的变化范围。

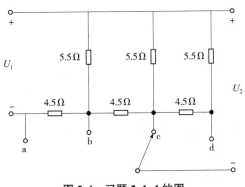

图 2-4　习题 2.1.4 的图

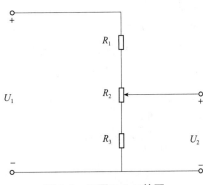

图 2-5　习题 2.1.5 的图

2.1.6 在图 2-6 所示的电路中，R_{p1} 和 R_{p2} 是同轴电位器，试问当活动触点 a，b 移到最左端、最右端和中间位置时，输出电压 U_{ab} 各为多少伏？

2.2.1 计算图 2-7 所示电路中 a，b 两端之间的等效电阻。

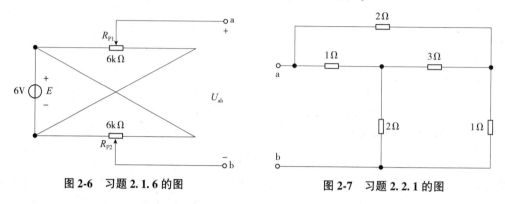

图 2-6 习题 2.1.6 的图   图 2-7 习题 2.2.1 的图

2.2.2 将图 2-8 的电路变换为等效 Y 形连接，三个等效电阻各为多少？图中各个电阻均为 R。

2.3.1 在图 2-9 中，$E=6V$，$R_1=60\Omega$，$R_2=30\Omega$，$R_3=40\Omega$，$R_4=30\Omega$，$R_5=10\Omega$。试求 I_4。

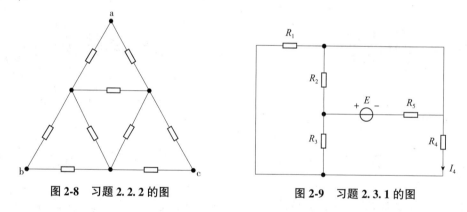

图 2-8 习题 2.2.2 的图   图 2-9 习题 2.3.1 的图

2.4.1 电路如图 2-10(a)所示，$E=16V$，$R_1=R_2=R_3=R_4$，$U_{ab}=10V$。若将理想电压源除去后[图 2-10(b)]。试问这时 U_{ab} 等于多少？

2.4.2 应用叠加定理计算图 2-11 所示电路中各支路的电流和各元件（电源和电阻）两端的电压，并说明功率平衡关系。

2.4.3 图 2-12 所示的是 R-$2R$ 梯形网络，用于电子技术的数模转换中，试用叠加原理求证输出端的电流 I 为：$I=\dfrac{U}{3R\times 2^4}(2^3+2^2+2^1+2^0)$。

2.5.1 在图 2-13 所示的电路中，求各理想电流源的端电压、功率及各电阻上消耗的功率。

2.5.2 电路如图 2-14 所示，试求 I，I_1 和 U_S。并判断 20V 的理想电压源和 5A 的理想电流源是电源还是负载？

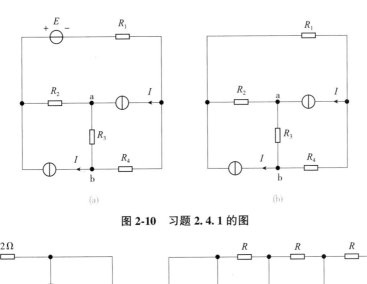

图 2-10　习题 2.4.1 的图

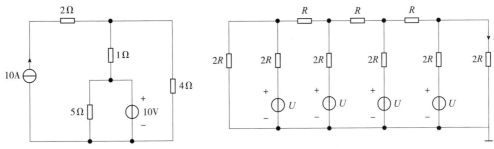

图 2-11　习题 2.4.2 和习题 2.7.1 的图　　　　图 2-12　习题 2.4.3 的图

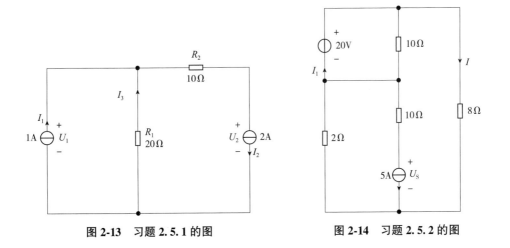

图 2-13　习题 2.5.1 的图　　　　图 2-14　习题 2.5.2 的图

2.5.3　计算图 2-15 中的电流 I_3。

2.5.4　计算图 2-16 中的电压 U_5。

2.5.5　试用电压源与电流源等效变换的方法计算图 2-17 中 2Ω 电阻中的电流 I。

2.6.1　试用支路电流法或节点电压法求图 2-18 所示电路中的各支路电流,并求三个电源的输出功率和负载电阻 R_L 取用的功率。0.8Ω 和 0.4Ω 分别为两个电压源的内阻。

2.6.2　试用节点电压法求图 2-19 所示电路中的各支路电流。

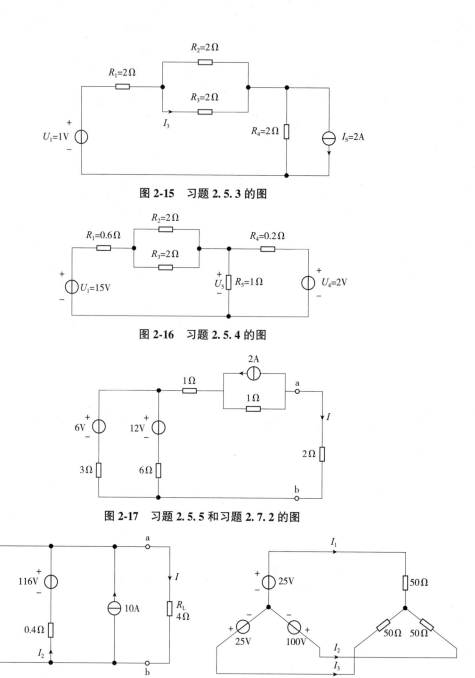

图 2-15 习题 2.5.3 的图

图 2-16 习题 2.5.4 的图

图 2-17 习题 2.5.5 和习题 2.7.2 的图

图 2-18 习题 2.6.1 的图

图 2-19 习题 2.6.2 的图

2.6.3 电路如图 2-20 所示，试用节点电压法求电压 U，并计算理想电流源的功率。

2.7.1 应用戴维南定理计算图 2-11 中 1Ω 电阻中的电流。

2.7.2 应用戴维南定理计算图 2-17 中 2Ω 电阻中的电流 I。

2.7.3 图 2-21 所示是常见的分压电路，试用戴维南定理和诺顿定理分别求负载电流 I_L。

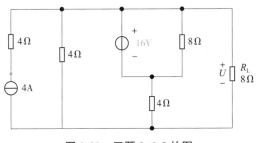

图 2-20 习题 2.6.3 的图

2.7.4 在图 2-22 中，已知 $E_1 = 15V$，$E_2 = 13V$，$E_3 = 4V$，$R_1 = R_2 = R_3 = R_4 = 1\Omega$，$R_5 = 10\Omega$。求：(1) 当开关 S 断开时，试求电阻 R_5 上的电压 U_5 和电流 I_5；(2) 当开关 S 闭合后，试用戴维南定理计算 I_5。

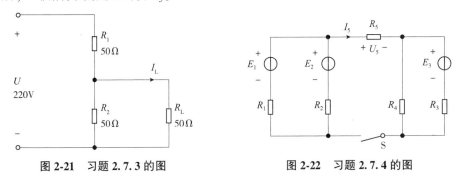

图 2-21 习题 2.7.3 的图   图 2-22 习题 2.7.4 的图

2.7.5 用戴维南定理计算图 2-23 所示电路中的电流 I。

2.7.6 用戴维南定理和诺顿定理分别计算图 2-24 所示桥式电路中电阻 R_1 上的电流。

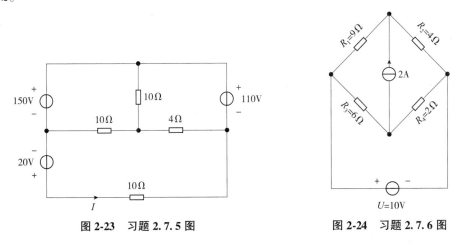

图 2-23 习题 2.7.5 图   图 2-24 习题 2.7.6 图

2.7.7 在图 2-25 中，(1) 试求电流 I；(2) 计算理想电压源和理想电流源的功率，并说明是取用的还是发出的功率。

2.7.8 电路如图 2-26 所示，试计算电阻 R_L 上的电流 I_L：(1) 用戴维南定理；(2) 用诺顿定理。

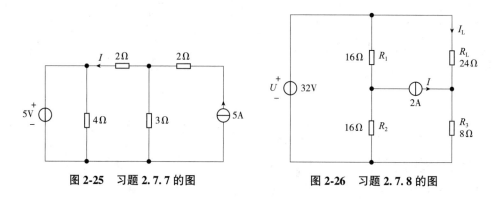

图 2-25 习题 2.7.7 的图   图 2-26 习题 2.7.8 的图

2.7.9 电路如图 2-27 所示，当 $R=40\Omega$ 时，$I=2A$。求当 $R=90\Omega$ 时，I 等于多少？

2.7.10 试求图 2-28 所示电路中的电流 I。

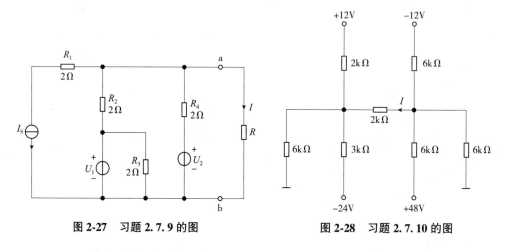

图 2-27 习题 2.7.9 的图   图 2-28 习题 2.7.10 的图

2.7.11 两个相同的有源二端网络 N 与 N′ 连接如图 2-29(a)所示，测得 $U_1=10V$。若连接如 2-29(b)所示，则测得 $I_1=2A$。试求连接如图 2-29(c)时的电流 I_1 为多少？

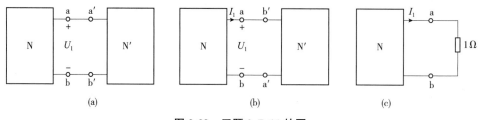

图 2-29 习题 2.7.11 的图

2.8.1 用叠加原理求图 2-30 所示电路中的电流 I_1。

2.8.2 试求图 2-31 所示电路的戴维南等效电路和诺顿等效电路。

*2.9.1 试用图解法计算图 2-32(a)所示电路中非线性电阻元件 R 中的电流 I 及其两端电压 U。图 2-32(b)是非线性电阻元件的伏安特性曲线。

图 2-30 习题 2.8.1 的图

图 2-31 习题 2.8.2 的图

(a) (b)

图 2-32 习题 2.9.1 的图

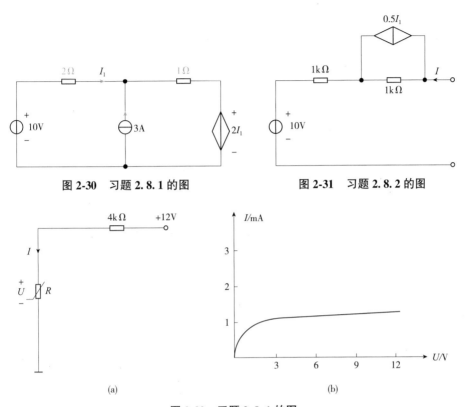

第3章 正弦交流电路

所谓正弦交流电路是指含有正弦电源(激励)且电路各部分所产生的电压和电流(响应)均按正弦规律变化的电路。交流发电机中所产生的电动势和正弦信号发生器所输出的电压信号,都是随时间按正弦规律变化的,它们是常用的正弦电源。在生产和日常的生活中所用的交流电,一般都是指正弦交流电。正弦交流电路是电工学中很重要的一个部分,它不仅是交流电机和变压器的理论基础,同时也是学习电子电路的理论基础,它在工程技术、科学研究和日常生活中会经常碰到。本章要求学生掌握所介绍的一些基本概念、基本理论和基本分析方法,并能熟练运用,为后面学习交流电机、电子技术等打下理论基础。

分析与计算正弦交流电路,主要是确定不同参数和不同结构的各种电路(而以单一参数的电路为基础)中电压与电流之间的关系(数值关系和相位关系)和功率。交流电路具有用直流电路的概念无法理解和分析的物理现象,因此在学习本章时,必须建立交流的概念,特别是相位的概念,否则容易引起错误。

3.1 正弦交流电的基本概念

3.1.1 正弦电流、电压的概念

前面第1、2章分析的是直流电路,除在换路瞬间,其中的电流和电压的大小与方向(或电压的极性)是不随时间而变化的,如图3-1-1所示。

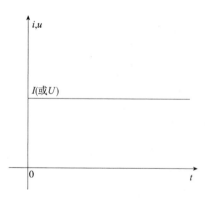

图 3-1-1 直流电流和电压波形图

第1章已介绍过直流和交流电。交流电又分为周期交流电和非周期交流电,周期交流电里又有正弦交流、三角波、方波等。本章只讨论正弦交流电。

随时间按正弦规律变化的电压和电流称为正弦电压和电流。

在近代电工技术中正弦交流电的应用极为广泛。在强电方面,可以说电能几乎都是以正弦交流的形式生产出来的,即使在有些场合下所需要的直流电,主要也是将正弦交流电通过整流设备变换得到的。在弱电方面,也常用各种正弦信号发生器作为信号源。

正弦量之所以能得到广泛应用,一是因为可以利用变压器把正弦电压升高或降低,这种变换电压的方法既灵活又简单经济;二是在分析电路时常遇到加、减、求导及积分的问题,而由于同频率的正弦量之和或差仍为同一频率的正弦量,正弦量对时间的导数

$\left(\dfrac{\mathrm{d}i}{\mathrm{d}t}\right)$ 或积分 $\left(\int i\mathrm{d}t\right)$ 也仍为同一频率的正弦量,这样就有可能使电路各部分的电压和电流的波形相同,这在技术上具有重大意义;三是正弦量变化平滑,在正常情况下不会引起过电压而破坏电气设备的绝缘。另外,非正弦周期量中含有高次谐波,而这些高次谐波往往不利于电气设备的运行。

3.1.2 正弦电压与电流的参考方向

正弦电流 $i=I_\mathrm{m}\sin(\omega t+\psi_1)$,当 $\psi_1=0$ 时,其波形如图 3-1-2 所示。由于正弦电压与电流的方向是周期性变化的,在电路图上所标的方向是它们的参考方向,即代表正半周时的方向;在负半周时,由于所标的参考方向与实际方向相反,则其值为负。图 3-1-3 为图 3-1-2 所示正弦电流的 $\left[0,\dfrac{T}{2}\right]$ 和 $\left[\dfrac{T}{2},T\right]$ 的参考方向和实际方向示意图。

图 3-1-3 中的虚线箭头代表电流的实际方向;⊕、⊖代表电压的实际极性。电路图上所标的方向为电压、电流的参考方向,即代表正半周时的方向。

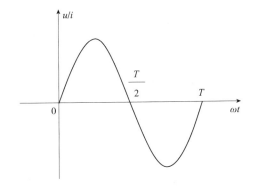

图 3-1-2 正弦规律变换波形图

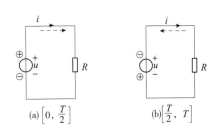

图 3-1-3 正弦信号的参考方向与实际方向示意图

3.1.3 正弦量的三要素

正弦量的特征表现在变化的快慢、大小及初始值三个方面,而它们分别由频率(或周期)、幅值(或有效值)和初相位(或相位)来确定,称为正弦量的三要素。

(1)频率与周期(表示正弦量变化的快慢)

正弦量变化一次所需的时间称为周期,常用 T 表示,单位为秒(s)。每秒内变化的次数称为频率,常用 f 表示,单位为赫兹(Hz),二者的关系为

$$f=\frac{1}{T}$$

在我国和大多数国家都采用 50Hz 作为电力标准频率,有些国家(如日本等)采用 60Hz。这种频率在工业上应用广泛,习惯上也称为工频。通常的交流电动机和照明负载都用这种频率。在其他各种不同的技术领域内使用着各种不同的频率。例如,高频炉的频率是 200~300kHz,中频炉的频率是 500~8 000Hz,高速电动机的频率是 150~2 000Hz;通

常收音机中波段的频率是 530~1 600kHz，短波段是 2.3~23MHz；移动通信的频率是 900MHz 和 1 800MHz；在无线通信中使用的频率可高达 300GHz。

正弦量变化的快慢除用周期和频率表示外，还可用角频率(ω)来表示，单位为弧度每秒(rad/s)。因为一周期内经历了 2π 弧度，所以角频率为

$$\omega = \frac{2\pi}{T} = 2\pi f$$

上式表示 T，f 和 ω 三者之间的关系，只要知道其中一个，则其余均可求出。

【例 3.1.1】 我国和大多数国家的电力标准频率是 $f=50$Hz，试求其周期和角频率。

【解】
$$T = \frac{1}{f} = 0.02\text{s}$$
$$\omega = 2\pi f = 314 \text{rad/s}$$

（2）幅值和有效值（表示正弦量的大小）

正弦量在任一瞬间的值称为瞬时值，用小写字母表示，如 i，u，e，p 分别表示电流、电压、电动势、功率的瞬时值；瞬时值中最大的值称为幅值或最大值，用大写字母加下标 m 表示，如 E_m，I_m，U_m（表示电压的幅值）。

正弦电压、电流和电动势的大小往往不是用它们的幅值，而是用有效值（均方根值）来计量的（有效值用大写字母来表示）。交流电流的有效值是从交流电流与直流电流具有相等的热效应引出的。交流电流通过一个电阻时在一个周期内消耗的电能，与某直流电流在同一电阻、相同时间内消耗的电能相等，这一直流电流的数值定义为交流电的有效值，用大写字母表示，如 I，U，E。

$$\int_0^T R i^2 \mathrm{d}t = R I^2 T, \quad I = \sqrt{\frac{1}{T}\int_0^T i^2 \mathrm{d}t}$$

同时，最大值与有效值之间具有如下的关系：

$$I = \frac{I_m}{\sqrt{2}}, \quad U = \frac{U_m}{\sqrt{2}}, \quad E = \frac{E_m}{\sqrt{2}}$$

注：①一般所讲的正弦电压或电流的大小，均指的是有效值；②一般交流电流表和电压表指示的是有效值。

【例 3.1.2】 已知 $u = U_m \sin\omega t$，$U_m = 310$V，$f = 50$Hz，试求有效值 U 和 $t=0.1$s 时的瞬时值。

【解】 $U = \frac{U_m}{\sqrt{2}} = \frac{310}{\sqrt{2}} = 220$V，$u(0.1) = U_m \sin 2\pi f t = 310\sin 10\pi = 0$V

（3）初相位

正弦量随时间而变化，要确定一个正弦量还须从计时起点（$t=0$）来看。所取的计时起点不同，正弦量的初始值（即 $t=0$ 时的值）就不同，到达幅值或某一特定值所需的时间也就不同。

如　　　　　　　　$i = I_m \sin\omega t$　　　　　　则 $i(0) = 0$

　　　　　　　　$i = I_m \sin(\omega t + 30°)$　　　则 $i(0) = \frac{1}{2}I_m$

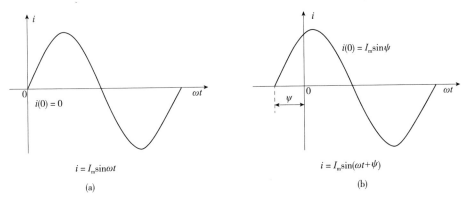

图 3-1-4 正弦电流不同初始相位的正弦波形图
(a)初始相位为 0 (b)初相位不为 0

正弦量可以用 $i=I_m\sin\omega t$(其初始值为 0)或 $i=I_m\sin(\omega t+\psi)$ 表示,如图 3-1-4 所示,ωt 或 $(\omega t+\psi)$ 称为正弦量的相位角或相位,它反映了正弦量变化的进程。当相位角随时间连续变化时,正弦量的瞬时值随之连续变化。

$t=0$ 时的相位称为初相位角或初相位。所取计时起点不同,正弦量的初相位不同。

(4)相位差

两个同频率的正弦量的相位角之差或初相位角之差,称为相位角差或相位差,用 φ 表示。

当两个同频率正弦量的计时起点($t=0$)改变时,它们的相位和初相位也跟着改变,但两者之间的相位差仍保持不变。

比较两个同频率正弦量的相位,有超前、滞后、同相和反相几种情况:

若
$$u=U_m\sin(\omega t+\psi_1)$$
$$i=I_m\sin(\omega t+\psi_2)$$

则 u 与 i 的相位差
$$\varphi=(\omega t+\psi_1)-(\omega t+\psi_2)=\psi_1-\psi_2$$

① $\varphi>0$ 表示在相位(时间)上 u 比 i 超前了 φ 角或者 i 比 u 滞后了 φ 角。在空间上,从 $t=0$ 开始,u 先到达正幅值,经过 φ 角后,i 才到达正幅值。如图 3-1-5(a)中的 u 和 i。

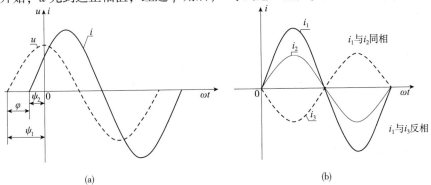

图 3-1-5 电压与电流具有不同相位差的正弦波形图
(a)u 比 i 超前 φ 角的正弦波形图 (b)两正弦量同相或反相的正弦波形图

②$\varphi<0$ 表示在相位(时间)上 u 比 i 滞后了 φ 角,或者说 i 比 u 超前了 φ 角;在空间上,从 $t=0$ 开始,i 先到达正幅值,经过 φ 角后,u 才到达正幅值。

③$\varphi=0$ 表示 u 与 i 同相。如图 3-1-5(b)中的 i_1 与 i_2。

④$\varphi=180°$ 表示 u 与 i 反相。如图 3-1-5(b)中的 i_1 与 i_3,i_2 与 i_3。

【练习与思考】

3.1.1 在某电路中,$i=100\sin\left(6280-\dfrac{\pi}{4}\right)$mA,(1)试指出它的频率、周期、角频率、幅值、有效值及初相位各为多少;(2)画出波形图;(3)如果 i 的参考方向选得相反,写出它的三角函数式,画出波形图,并问(1)中各项有无改变?

3.1.2 设 $i=100\sin\left(\omega t-\dfrac{\pi}{4}\right)$mA,试求在下列情况下电流的瞬时值:(1)$f=1\,000$Hz,$t=0.375$ms;(2)$\omega t=1.25\pi$rad;(3)$\omega t=90°$;(4)$t=\dfrac{7}{8}T$。

3.1.3 已知 $i_1=15\sin(314t+45°)$A,$i_2=10\sin(314t-30°)$A,(1)试问 i_1 与 i_2 的相位差;(2)画 i_1 和 i_2 的波形图;(3)在相位上比较 i_1 和 i_2,谁超前,谁滞后?

3.1.4 $i_1=15\sin(100\pi t+45°)$A,$i_2=10\sin(200\pi t-30°)$A,两者相位差为 75°,对不对?

3.1.5 根据本书规定的符号,写成 $i=15\sin(314t+45°)$A,$i=I\sin(\omega t+\psi)$,对不对?

3.1.6 已知某正弦电压在 $t=0$ 时为 220V,其初相位为 45°,试问它的有效值等于多少?

3.1.7 设 $i=10\sin\omega t$ 时,请改正图 3-1-6 中的三处错误。

3.1.8 如果两个同频率的正弦电流在某一瞬时都是 5A,两者是否一定同相?其幅值是否也一定相等?

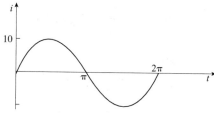

图 3-1-6 练习与思考 3.1.7 的图

3.2 正弦量的相量表示法

如上节所述,一个正弦量具有幅值、频率及初相位三个特征或要素。而这些特征可以用一些方法表示出来。正弦量的各种表示方法是分析与计算正弦交流电路的工具。

前面已经讲过两种表示法:一种是用三角函数式来表示,如 $i=I_m\sin\omega t$,这是正弦量的基本表示法;另一种是用正弦波形图来表示,如图 3-1-4 所示。此外,正弦量还可以用相量来表示。相量表示法的基础是复数,就是用复数来表示正弦量。

3.2.1 用复数表示正弦量

设有一正弦电压 $i=I_m\sin(\omega t+\psi)$,其波形如图 3-2-1(b)所示。图 3-2-1(a)是一旋转的有向线段,在直角坐标系中。有向线段的长度代表正弦量的幅值 I_m,它的初始位置($t=0$ 时的位置)与横轴正方向之间的夹角等于正弦量的初相位 ψ,并以正弦量的角频率

ω 做逆时针方向旋转。可见，这一旋转有向线段具有正弦量的 3 个特征，故可用来表示正弦量。正弦量在某时刻的瞬时值就可以由这个旋转有向线段于该瞬间在纵轴上的投影表示出来。因此，一个正弦量可用旋转的有向线段表示，如图 3-2-1 所示。

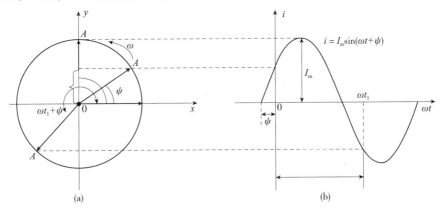

图 3-2-1　正弦量的相量表示法

图 3-2-1(a)中有向线段以角速度 ω 逆时针方向旋转，它在虚轴上的投影，即为正弦电流的瞬时值，即图 3-2-1(b)所示的波形。

3.2.2　有向线段可用复数表示

一个有向线段可用复数表示。若用它来表示正弦量，则复数的模即为正弦量的幅值，复数的幅角即为正弦量的初相位。图 3-2-2 中，由实轴与虚轴构成的平面称为复平面。复平面中有一有向线段 A，其实部为 a，其虚部为 b，则有向线段 A 可用复数表示：$A=a+\mathrm{j}b$ 其中 $r=\sqrt{a^2+b^2}$ 是复数的大小，称为复数的模；$\psi=\arctan\dfrac{b}{a}$ 是复数与实轴正方向的夹角，称为复数的幅角。

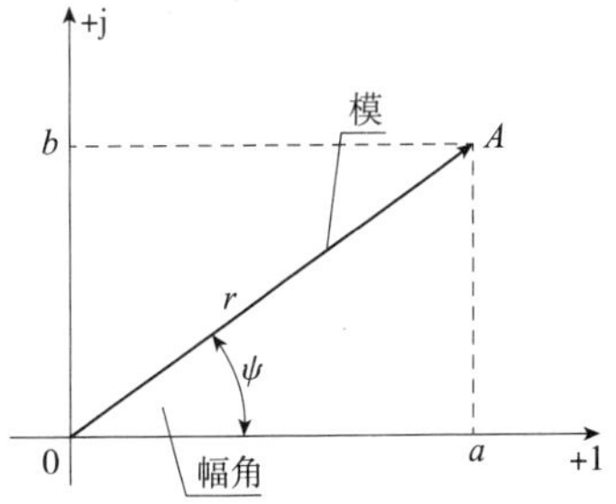

由图可得　　　　　　$a=r\cos\psi$　　$b=r\sin\psi$
所以　　　　　　　　$A=a+\mathrm{j}b=r(\cos\psi+\mathrm{j}\sin\psi)$

图 3-2-2　复平面中的有向线段

根据欧拉公式：　　　$\cos\psi+\mathrm{j}\sin\psi=\mathrm{e}^{\mathrm{j}\psi}$

得　　　　　　$\cos\psi=\dfrac{\mathrm{e}^{\mathrm{j}\psi}+\mathrm{e}^{-\mathrm{j}\psi}}{2},\quad \sin\psi=\dfrac{\mathrm{e}^{\mathrm{j}\psi}-\mathrm{e}^{-\mathrm{j}\psi}}{2}$

则　　　　　　　　$A=r\mathrm{e}^{\mathrm{j}\psi}$ 或简写为 $A=r\angle\psi$

故，一个复数有四种表示法：代数式、直角坐标式、指数式和极坐标式。四者可互换，如下：

$$\begin{aligned}A &= a+\mathrm{j}b & &\text{代数式}\\&=r(\cos\psi+\mathrm{j}\sin\psi) & &\text{三角式}\\&=r\mathrm{e}^{\mathrm{j}\psi} & &\text{指数式}\\&=r\angle\psi & &\text{极坐标式}\end{aligned}$$

其中，$a = r\cos\psi$，$b = r\sin\psi$，$r = \sqrt{a^2 + b^2}$，$\psi = \arctan\dfrac{b}{a}$。

复数在进行加减运算时应采用代数式，实部与实部相加减，虚部与虚部相加减。复数在进行乘除运算时应采用指数式或极坐标式，模与模相乘除，幅角与幅角相加减。

3.2.3 正弦量的相量表示

正弦量可用旋转有向线段表示，而有向线段可用复数表示，所以正弦量可以用复数来表示，称为相量。用大写字母上打"·"表示。电流 i 的有效值相量和幅值相量表示如下：

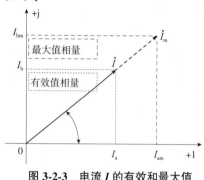

图 3-2-3 电流 I 的有效和最大值相量的相量图

电流 i 的有效值相量为：

$$\dot{I} = I_a + jI_b = I(\cos\psi + j\sin\psi) = Ie^{j\psi} = I\angle\psi$$

电流 i 的幅值相量为：

$$\dot{I}_m = I_{am} + jI_{bm} = I_m(\cos\psi + j\sin\psi) = I_m e^{j\psi} = I_m\angle\psi$$

按照各个正弦量的大小和相位关系画出的若干个相量的图形称为相量图。在相量图上能形象地看出各个正弦量的大小和相互间的相位关系。电流 i 的有效值相量和幅值相量的相量图如图 3-2-3 所示。图中 $j = \sqrt{-1}$。

3.2.4 正弦量与相量的关系

相量是表示正弦交流电的复数，而正弦交流电是时间的函数，但并不相等。

$$i \neq I \neq \dot{I}$$

这里有几点要注意：

①解析式的书写规范，如 $I = 15\sin(314t + 45°)$ A 及 $i = I\sin(\omega t + \varphi)$ A 都不正确。

②比较相位，必须是同频率的两个正弦函数才能进行；另相位差角的大小要在 180°的范围内。

③在画正弦波形图时要注意各量的标注：常把横坐标定为时间 t 或弧度 ωt，纵轴要标上正弦量，计时起点处标上 0，同时注明相应单位。

④相量只是表示正弦量，而不等于正弦量。

⑤若用复数(即相量)来表示正弦量，则复数的模即为正弦量的幅值，复数的幅角即为正弦量的初相位。而不必考虑频率，由于在分析线性电路时，正弦激励和响应均为同频率的正弦量，频率是已知的。如我国规定工业用电中的正弦电的频率为 50Hz。

⑥若用相量来表示正弦量，有相量式和相量图两种表示方法，所谓相量图为按照各个正弦量的大小和相位关系用初始位置的有向线段画出的若干个相量的图形。

⑦只有正弦周期量才能用相量表示，相量不能表示非正弦周期量；只有同频率的正弦量才能画在同一相量图上，不同频率的正弦量不能画在一个相量图上，否则就无法比较和计算。

⑧"j"的数学意义和物理意义：一方面，是复数中的虚数单位；另一方面，任意一个相量乘上+j后，向前(逆时针方向)旋转了90°，乘上-j后，向后(顺时针方向)旋转了90°，故 j 称为旋转90°的算子。

⑨正弦量的表示方式有：三角函数式；正弦波形图；相量图和复数式。

【例3.2.1】 已知某正弦电压在 $t=0$ 时为220V，其初相位为45°，试问它的有效值为多少？

【解】 由 $u=U_m\sin(\omega t+\varphi)$ V 知，$220=U_m\sin 45°$，$U_m=220\sqrt{2}$ V

$$U=\frac{U_m}{\sqrt{2}}=220\text{V}$$

【例3.2.2】 已知电压波形如图3-2-4所示，试求 T，f 及 ω。

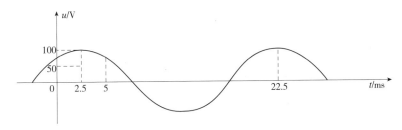

图 3-2-4 例 3.2.2 的图

【解】 从波形图上可知，从第一个正的最大值到第二个正的最大值所需的时间为

$$22.5-2.5=20\text{ms}$$

故 $T=20\text{ms}$

$$f=1/T=50\text{Hz}$$

$$\omega=2\pi f=314\text{rad/s}$$

【例3.2.3】 已知 $i=\sin(\omega t+45°)$ A，$u=7.07\cos 314t$ V，请写出有效值相量，并作出相量图。

【解】 根据 $I=\frac{I_m}{\sqrt{2}}$，得

$$I=\frac{1}{\sqrt{2}}=0.707\text{A}$$

而 $u=7.07\cos\omega t=7.07\sin(314t+90°)=5\sqrt{2}\sin(314t+90°)$ V，

故，$\dot{I}=0.707\angle 45°$ A　$\dot{U}=5\angle 90°=$j5V，相量图如图3-2-5所示。

【例3.2.4】 已知电路如图3-2-6所示，$e_1=220\sin(100t-120°)$ V，$e_2=220\sin(100t+120°)$ V，求 u。

【解】 根据KVL：$u=e_2-e_1$

$$\dot{U}_m=\dot{E}_{2m}-\dot{E}_{1m}=220\angle 120°-220\angle-120°=380\angle 90°\text{V}$$

$$u=380\sin(100t+90°)\text{ V}$$

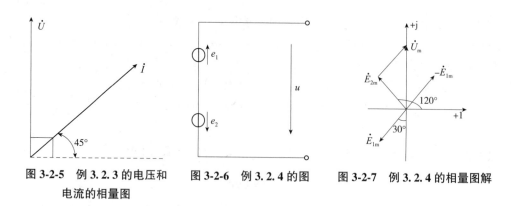

图 3-2-5 例 3.2.3 的电压和电流的相量图　　图 3-2-6 例 3.2.4 的图　　图 3-2-7 例 3.2.4 的相量图解

采用相量图方法求解：

先在相量图上绘制 $\dot{E}_{1m}$，$\dot{E}_{2m}$，再作出 $\dot{E}_{1m}$ 的反向相量 $-\dot{E}_{1m}$，将 $\dot{E}_{1m}$ 平移到 $\dot{E}_{2m}$ 的末端，连接原点到此末端的有向线段即为 $\dot{U}_m$，$\dot{U}_m = 380\angle 90°\mathrm{V}$，详见图 3-2-7。

【**例 3.2.5**】　若已知 $i_1 = I_{1m}\sin(\omega t+\psi_{i1})\mathrm{A}$，$i_2 = I_{2m}\sin(\omega t+\psi_{i2})\mathrm{A}$，求 i_1+i_2。

【**解**】　可以用正弦量相加直接求解，还可以将其用相量表示，用相量图或相量法求解

(1) 用相量图法求解，如图 3-2-8 所示，求出 $\dot{I}_m = I_m\angle\psi$ 中 I_m 和 ψ 的大小。

(2) 用相量表示正弦量复数求解，即

$$\dot{I}_{1m} = I_{1m}\angle\psi_{i1} = I_{1m}(\cos\psi_{i1}+\mathrm{j}\sin\psi_{i1})$$

$$\dot{I}_{2m} = I_{2m}\angle\psi_{i2} = I_{2m}(\cos\psi_{i2}+\mathrm{j}\sin\psi_{i2})$$

$$\dot{I}_m = \dot{I}_{1m}+\dot{I}_{2m} = (I_{1m}\cos\psi_{i1}+I_{2m}\cos\psi_{i2})+\mathrm{j}(I_{1m}\sin\psi_{i1}+I_{2m}\sin\psi_{i2}) = I_m\angle\psi$$

然后用反变换，得

$$i = I_m\sin(\omega t+\psi)$$

两种方法的运算过程如图 3-2-9 所示。

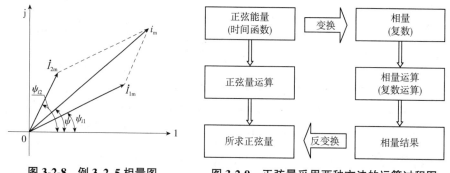

图 3-2-8 例 3.2.5 相量图　　图 3-2-9 正弦量采用两种方法的运算过程图

显然，直接用正弦量运算可以得到结果，但是实际运算中要利用中学所学的三角函数中的积化和差或者和差化积等公式，计算烦琐。而通过将正弦函数中三个变量中的一个保持不变（角速度或周期或频率保持不变）后表示成相量，这样就只有两个变量，运

用相量或相量图进行运算,然后再通过反变换,得到所求正弦量,过程虽然曲折了一些,实际计算变简单了。因此本课程中涉及正弦函数运算时都是采用将其变换成相量后进行运算,得到结果后再进行反变换得到所求正弦量。

3.3 基尔霍夫定律的相量形式

设图 3-3-1(a) 中：$i_1 = I_{1m}\sin(\omega t + \psi_1)$, $i_2 = I_{2m}\sin(\omega t + \psi_2)$, $i_3 = I_{3m}\sin(\omega t + \psi_3)$,由 KCL,对节点 A:

$$i_1 + i_2 - i_3 = 0$$

表示成相量形式,如图 3-3-1(b),则有节点 A 的电流相量表达式为

$$\dot{I}_1 + \dot{I}_2 - \dot{I}_3 = 0$$

因此有基尔霍夫定律的相量形式

$$\text{KCL}: \sum \dot{I} = 0$$

$$\text{KVL}: \sum \dot{U} = 0$$

注意：$\sum I \neq 0$,即 $I_1 + I_2 - I_3 \neq 0$。

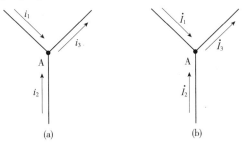

图 3-3-1 一个节点的交流电流及其相量形式图
(a) 流入一个节点的交流电流 (b) 流入一个节点的交流电流的相量形式

【例 3.3.1】 在图 3-3-2 所示的电路中,设 $i_1 = I_{1m}\sin(\omega t + \psi_1) = 100\sin(\omega t + 45°)$ A; $i_2 = I_{2m}\sin(\omega t + \psi_2) = 60\sin(\omega t - 30°)$ A,求总电流 i,并作电流相量图。

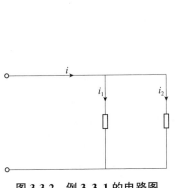

图 3-3-2 例 3.3.1 的电路图

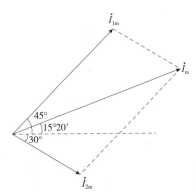

图 3-3-3 例 3.3.1 的相量图解

【解】 将 $i=i_1+i_2$ 化为基尔霍夫电流定律的相量表示式，求 i 的相量 $\dot{I}_m$

$$\dot{I}_m = \dot{I}_{1m}+\dot{I}_{2m} = 100\angle 45°+60\angle 30° = 100(\cos 45°+\text{j}\sin 45°)+60(\cos 30°+\text{j}\sin 30°)$$
$$\approx 70.7+\text{j}70.7+51.6-\text{j}30 = 122.3+\text{j}40.7 \approx 129\angle 18°20'\,\text{A}$$

于是得 $i=129\sin(\omega t+18°20')\,\text{A}$，电流相量图如图 3-3-3 所示。

【练习与思考】

3.3.1 已知复数 $A=-8+\text{j}6$ 和 $B=3+\text{j}4$，试求 $A+B$，$A-B$，AB 和 A/B。

3.3.2 已知相量 $\dot{I}_1=(2\sqrt{3}+\text{j}2)\,\text{A}$，$\dot{I}_2=(-2\sqrt{3}+\text{j}2)\,\text{A}$，$\dot{I}_3=(-2\sqrt{3}-\text{j}2)\,\text{A}$ 和 $\dot{I}_4=(2\sqrt{3}-\text{j}2)\,\text{A}$，试把它们化为极坐标式，并写成正弦量 i_1，i_2，i_3，i_4。并将各正弦电流用相量图和正弦波形表示。

3.3.3 写出下列正弦电压的相量（用代数式表示）：

(1) $u=10\sqrt{2}\sin\omega t\,\text{V}$；

(2) $u=10\sqrt{2}\sin\left(\omega t+\dfrac{\pi}{2}\right)\,\text{V}$；

(3) $u=10\sqrt{2}\sin\left(\omega t-\dfrac{\pi}{2}\right)\,\text{V}$；

(4) $u=10\sqrt{2}\sin\left(\omega t-\dfrac{3\pi}{4}\right)\,\text{V}$。

3.3.4 指出下列各式的错误：

(1) $i=5\sin(\omega t-30°)=5\text{e}^{-\text{j}30°}\,\text{A}$；

(2) $U=100\text{e}^{\text{j}45°}=100\sqrt{2}\sin(\omega t+45°)\,\text{V}$；

(3) $i=10\sin\omega t$；

(4) $I=10\angle 30°\,\text{A}$；

(5) $\dot{I}=20\,\text{e}^{20°}\,\text{A}$。

3.3.5 已知两正弦电流 $i_1=8\sin(\omega t+60°)\,\text{A}$ 和 $i_2=6\sin(\omega t-30°)\,\text{A}$，试用复数计算电流 $i=i_1+i_2$，并画出相量图。

3.4 单一参数的正弦交流电路

分析各种正弦交流电路，不外乎要确定电路中电压与电流之间的关系(大小和相位)，并讨论电路中能量的转换和功率问题。分析各种交流电路时，必须首先掌握单一参数(电阻、电感、电容，第 1 章讲理想元件时讲到这三个元件都是组成电路模型的理想元件)元件电路中电压与电流之间的关系，因为其他电路无非是一些单一参数元件的组合而已。其中：

电阻元件：消耗电能(耗能元件)；

电感元件：通过电流要产生磁场而储存磁场能量(储能元件)；

电容元件：加上电压要产生电场而储存电场能量(储能元件)。

本节讨论不同参数的元件中电压与电流的一般伏安关系及能量的转换问题。

3.4.1 电阻元件的正弦交流电路

(1) 其两端的电压与电流关系

图 3-4-1 所示为电阻元件的电路符号, 其两端电压与电流的参考方向关联, 根据欧姆定律可知: $u=Ri$ 或 $i=\dfrac{u}{R}$。

选择电流的过零值并将向正值增加的瞬间作为计时起点, 即设 $i=I_m\sin\omega t$ 为参考正弦量, 则 $u=Ri=RI_m\sin\omega t=U_m\sin\omega t$ 也是一个同频率的正弦量。图 3-4-2 为它们的正弦交流波形图。根据上一节的介绍可知, i 和 u 可以用相量来表示:

$$\dot{I}=I\angle 0°\text{A}, \quad \dot{U}=U\angle 0°\text{V}$$

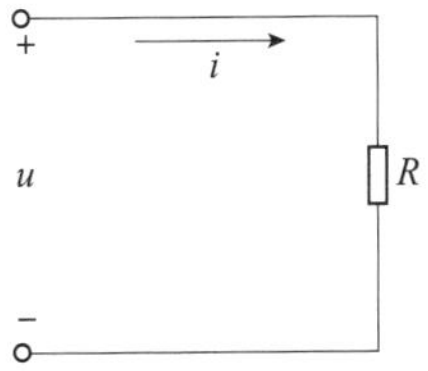

可见电阻两端的电压与电流同频率、同相位。它们的相量图如图 3-4-3 所示。

图 3-4-1 电阻符号及其两端的电压电流

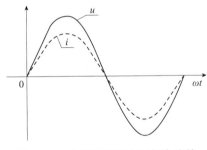

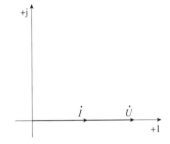

图 3-4-2 电阻两端的电压与电流的正弦交流波形

图 3-4-3 电阻两端电压与电流的相量图

若采用相量表示电压与电流的关系, 则为: $\dot{U}=\dot{I}R$——相量形式的欧姆定律。

根据对应关系 $U_m=I_mR$, 故可得电压与电流的大小关系为: $U=RI$——有效值形式的欧姆定律。

(2) 电阻的功率

因为
$$i=I_m\sin\omega t, \quad u=U_m\sin\omega t$$

所以, 瞬时功率 $p=ui=U_mI_m\sin^2\omega t=U_mI_m\dfrac{1-\cos 2\omega t}{2}=UI(1-\cos 2\omega t)$

一个周期内的平均功率 P (又称为有功功率, 单位为瓦特, 简称为瓦, 用 W 表示)为

$$P=\dfrac{1}{T}\int_0^T ui\,dt=IU=I^2R=\dfrac{U^2}{R}$$

i, u, p, P 的波形图及大小如图 3-4-4 所示。因电阻 R 两端的电压与电流的参考方向关联(图 3-4-1), 由图 3-4-4 可以看出只要电阻流过的电流不为 0, 瞬时功率就大于 0, 根据元器件是电源还是负载的判别方法可知 R 是一个耗能元件, 从电源取用电能而转换为热能或其他形式的能, 它是一种不可逆的能量转换过程。其转换成的热能或其他形式的能为(能量的单位是焦耳, 用 J 表示): $W=Pt$。

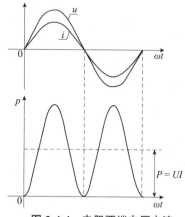

图 3-4-4 电阻两端电压电流
及功率的波形图

注：我们平常所说的一度电等于 1 千瓦时。家用电表计量的是电所做的功，而不是计量功率。大功率电器不一定就耗电！如果它工作时间不长耗用不了太多的电能，而小功率电器如果工作时间长也可能用电比较多。

【例 3.4.1】 把一个 100Ω 的电阻元件接到频率为 50Hz，电压有效值为 10V 的正弦电源上，问电流是多少？若保持电压值不变，而电源频率改变为 5 000Hz，这时电流将为多少？

【解】 因为电阻与频率无关，所以电压有效值保持不变时，电流有效值也不变，即

$$I = \frac{U}{R} = \frac{10}{100} = 0.1\text{A} = 100\text{mA}$$

3.4.2 电感元件的正弦交流电路

若电路的某一部分只具有储存磁场能量的性质称它为理想电感元件。其电路符号如图 3-4-5 所示。若 L 为大于零的常数则称为线性电感。

图 3-4-5 所示的电感大小与线圈的尺寸、匝数及介质的导磁性能等有关：

$$L = \frac{\mu S N^2}{l}$$

式中，S 是构成线圈的导线的横截面积（m^2）；l 是线圈的长度（m）；N 是线圈的匝数（匝）；μ 是构成线圈的导线的磁导率（H/m）。

图 3-4-6 是一个线性电感线圈的绕线及通入交流的电路图。当电感线圈中通过交流电流 i 时，产生一个主磁通 ϕ，进而产生自感电动势，它的电磁性质符合右手螺旋定则，图 3-4-7 为此电感线圈的磁通量和感应电动势的简单示意图。当通过线圈的磁通发生变化时，线圈中要产生感应电动势，其大小等于磁通的变化率，即：

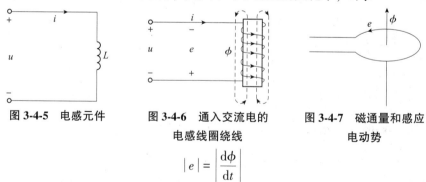

图 3-4-5 电感元件　　图 3-4-6 通入交流电的　　图 3-4-7 磁通量和感应
　　　　　　　　　　　　　电感线圈绕线　　　　　　　电动势

$$|e| = \left|\frac{d\phi}{dt}\right|$$

式中，各量的单位：e 是伏（V）；t 是秒（s）；ϕ 是韦伯（Wb）。

感应电动势的参考方向与磁通的参考方向符合右手螺旋定则，则 $e = -\frac{d\phi}{dt}$。

当 ϕ 的数值增加，即 $\frac{d\phi}{dt} > 0$，e 为负值，即其实际方向与参考方向相反；

当 ϕ 的数值减小，即 $\dfrac{\mathrm{d}\phi}{\mathrm{d}t}<0$，$e$ 为正值，即其实际方向与参考方向相同。

磁链 $$\psi = N\phi = Li$$

电感 $$L = \dfrac{\psi}{i}$$

式中，电感 L 的单位为亨利（H），磁链 ψ 的单位为韦伯（Wb），电流 i 的单位为安培，简称为安（A）。

(1) 电感两端的电压与电流关系

设正弦交流为电流 i，电感产生的自感电动势 e 及其两端的电压 u 的参考方向如图 3-4-8 所示。根据基尔霍夫电压定律得出 $u+e=0$，

根据前面的分析可知：$e = -\dfrac{\mathrm{d}\psi}{\mathrm{d}t} = -\dfrac{\mathrm{d}Li}{\mathrm{d}t} = -L\dfrac{\mathrm{d}i}{\mathrm{d}t}$，故 $u = L\dfrac{\mathrm{d}i}{\mathrm{d}t}$。

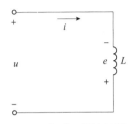

图 3-4-8 电感 L 通入正弦交流的电压、电流和自感应电动势图

注：根据高等数学里微分的定义，$\dfrac{\mathrm{d}i}{\mathrm{d}t} = \dfrac{\Delta i}{\Delta t}$，微分只不过是比较小的单位时间内的变化量，因此电感阻碍电流的变化，电流变大或变小均阻碍，注意不是阻碍电流而是阻碍电流的变化。

在直流稳态电路中，电感通过的电流不一定为零，但一定是个常量，对常量求时间的导数为零，即电感两端的电压为零，这与第 1 章中讲到的电路短路特征相同，因此相当于短路。

设 $i = I_\mathrm{m}\sin\omega t\,\mathrm{A}$，表示成相量：
$$\dot{I} = I\angle 0°\,\mathrm{A}$$

由 $u = L\dfrac{\mathrm{d}i}{\mathrm{d}t}$，有
$$u = L\omega I_\mathrm{m}\cos\omega t = U_\mathrm{m}\sin(\omega t + 90°)\,\mathrm{V}$$
$$U_\mathrm{m} = I_\mathrm{m}\omega L = I_\mathrm{m}X_\mathrm{L}$$

电压 u 表示成相量：
$$\dot{U} = U\angle 90° = IX_\mathrm{L}\angle 90° = \mathrm{j}\omega L\dot{I} = \mathrm{j}\omega X_\mathrm{L}\dot{I}$$

$X_\mathrm{L} = \omega L = 2\pi fL$ 称为感抗，单位为欧姆（Ω）。感抗是由电感引起，阻碍电流的变化。电感两端 u 与 i 的正弦波形如图 3-4-9 所示，相量图如图 3-4-10 所示。

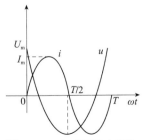

图 3-4-9 电感两端电压与电流的正弦波形图

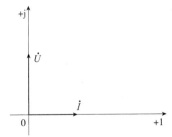

图 3-4-10 电感两端电压与电流的相量图

通过上面的关系式和波形图、相量图，可知：电感两端的电压比电流超前90°（同频率）；电压与电流大小关系为 $U=IX_L$；电压与电流的相量表达式为 $\dot{U}=j\omega L\dot{I}=jX_L\dot{I}$

注：①在直流稳态电路中，电感不为零，但感抗为零（不是 $L=0$，而是 $f=0$），它与频率之间的关系如图3-4-11，显然感抗 X_L 与电感 L、频率 f 成正比。电感线圈对高频电流的阻碍作用很大，而对直流可视为短路。因为在直流稳态电路中，电源及响应的电压电流均不变化，即频率 f 为零，显然感抗 X_L 为零。即电感对稳态直流的阻碍作用为零。没有阻碍，自然可以视为短路。②在 U 和 L 一定时，X_L，I 同 f 的关系如图3-4-12。③感抗只是电压与电流的幅值或有效值之比，而不是它们的瞬时值之比。与电阻电路不一样。

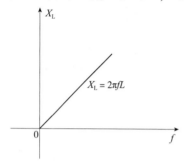

图3-4-11 感抗与频率关系图

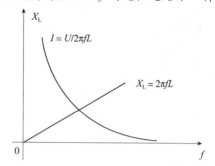

图3-4-12 X_L，I 同 f 的关系（U，L 一定）

(2) 电感的功率

因为，$i=I_m\sin\omega t$，$u=U_m\sin(\omega t+90°)$

所以，其瞬时功率 $p=ui=Li\dfrac{di}{dt}=U_m\cos\omega t I_m\sin\omega t=UI\sin2\omega t$

电感的 u，i，p 的波形如图3-4-13所示。

因为 u 与 i 的参考方向关联，又由图3-4-13可知：

在 $\left[0,\dfrac{T}{4}\right]$ 这个区间，$p>0$，L 把电能转换为磁场能，作负载用，吸收功率；

在 $\left[\dfrac{T}{4},\dfrac{T}{2}\right]$ 这个区间，$p<0$，L 把磁场能转换为电能，作电源用，提供功率；

在 $\left[\dfrac{T}{2},\dfrac{3T}{4}\right]$ 这个区间，$p>0$，L 把电能转换为磁场能，作负载用，吸收功率；

在 $\left[\dfrac{3T}{4},T\right]$ 这个区间，$p<0$，L 把磁场能转换为电能，作电源用，提供功率。

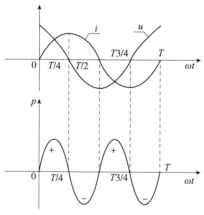

图3-4-13 电感两端的 u，i 和 p 波形图

在一个周期内，平均功率 $P=\dfrac{1}{T}\displaystyle\int_0^T pdt=\dfrac{1}{T}\int_0^T UI\sin2\omega t dt=0$，表明在电感元件的正弦交流电路中，没有能量消耗，只有电源与电感元件的能量互换，电感不消耗功

率，因此它是储能元件。其储存的磁场能为：$W_L = \int p\mathrm{d}t = \int Li\dfrac{\mathrm{d}i}{\mathrm{d}t}\mathrm{d}t = \dfrac{1}{2}Li^2$，可见若 $i \neq 0$，则 $W_L \neq 0$。

注： 在直流稳态电路中，流过电感的电流不一定为零，但电感两端的电压为零，电感储存的能量不一定为零，只要电流不为零，电感储存的能量就不为零。

将表征电源与储能元件之间的能量交换的规模称为无功功率，用 Q 表示。其值为瞬时功率的最大值，单位为乏尔(var)或千乏尔(kvar)。而把平均功率称为有功功率，用 P 表示，单位为瓦(W)或千瓦(kW)。

则电感的无功功率为：
$$Q = UI = X_L I^2 = \dfrac{U^2}{X_L}$$

【例 3.4.2】 把一个 0.1H 的电感元件接到频率 50Hz，电压有效值为 10V 的正弦电源上，问电流是多少？如保持电压值不变，而电源频率改变为 5 000Hz，这时电流将为多少？

【解】 当 $f = 50\text{Hz}$ 时，
$$X_L = 2\pi fL = 2 \times 3.14 \times 50 \times 0.1 = 31.4\Omega$$
$$I = \dfrac{U}{X_L} = \dfrac{10}{31.4} \approx 0.318\text{A} = 318\text{mA}$$

当 $f = 5\,000\text{Hz}$ 时，
$$X_L = 2\pi fL = 2 \times 3.14 \times 5\,000 \times 0.1 = 3\,140\Omega$$
$$I = \dfrac{U}{X_L} = \dfrac{10}{3\,140} \approx 0.003\,18\text{A} = 3.18\text{mA}$$

可见，在电压有效值一定时，频率越高，则通过电感元件的电流有效值越小。

3.4.3　电容元件的正弦交流电路

若电路的某一部分只具有储存电场能量的性质时，称它为理想电容元件。若 C 为大于零的常数，则称为线性电容。图 3-4-14 所示为一个电容元件通入正弦交流后，电容极板上聚集电荷的示意图。聚集的电荷等于电容乘以其两端的电压，即

$$C = \dfrac{q}{u}$$

其中，电容 C 的单位为法拉(F)；q 的单位为库仑(C)；电压 u 的单位为伏特(V)。电容器的电容与极板的尺寸、极板的正对面积及其间介质的介电常数有关。

$$C = \dfrac{\varepsilon S}{d}$$

式中，S 是极板的正对面积(m^2)；d 是极板间的距离(m)；ε 是介电常数(F/m)。

电容的电路符号如图 3-4-15 所示。

(1) 电容两端的电压电流关系

设正弦交流为电流 i，电压 u 的参考方向如图 3-4-15 所示。

因为电流 i 的定义为单位时间内通过的电量，所以 $i = \dfrac{\mathrm{d}q}{\mathrm{d}t} = \dfrac{\mathrm{d}Cu}{\mathrm{d}t} = C\dfrac{\mathrm{d}u}{\mathrm{d}t}$。

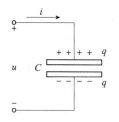 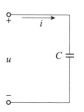

图 3-4-14　电容元件通正弦交流时极板聚集电荷图　　图 3-4-15　电容的电路符号及两端的电压、电流参考方向

设 $u=U_\mathrm{m}\sin\omega t$，表示成相量：$\dot{U}=U\angle 0°\mathrm{V}$；

由 $i=C\dfrac{\mathrm{d}u}{\mathrm{d}t}$ 有 $i=C\omega U_\mathrm{m}\cos\omega t=I_\mathrm{m}\sin(\omega t+90°)$，表示成相量：$\dot{I}=I\angle 90°\mathrm{A}$。

电压与电流的相量表达式为

$$\dot{U}=-\mathrm{j}\dfrac{1}{\omega C}\dot{I}=-\mathrm{j}X_\mathrm{C}\dot{I}$$

根据对应关系：

$$I_\mathrm{m}=\omega CU_\mathrm{m},\ I=\omega CU,\ \dfrac{U}{I}=\dfrac{1}{\omega C}=X_\mathrm{C}=\dfrac{1}{2\pi fC}$$

X_C 称为容抗，单位为欧姆（Ω）。容抗是由电容引起，阻碍电压的变化。电压与电流大小关系 $U=IX_\mathrm{C}$。电容两端 u 与 i 的正弦波形如图 3-4-16 所示，相量图如图 3-4-17 所示。

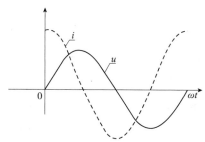 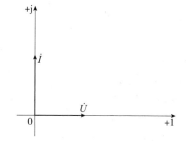

图 3-4-16　电容两端 u 与 i 的正弦波形图　　图 3-4-17　电容两端 u 与 i 的相量图

通过上面的关系式和波形图、相量图，可知：电容两端的电流比电压超前90°（同频率）。

显然容抗 X_C 与电容 C、频率 f 成反比。它与频率之间的关系如图 3-4-18 所示。电容对低频电源的阻碍作用很大，对高频电源的所呈现的容抗很小，而对直流可视为开路。因为在直流稳态电路中，电源及响应的电压电流均不变化，即频率 f 为 0，显然容抗 X_C 为无穷大（$f=0$，$X_\mathrm{C}=\infty$），可以视为断路。

注：①在直流稳态电路中，电容不为无穷大，为一个常数，但容抗为无穷大。②在 U 和 C 一定时，X_C 和 I 同 f 的关系为图 3-4-19。③容抗只是电压与电流的幅值或有效值之比，而不是它们的瞬时值之比。④电容阻碍电压的变化，而不是阻碍电压。

(2) 电容的功率

因为，$u=U_\mathrm{m}\sin\omega t$，$i=C\omega U_\mathrm{m}\cos\omega t=I_\mathrm{m}\sin(\omega t+90°)$

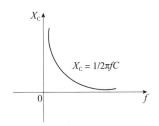
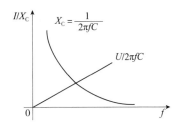

图 3-4-18　容抗与频率关系图　　图 3-4-19　X_C 和 I 同 f 的关系（U，C 一定）

所以，瞬时功率 $p = ui = Cu\dfrac{du}{dt} = U_m\sin\omega t\, I_m\cos\omega t = UI\sin 2\omega t$

则电容的 u，i，p 的波形如图 3-4-20 所示。因为 u 与 i 的参考方向关联，又由图 3-4-20 可知：

在 $\left[0, \dfrac{T}{4}\right]$ 这个区间，$p>0$，C 作负载用，吸收功率，把电能转换为电场能；

在 $\left[\dfrac{T}{4}, \dfrac{T}{2}\right]$ 这个区间，$p<0$，C 作电源用，提供功率，把电场能转换为电能；

在 $\left[\dfrac{T}{2}, \dfrac{3T}{4}\right]$ 这个区间，$p>0$，C 作负载用，吸收功率，把电能转换为电场能；

在 $\left[\dfrac{3T}{4}, T\right]$ 这个区间，$p<0$，C 作电源用，提供功率，把电场能转换为电能。

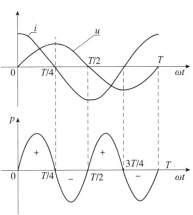

图 3-4-20　电容两端的 u，i，p 波形图

在一个周期内，平均功率 $P = \dfrac{1}{T}\int_0^T p\,dt = \dfrac{1}{T}\int_0^T UI\sin 2\omega t\,dt = 0$，表明在电容元件的正弦交流电路中，没有能量消耗，只有电容元件与电源之间的能量互换，它不消耗功率，是一个储能元件。其储存的电场能为：$W_C = \int p\,dt = \int Cu\dfrac{du}{dt}dt = \dfrac{1}{2}Cu^2$，可见只要 $u \neq 0$，则 $W_C \neq 0$。

注：在直流稳态电路中，电容两端的电压不一定为零，但流过电容的电流为零，电容储存的能量不一定为零，只要电压不为零，电容储存的能量就不为零。

同样地，将往返于电源与储能元件之间的功率命名为无功功率，用 Q 表示。其值为瞬时功率的最大值，单位为乏尔（var）或千乏尔（kvar）。而把平均功率称为有功功率，用 P 表示，其单位为瓦（W）或千瓦（kW）。

则电容的无功功率为：
$$Q = UI = X_C I^2 = \dfrac{U^2}{X_C}$$

【**例 3.4.3**】　把一个 25μF 的电容元件接到频率为 50Hz，电压有效值为 10V 的正弦电源上，问电流是多少？如保持电压值不变，而电源频率改为 5 000Hz，这时电流将为多少?

【解】 当 $f=50\text{Hz}$ 时,

$$X_C = \frac{1}{2\pi fC} = \frac{1}{2\times 3.14\times 50\times (25\times 10^{-6})} \approx 127.4\Omega$$

$$I = \frac{U}{X_C} = \frac{10}{127.4} \approx 0.078\text{A} = 78\text{mA}$$

当 $f=5\,000\text{Hz}$ 时,容抗为

$$X_C' = \frac{1}{2\pi fC} = \frac{1}{2\times 3.14\times 5\,000\times (25\times 10^{-6})} \approx 1.274\Omega$$

$$I' = \frac{U}{X_C'} = \frac{10}{1.274} \approx 7.8\text{A}$$

可见,在电压有效值一定时,频率越高,则通过电容元件的电流有效值越大。

3.4.4 相量模型

在关联参考方向下,线性非时变电阻、电容及电感元件的伏安关系分别为

$$u = Ri, \quad i = C\frac{du}{dt}, \quad u = L\frac{di}{dt}$$

在正弦稳态电路中,这些元件两端的电压、电流都是同频率的正弦波,如图 3-4-21。这三种基本理想电路元件的相量形式,在关联参考方向的前提下,分别为(图 3-4-22)

$$\dot{U} = \dot{I}R, \quad \dot{U} = jX_L\dot{I} = j\omega L\dot{I}, \quad \dot{U} = -jX_C\dot{I} = -j\frac{1}{\omega C}\dot{I} = \frac{\dot{I}}{j\omega C}$$

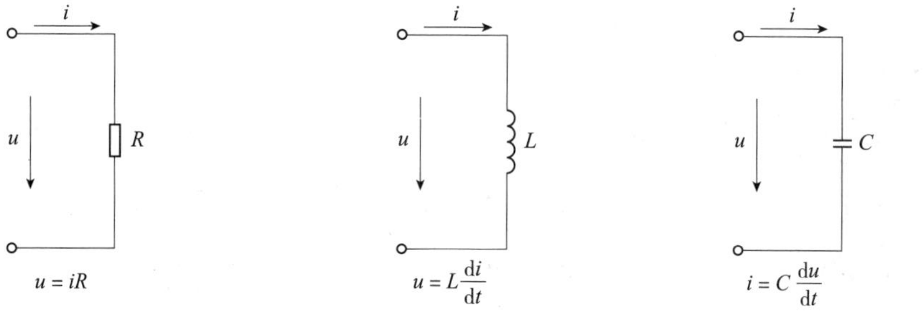

图 3-4-21 R,L,C 通交流时两端电压与电流关系(瞬时值形式)

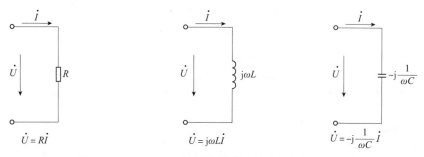

图 3-4-22 R,L,C 两端相量形式的电压与电流关系

元件(电路、网络)在正弦稳态时电压相量与电流相量之比定义为复阻抗,用 Z 表示。即

$$\frac{\dot{U}}{\dot{I}} = Z$$

则三种基本元件 VAR(伏安关系)的相量形式可归结为

$$\dot{U} = Z\dot{I}$$

这一普遍形式常称为欧姆定律的相量形式。

而电阻、电容、电感的复阻抗分别为

$$Z_R = R, \quad Z_L = j\omega L = jX_L, \quad Z_C = \frac{1}{j\omega C} = -jX_C$$

复阻抗的一般形式

$$Z = |Z|\angle \varphi = a + jb = |Z|e^{j\varphi}$$

注:复阻抗与正弦量的复数不同,它不是一个相量,而是一个复数计算量。其实部为"阻",虚部为"抗";它表示了电路的电压与电流之间的关系,既表示了大小关系(反映在阻抗的模上),又表示了相位关系(反映在幅角上)。其幅角为元件(或电路)两端的电压与电流间的相位差;其模为电压有效值与电流有效值的比值。

【**例 3.4.4**】 设 $Z = 50\angle -40°\Omega$,$\dot{U} = 220\angle -30°\text{V}$,求 $\dot{I}$。

【**解**】 $\dot{I} = \dfrac{\dot{U}}{Z} = \dfrac{220\angle -30°}{50\angle -40°} = 4.4\angle 10°\text{A}$

其中,$-30°$ 和 $10°$ 分别为电压和电流的初相位,它们的相位差 φ 为 $-40°$。因为 φ 为负值,故为电容性电路,在相位上电流比电压超前。电压或电流的初相位的正负取决于计时起点($t=0$),它不反映电压与电流的超前或滞后关系;而复阻抗幅角的正或负取决于电路参数,它才能反映出电流是超前还是滞后于电压。

【**练习与思考**】

3.4.1 在图 3-4-8 所示的电感元件的正弦交流电路中,$L = 100\text{mH}$,$f = 50\text{Hz}$,(1)已知 $i = 7\sqrt{2}\sin\omega t\text{A}$,求电压 U;(2)已知 $\dot{U} = 127\angle -30°\text{V}$,求 $\dot{I}$,并画出相量图。

3.4.2 指出下列各式哪些是对的,哪些是错的?

$\dfrac{u}{i} = X_L$,$\dfrac{u}{I} = j\omega L$,$\dfrac{\dot{U}}{\dot{I}} = X_L$,$\dot{I} = -j\dfrac{U}{\omega L}$,$u = L\dfrac{\text{d}i}{\text{d}t}$,$\dfrac{U}{I} = X_C$,$\dfrac{U}{I} = \omega C$,$\dot{U} = -\dfrac{\dot{I}}{j\omega C}$

3.4.3 在图 3-4-15 所示的电容元件的正弦交流电路中,$C = 4\mu\text{F}$,$f = 50\text{Hz}$,(1)已知 $u = 220\sqrt{2}\sin\omega t\text{V}$,求电流 i;(2)已知 $\dot{I} = 0.1\angle -60°\text{A}$,求 $\dot{U}$,并画出相量图。

3.4.4 在图 3-4-23 所示的电路中,设 $i = 2\sin 6\,280t\text{mA}$,试分析电流在 R 和 C 两个支路之间的分配,并估算电容器两

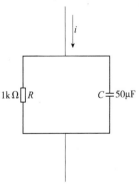

图 3-4-23 练习与思考 3.4.4 的图

端电压的有效值。

3.5 电阻 R、电感 L 与电容 C 元件串联的正弦交流电路

电阻、电感与电容元件串联的正弦交流电路如图 3-5-1(a) 所示。电路的各元件通过同一电流，电流与各个电压的参考方向如图中所示。

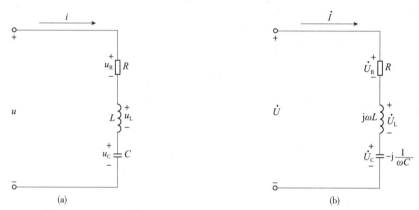

图 3-5-1　R，L，C 串联的正弦交流电路

3.5.1　R，L，C 串联电路两端的电压与电流间的关系

根据基尔霍夫电压定律可列出：

$$u = u_R + u_L + u_C = Ri + L\frac{di}{dt} + \frac{1}{C}\int i\, dt$$

设 i 为参考正弦量（由于串联电路电流处处相等，故设电流为参考正弦量）：$i = I_m\sin\omega t$，其相量为 $\dot{I} = I\angle 0°\,\text{A}$。

电阻元件上的电压与电流同相，即 $u_R = RI_m\sin\omega t = U_{Rm}\sin\omega t$，其相量为 $\dot{U}_R = \dot{I}R = U_R\angle 0°\,\text{V}$。

电感元件上的电压比电流超前 $90°$，即 $u_L = I_m\omega L\sin(\omega t+90°) = U_{Lm}\sin(\omega t+90°)$，其相量为 $\dot{U}_L = j\dot{I}X_L = IX_L\angle 90° = U_L\angle 90°\,\text{V}$。

电容元件上的电压比电流滞后 $90°$，即 $u_C = (I_m/\omega C)\sin(\omega t-90°) = U_{Cm}\sin(\omega t-90°)$，其相量为 $\dot{U}_C = -j\dot{I}X_C = IX_C\angle -90° = U_C\angle -90°\,\text{V}$。

上列各式中，

$$\frac{U_{Rm}}{I_m} = \frac{U_R}{I} = R,\quad \frac{U_{Lm}}{I_m} = \frac{U_L}{I} = \omega L = X_L,\quad \frac{U_{Cm}}{I_m} = \frac{U_C}{I} = \frac{1}{\omega C} = X_C$$

同频率的正弦量相加，所得仍为同频率的正弦量。所以，电源电压

$$u = u_R + u_L + u_C = U_m\sin(\omega t+\varphi)$$

如果直接采用正弦函数来求此式中的 U_m 和 φ，可以求解但计算过程相当烦琐，因此这里用相量形式的基尔霍夫电压定律：$\dot{U} = \dot{U}_R + \dot{U}_L + \dot{U}_C$ 作如图 3-5-1(b) 所示的相量

图,利用相量图可求出 U_m 和 φ。

(1) 用相量图法分析

图 3-5-2(a)中,

$$U = \sqrt{U_R^2+(U_L-U_C)^2} = \sqrt{(RI)^2+(X_LI-X_CI)^2}$$
$$= I\sqrt{R^2+(X_L-X_C)^2}$$
$$\frac{U}{I} = \sqrt{R^2+(X_L-X_C)^2} = |Z|$$

$|Z|$ 为电路中电压与电流的有效值(或幅值)之比,称为电路的阻抗模,单位为欧姆(Ω)。

$$\dot{U} = \dot{U}_R + \dot{U}_L + \dot{U}_C = (R+jX_L-jX_C)\dot{I}$$

$$\frac{\dot{U}}{\dot{I}} = Z = R+jX_L-jX_C = Z = |Z|\angle\varphi \text{(相量形式的欧姆定律)}$$

图 3-5-2(a)中 $\dot{U}_R$、$\dot{U}_L$ 与 $\dot{U}_C$ 构成的三角形称为电压三角形,很显然为一个相量三角形。图 3-5-2(b)中,R,jX_L 和 jX_C 构成的三角形称为阻抗三角形。这两个三角形相似。

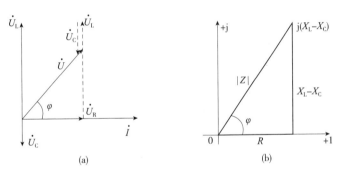

图 3-5-2 R,L,C 串联的分析电路图

(a)各元件两端的电压与电流及总电压的相量图 (b)复阻抗图

Z 由电阻 R、感抗 X_L 及容抗 X_C 构成,且为复数,称为复阻抗,单位为欧姆(Ω)。感抗 X_L 与容抗 X_C 统称为电抗,用 X 表示。复阻抗表示了电路中的电压与电流之间的关系,阻抗模 $|Z|$ 表示了大小关系,幅角 φ 表示了相位关系。

$$\varphi = \arctan\frac{U_L-U_C}{U_R} = \arctan\frac{X_L-X_C}{R}$$

φ 角在图 3-5-2(a)中为两端的电压与电流的相位差角,在图 3-5-2(b)中称为阻抗角。其大小由电路的参数(负载)决定;且电路的性质也是由电路的参数(负载)决定。

若 $X_L>X_C$,$\varphi>0$,电压比电流超前,则电路呈电感性,称为感性电路;

若 $X_L<X_C$,$\varphi<0$,相位上电压比电流滞后,则电路呈电容性,称为容性电路;

若 $X_L=X_C$,$\varphi=0$,相位上电压与电流同相,则电路呈阻性,称为阻性电路。

(2) 用相量计算

$$\dot{U} = \dot{U}_R + \dot{U}_L + \dot{U}_C = (R+jX_L-jX_C)\dot{I}$$

即
$$\frac{\dot{U}}{\dot{I}} = Z = R + j(X_L - X_C) \quad (相量形式的欧姆定律)$$

复阻抗
$$Z = R + j(X_L - X_C) = \sqrt{R^2 + (X_L - X_C)^2}\, e^{j\arctan\frac{X_L - X_C}{R}} = |Z| e^{j\varphi}$$

其中阻抗模为
$$\frac{U}{I} = \sqrt{R^2 + (X_L - X_C)^2} = |Z|$$

阻抗角为
$$\varphi = \arctan\frac{U_L - U_C}{U_R} = \arctan\frac{X_L - X_C}{R}$$

总结：①显然用相量法或相量图法计算比直接用正弦函数采用积化和差或和差化积等方法计算简便很多。用相量法或相量图法计算时步骤为：先把已知的正弦量用相量表示，选参考相量，用复阻抗代表元件的基本性质，根据元件的串并联，求出电路总阻抗，或者利用相量形式的基尔霍夫电流、电压定律列写节点和回路的电流或电压方程，然后利用欧姆定律的相量形式求出待求量，再转化为正弦量表示形式。②复阻抗的串并联的规律与电阻的串并联的规律相同。③必要时利用相量图辅助解决。④电路中电表的读数为正弦量的有效值。⑤注意交流的概念，即是相量和而不是代数和。

3.5.2　R，L，C 串联电路的功率

瞬时功率为
$$p = ui = U_m I_m \sin(\omega t + \varphi)\sin\omega t = UI\cos\varphi - UI\cos(2\omega t + \varphi)$$

由于电路中有电阻元件，故要消耗电能，则平均功率即有功功率为
$$P = \frac{1}{T}\int_0^T p\,dt = \frac{1}{T}\int_0^T [UI\cos\varphi - UI\cos(2\omega t + \varphi)]\,dt = UI\cos\varphi$$

从电压三角形可知
$$U\cos\varphi = U_R = RI$$
$$P = UI\cos\varphi = U_R I = RI^2$$

而电感元件与电容元件要储存和释放能量，它们与电源之间要进行能量互换，相应地无功功率为
$$Q = U_L I - U_C I = (U_L - U_C)I = I^2(X_L - X_C) = UI\sin\varphi$$

注：一个交流发电机输出的功率不仅与发电机的端电压及其输出电流的有效值的乘积有关，而且还与电路(负载)的参数有关。电路所具有的参数不同，则电路的复阻抗就不同(电压与电流间的相位差 φ 不同)，在同样的电压与电流之下，电路的有功功率和无功功率就不同。

视在功率为电压与电流有效值的乘积。
$$S = UI = |Z|I^2$$

视在功率的单位是伏安(VA)或千伏安(kVA)，通常用来表示某些电气设备的容量。一般电气设备都有额定电压和额定电流，变压器的容量就是用额定电压与额定电流

的乘积即额定视在功率来表示的，如 100kVA 的变压器，其额定视在功率为 100kVA。

为什么要用额定视在功率来表示某些电气设备的容量呢？因为这类设备的功率因数取决于其所接的负载。在额定电压和额定电流下，当负载的功率因数为 1 时（如电阻炉、白炽灯等），100kVA 的变压器能输出 100kW 的有功功率，而在 $\cos\varphi = 0.5$ 时，100kVA 的变压器仅能输出 50kW 的有功功率。

由于平均功率 P、无功功率 Q 和视在功率 S 三者所代表的意义不同，为了区别起见，各采用不同的单位。这三个功率之间有一定的关系，即 $S^2 = P^2 + Q^2$。显然，它们可以用一个直角三角形——功率三角形来表示，如图 3-5-3 所示。$\cos\varphi$ 称为电路的功率因数，φ 称为功率因数角。

功率、电压和阻抗三角形是相似的，现在把它们同时表示在图 3-5-4 中。应当注意：功率和阻抗都不是正弦量，所以不能用相量表示。

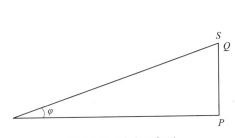

图 3-5-3　功率三角形

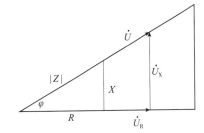

图 3-5-4　电压、阻抗与功率三角形

总结：在这一节中，分析了电阻、电感与电容元件串联的正弦交流电路，但在实际中有电阻与电感元件串联或并联、电阻与电容元件串联或并联的电路。为帮助总结和记忆，现将几种正弦交流电路中电压与电流的关系列入表 3-5-1 中。

表 3-5-1　正弦交流电路中电压与电流的关系

电路	瞬时值	相位关系	大小关系	相量式
R	$u = Ri$	$\varphi = 0$	$I = \dfrac{U}{R}$	$\dot{I} = \dfrac{\dot{U}}{R}$
L	$u = L\dfrac{di}{dt}$	$\varphi = +90°$	$I = \dfrac{U}{X_L}$	$\dot{I} = \dfrac{\dot{U}}{jX_L}$
C	$u = \dfrac{1}{C}\int i\,dt$	$\varphi = -90°$	$I = \dfrac{U}{X_C}$	$\dot{I} = \dfrac{\dot{U}}{-jX_C}$
R、L 串联	$u = Ri + L\dfrac{di}{dt}$	$\varphi > 0$	$I = \dfrac{U}{\sqrt{R^2 + X_L^2}}$	$\dot{I} = \dfrac{\dot{U}}{R + jX_L}$
R、C 串联	$u = Ri + \dfrac{1}{C}\int i\,dt$	$\varphi < 0$	$I = \dfrac{U}{\sqrt{R^2 + X_C^2}}$	$\dot{I} = \dfrac{\dot{U}}{R - jX_C}$

(续)

电路	瞬时值	相位关系	大小关系	相量式
R, L, C 串联	$u = Ri + L\dfrac{di}{dt} + \dfrac{1}{C}\int i\,dt$	$\varphi > 0$ $\varphi = 0$ $\varphi < 0$	$I = \dfrac{U}{\sqrt{R^2 + (X_L - X_C)^2}}$	$\dot{I} = \dfrac{\dot{U}}{R + j(X_L - X_C)}$

【例 3.5.1】 求图 3-5-5(a)所示各电路中电流表 A_0 的读数。

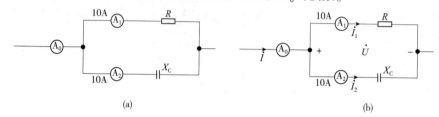

图 3-5-5 例 3.5.1 的图

【解】 选参考方向如图 3-5-5(b)所示，选并联支路两端的电压为参考相量，如

$$\dot{U} = Ue^{j0°} = U\angle 0°\,\text{V}$$

则

$$\dot{I}_1 = 10e^{j0°} = 10\angle 0°\,\text{A}（电阻元件电压与电流同相）$$

$$\dot{I}_2 = 10e^{j90°} = 10\angle 90°\,\text{A}（电容元件电流比电压超前 90°）$$

$$\dot{I} = \dot{I}_1 + \dot{I}_2 = 10\sqrt{2}\angle 45°\,\text{A}$$

故 $I = 10\sqrt{2}\,\text{A}$，即 A_0 表的读数为 $10\sqrt{2}\,\text{A}$。

【例 3.5.2】 在图 3-5-6(a)中，$I_1 = 10\,\text{A}$，$I_2 = 10\sqrt{2}\,\text{A}$，$U = 200\,\text{V}$，$R = 5\,\Omega$，$R_2 = X_L$，求 I，X_C，X_L，R_2。

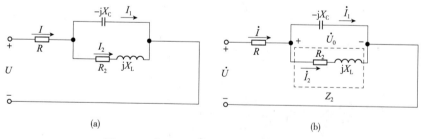

图 3-5-6 例 3.5.2 的电路图及相量表示图
(a)有效值形式 (b)相量形式

【解】 选并联支路两端的电压为参考相量，各相量及其参考方向表示如图 3-5-6(b)，即

$$\dot{U}_0 = U_0 e^{j0°} = U_0 \angle 0°\,\text{V}$$

则

$$\dot{I}_1 = j\omega c\dot{U} = \dfrac{U_0}{X_C}e^{j90°} = 10\angle 90° = j10\,\text{A}，同时得 \dfrac{U_0}{X_C} = 10$$

$$Z_2 = R_2 + jX_L = \sqrt{2}R_2 \angle 45°\,\Omega（该支路为感性的，电压比电流超前 \varphi 角）$$

$$\dot{I}_2 = \frac{\dot{U}_0}{Z_2} = \frac{U_0 \angle 0°}{\sqrt{2}R_2 \angle 45°} = 10\sqrt{2}\,\mathrm{e}^{-\mathrm{j}45°} = (10-\mathrm{j}10)\,\mathrm{A}, \quad 同时得 \frac{U_0}{\sqrt{2}R_2} = \frac{U_0}{\sqrt{2}X_L} = 10\sqrt{2}$$

$$\dot{I} = \dot{I}_1 + \dot{I}_2 = \mathrm{j}10 + 10 - \mathrm{j}10 = 10 = 10\mathrm{e}^{\mathrm{j}0°} = 10\angle 0°\,\mathrm{A}$$

$$\dot{U}_R = R\dot{I} = 50\mathrm{e}^{\mathrm{j}0°} = 50\angle 0°\,\mathrm{V}$$

$$\dot{U} = \dot{U}_R + \dot{U}_0 = (50 + U_0)\,\mathrm{V}$$

$$U_0 = 200 - 50 = 150\,\mathrm{V}$$

$$X_C = \frac{U_0}{I_1} = \frac{150}{10} = 15\,\Omega$$

$$\sqrt{2}R_2 = \frac{U_0}{I_2} = \frac{150}{10\sqrt{2}}$$

$$R_2 = X_L = 7.5\,\Omega$$

【例 3.5.3】 在图 3-5-7 中，已知 $I_1 = I_2 = 10\,\mathrm{A}$，$U = 100\,\mathrm{V}$，$u$ 与 i 同相，求 I，R，X_C，X_L。

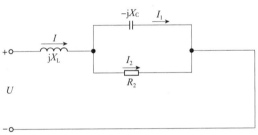

图 3-5-7　例 3.5.3 的电路图

【解】 将图 3-5-7 用相量标示并选取参考方向，如图 3-5-8 所示。

设并联部分两端的电压 $\dot{U}_1$ 为参考相量即 $\dot{U}_1 = U_1 \angle 0°\,\mathrm{V}$，作相量图（图 3-5-9）。

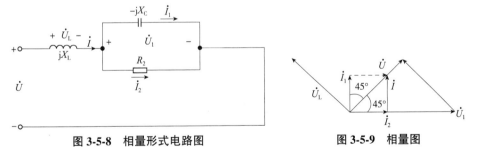

图 3-5-8　相量形式电路图　　　　图 3-5-9　相量图

$\dot{I}_1$ 与 $\dot{I}_2$ 的关系如图 3-5-9 所示。则 $\dot{I}_1 = \dfrac{\dot{U}_1}{-\mathrm{j}X_C} = \dfrac{\dot{U}_1}{X_C}\angle 90° = 10\angle 90°\,\mathrm{A}$

得

$$\frac{U_1}{X_C} = 10$$

$$\dot{I}_2 = \frac{\dot{U}_1}{R} = 10\angle 0°\,\mathrm{A}$$

得
$$\frac{U_1}{R}=10$$

而
$$\dot{I}=\dot{I}_1+\dot{I}_2=\text{j}10+10=10\sqrt{2}\angle 45°\text{A}$$

$$\dot{U}=\dot{U}_\text{L}+\dot{U}_1=\text{j}X_\text{L}\dot{I}+\dot{U}_1,\text{ 且 }\dot{U}\text{ 与 }\dot{I}\text{ 同相}$$

由相量图可知:$\dot{U}$,$\dot{U}_\text{L}$,$\dot{U}_1$ 构成一等腰直角三角形

$$U_\text{L}=U=100\text{V};\text{ 故 }U_\text{R}=\frac{U}{\cos 45°}=100\sqrt{2}\text{ V}$$

则
$$X_\text{L}=\frac{U_\text{L}}{I}=\frac{100}{10\sqrt{2}}=5\sqrt{2}\ \Omega;\ R=X_\text{C}=\frac{U_\text{R}}{I_2}=\frac{100\sqrt{2}}{10}=10\sqrt{2}\ \Omega$$

【例 3.5.4】 RLC 串联交流电路如图 3-5-10(a)所示,已知 $R=30\Omega$,$L=127\text{mH}$,$C=40\mu\text{F}$,电源电压 $u=220\sqrt{2}\sin(314t+45°)\text{V}$,求:(1)感抗,容抗及复阻抗的模;(2)电流的有效值和瞬时值表达式;(3)各元件两端电压的瞬时值表达式。

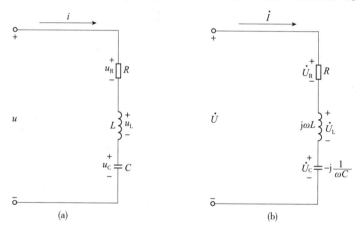

图 3-5-10 例 3.5.4 的图
(a)RLC 串联交流电路图 (b)RLC 串联相量形式电路图

【解】 (1)感抗 $X_\text{L}=\omega L=314\times 127\times 10^{-3}\approx 40\Omega$

容抗 $X_\text{C}=\dfrac{1}{\omega C}=\dfrac{1}{314\times 40\times 10^{-6}}\approx 80\Omega$

复阻抗模 $|Z|=\sqrt{R^2+(X_\text{L}-X_\text{C})^2}=\sqrt{30^2+(40-80)^2}=50\Omega$

(2)电压相量 $\dot{U}=220\angle 45°\text{V}$

$$\dot{I}=\frac{\dot{U}}{Z}=\frac{220\angle 45°}{30+\text{j}(40-80)}\approx\frac{220\angle 45°}{50\angle -53°}=4.4\angle 98°\text{A}$$

所以, 电流有效值 $I=4.4\text{A}$

瞬时值 $i=4.4\sqrt{2}\sin(314t+98°)\text{A}$

$\varphi=45°-98°=-53°$——容性电路

(3)
$$\dot{U}_R = \dot{I}R = 132\angle 98°\text{V}$$
$$\dot{U}_L = jX_L\dot{I} = 176\angle -172°\text{V}$$
$$\dot{U}_C = -jX_C\dot{I} = 352\angle 8°\text{V}$$

它们的相量图如图 3-5-11 所示。

瞬时值表达式为
$$u_R = 132\sqrt{2}\sin(314t+98°)\text{V}$$
$$u_L = 176\sqrt{2}\sin(314t-172°)\text{V}$$
$$u_C = 352\sqrt{2}\sin(314t+8°)\text{V}$$

【例 3.5.5】 电路如图 3-5-12 所示,已知 $R=3\Omega$,电源电压 $u=17\sin314t\text{V}$,$jX_L=j4\Omega$。求:(1)容抗为何值(设容抗不等于零)?开关 S 闭合前后,电流的有效值不变,其值等于多少?(2)当 S 打开时,容抗为何值使电流 I 最大,其值为多少?

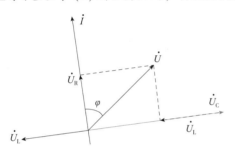

图 3-5-11 例 3.5.4 的电压与电流的相量图　　图 3-5-12 例 3.5.5 的图

【解】 (1)开关闭合前:$|Z|_前 = \sqrt{R^2+(X_L-X_C)^2}$

开关闭合后:$|Z|_后 = \sqrt{R^2+X_L^2}$

因为开关闭合前后,电流的有效值不变,电压也没变,因此
$$\sqrt{R^2+(X_L-X_C)^2} = \sqrt{R^2+X_L^2}$$

$|X_L-X_C|=X_L$,　$X_C=8\Omega$,　$|Z|=5\Omega$,　$U=\dfrac{17}{\sqrt{2}}\approx 12\text{V}$,　$I=\dfrac{U}{|Z|}=\dfrac{12}{8}=2.4\text{A}$

(2)当 S 打开时,$I=\dfrac{U}{|Z|_前}=\dfrac{U}{\sqrt{R^2+(X_L-X_C)^2}}$,很显然当 $X_L=X_C$ 时,电流 I 最大,所以 $X_C=4\Omega$,此时电流最大值为:$I=\dfrac{U}{R}=\dfrac{12}{3}=4\text{A}$。

【例 3.5.6】 在电阻、电感与电容元件串联的正弦交流电路中,已知 $R=30\Omega$,$L=127\text{mH}$,$C=40\mu\text{F}$,电源电压 $u=220\sqrt{2}\sin(314t+20°)\text{V}$;(1)求电流 i 及各部分电压 u_R、u_L 和 u_C;(2)作相量图;(3)求功率 P 和 Q。

【解】 (1)感抗 $X_L=\omega L=314\times 127\times 10^{-3}\approx 40\Omega$

容抗 $X_C=\dfrac{1}{\omega C}=\dfrac{1}{314\times 40\times 10^{-6}}\approx 80\Omega$

复阻抗 $Z=R+j(X_L-X_C)=30+j(40-80)\Omega$

电压相量 $\dot{U} = 220\angle 20°\text{V}$

$$\dot{I} = \frac{\dot{U}}{Z} = \frac{220\angle 20°}{30+\text{j}(40-80)} \approx \frac{220\angle 20°}{50\angle -53°} = 4.4\angle 73°\text{A}$$

瞬时值 $i = 4.4\sqrt{2}\sin(314t+73°)\text{A}$

$\dot{U}_\text{R} = \dot{I}R = 132\angle 73°\text{V}$ 瞬时值 $u_\text{R} = 132\sqrt{2}\sin(314t+73°)\text{V}$

$\dot{U}_\text{L} = \text{j}X_\text{L}\dot{I} = 176\angle 163°\text{V}$ 瞬时值 $u_\text{L} = 176\sqrt{2}\sin(314t+163°)\text{V}$

$\dot{U}_\text{C} = -\text{j}X_\text{C}\dot{I} = 352\angle -17°\text{V}$ 瞬时值 $u_\text{C} = 352\sqrt{2}\sin(314t-17°)\text{V}$

(2)电流和各个电压的相量图如图3-5-13所示。

(3) $P = UI\cos\varphi = 220\times 4.4\times\cos(20°-73°)$
$= 220\times 4.4\times 0.6 = 580.8\text{W}$

$Q = UI\sin\varphi = 220\times 4.4\sin(-53°)$
$= 220\times 4.4\times(-0.8) = -774.4\text{var}(电容性)$

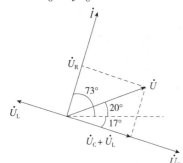

图 3-5-13 例 3.5.6 中的电流和各个电压的相量图

【例3.5.7】 有一 RC 电路,如图 3-5-14(a)所示,$R = 2\text{k}\Omega$,$C = 0.1\mu\text{F}$。输入端接正弦信号源,$U_1 = 1\text{V}$,$f = 50\text{Hz}$。(1)试求输出电压 U_2,并讨论输出电压与输入电压间的大小与相位关系;(2)当将电容 C 改为 $20\mu\text{F}$ 时求(1)中各项;(3)将频率 f 改为 4 000Hz 时,再求(1)中各项。

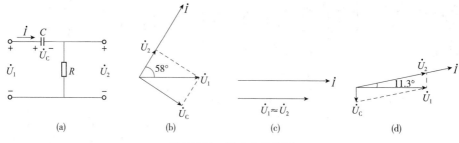

图 3-5-14 例 3.5.7 的图
(a)原图 (b)电压与电流的相量图 (c)电容 C 改为 $20\mu\text{F}$ 时的电压与电流的相量图
(d)将频率 f 改为 4 000Hz 时的电压与电流的相量图

【解】 (1) $X_\text{C} = \dfrac{1}{2\pi fC} = \dfrac{1}{2\times 3.14\times 50\times(0.1\times 10^{-6})} \approx 3\,200\Omega = 3.2\text{k}\Omega$

$$|Z| = \sqrt{R^2 + X_\text{C}^2} = \sqrt{2^2+3.2^2} \approx 3.77\text{k}\Omega$$

$$I = \frac{U_1}{|Z|} = \frac{1}{3.77\times 10^3} \approx 0.27\times 10^{-3}\text{A} = 0.27\text{mA}$$

$$U_2 = IR = 0.27\times 10^{-3}\times 2\times 10^3 = 0.54\text{V}$$

$$\varphi = \arctan\frac{-X_\text{C}}{R} = \arctan\frac{-3.2}{2} = \arctan(-1.6) \approx -58°$$

电压与电流的相量图如图 3-5-14(b)所示,$\dfrac{U_2}{U_1} = 0.54$,U_2 比 U_1 超前 58°。

(2) 将电容 C 改为 $20\mu F$ 时,

$$X_C = \frac{1}{2\pi fC} = \frac{1}{2\times 3.14\times 50\times (20\times 10^{-6})} \approx 16\Omega \ll R$$

$$|Z| = \sqrt{R^2+X_C^2} = \sqrt{(2\times 10^3)^2+16^2} \approx 2k\Omega$$

$$U_2 \approx U_1,\ \varphi = 0°,\ U_C \approx 0$$

电压与电流的相量图如图 3-5-14(c) 所示。

(3) 将频率 f 改为 4 000Hz 时,

$$X_C = \frac{1}{2\pi fC} = \frac{1}{2\times 3.14\times 4\,000\times (0.1\times 10^{-6})} \approx 400\Omega = 0.4k\Omega$$

$$|Z| = \sqrt{R^2+X_C^2} = \sqrt{2^2+0.4^2} \approx 2.04k\Omega$$

$$I = \frac{U_1}{|Z|} = \frac{1}{2.04} \approx 0.49mA$$

$$U_2 = IR = 0.49\times 10^{-3}\times 2\times 10^3 = 0.98V$$

$$\varphi = \arctan\frac{-X_C}{R} = \arctan\frac{-0.4}{2} = \arctan(-0.2) \approx -11.3°$$

电压与电流的相量图如图 3-5-14(d) 所示。$\frac{U_2}{U_1} = 0.98$,U_2 比 U_1 超前 $11.3°$。

【例 3.5.8】 在图 3-5-15(a) 所示电路中,3 个电压表的读数分别为 $U=149V$,$U_1=50V$,$U_2=121V$,且 $R_1=5\Omega$,$f=50Hz$。求线圈的参数。

【解】 相量图在正弦电路中常作为一种辅助的分析工具,它可根据相量图的几何关系进行运算,极大地简化电路的求解过程。今以本题为例说明使用相量图的分析方法。根据相量形式的基尔霍夫电压定律:$\dot{U}=\dot{U}_1+\dot{U}_2$,$\dot{U}_2=\dot{U}_R+\dot{U}_L$。

因为这些元器件是串联的,电流处处相等,选电流 $\dot{I}$ 为参考相量,R_1 两端电压 $\dot{U}_1$ 与 $\dot{I}$ 同相。线圈上的电压 $\dot{U}_2$ 含有两个分量:$\dot{U}_R$ 也与 $\dot{I}$ 同相;$\dot{U}_L$ 比 $\dot{I}$ 超前 $90°$。得电压和电流的相量图如图 3-5-15(b) 所示。由相量图得 $(\dot{U},\dot{U}_1,\dot{U}_2)$ 和 $(\dot{U}_2,\dot{U}_R,\dot{U}_L)$ 两个电压三角形。

在相量三角形中,

$$U^2 = U_1^2+U_2^2-2U_1U_2\cos\theta$$

$$\cos\theta = \frac{50^2+121^2-149^2}{2\times 50\times 121} \approx -0.418$$

$$\theta \approx 114.7°,\ \varphi = 180°-114.7° = 65.3°$$

电路中,电流

$$I = \frac{U_1}{R_1} = \frac{50}{5} = 10A$$

因为

$$U_R = IR = U_2\cos\varphi$$

所以

$$R = \frac{U_2\cos\varphi}{I} = \frac{121\cos 65.3°}{10} \approx 5.06\Omega$$

同理，$X_L = \dfrac{U_2 \sin\varphi}{I} = \dfrac{121\sin 65.3°}{10} \approx 11\Omega$

$L = \dfrac{X_L}{2\pi f} = \dfrac{11}{2\times 3.14\times 50} \approx 0.035\text{H} = 35\text{mH}$

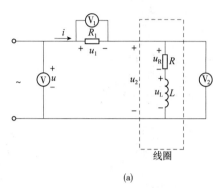
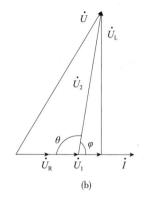

图 3-5-15　例 3.5.8 的电路图

(a) 电路原图　(b) 各电压与电流的相量图

【练习与思考】

3.5.1　用下列各式表示 RC 串联电路中的电压和电流，哪些式子是错的？哪些是对的？

$$i = \dfrac{u}{|Z|}, \quad I = \dfrac{U}{R+X_C}, \quad \dot{I} = \dfrac{\dot{U}}{R - j\omega C}, \quad I = \dfrac{U}{|Z|}, \quad u = u_R + u_C, \quad U = U_R + U_C,$$

$$\dot{U} = \dot{U}_R + \dot{U}_C, \quad u = iR + \dfrac{1}{C}\int i\,dt, \quad U_R = \dfrac{R}{\sqrt{R^2 + X_C^2}}U, \quad \dot{U}_C = -\dfrac{j\dfrac{1}{\omega C}}{R + \dfrac{1}{j\omega C}}\dot{U}$$

3.5.2　RL 串联电路的复阻抗 $Z = (4+j3)\Omega$。试问该电路的电阻和感抗各为多少？并求电路的功率因数和电压与电流间的相位差。

3.5.3　计算下列各题，并说明电路的性质：

(1) $\dot{U} = 10\angle 30°\text{V}$，$Z = (5+j5)\Omega$，$\dot{I} = ?\ P = ?$

(2) $\dot{U} = 30\angle 15°\text{V}$，$\dot{I} = -3\angle -165°\text{A}$，$R = ?\ X = ?\ P = ?$

(3) $\dot{U} = -100\angle 30°\text{V}$，$\dot{I} = 5e^{j60°}\text{A}$，$R = ?\ X = ?\ P = ?$

3.5.4　有一 RLC 串联的交流电路，已知 $R = X_L = X_C = 10\Omega$，$I = 1\text{A}$，试求其两端的电压 U。

3.5.5　RLC 串联交流电路的功率因数 $\cos\varphi$ 是否一定小于 1？

3.5.6　在例 3.5.6 中，$U_C > U$，即部分电压大于电源电压，为什么？在 RLC 串联电路中，是否还可能出现 $U_L > U$？$U_R > U$？

3.5.7　有一 RC 串联电路，已知 $R = 4\Omega$，$X_C = 3\Omega$，电源电压 $\dot{U} = 100\angle 0°\text{V}$，试求电流 I。

3.6 复阻抗的串并联

电路都是由元件按一定的规律组合而成的,规律无外乎为元件的串并联或Y、△连接,下面来分析复阻抗串并联电路的等效复阻抗。

3.6.1 复阻抗的串联

所谓等效变换是指电路两端的电压和电流均未变化,即图3-6-1中(a)和(b)的$\dot{U}$与$\dot{I}$相同。在图3-6-1(a)中,$\dot{U}=\dot{U}_1+\dot{U}_2=\dot{I}(Z_1+Z_2)$;在图3-6-1(b)中,$\dot{U}=\dot{I}Z$,因此可以得到等效复阻抗$Z=Z_1+Z_2$。

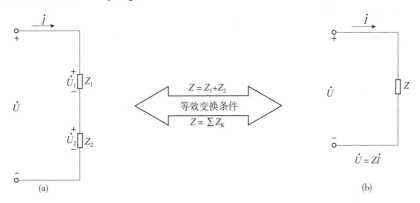

图 3-6-1 复阻抗串联的等效变换图
(a)两个复阻抗串联的电路 (b)两个复阻抗串联的等效复阻抗电路

若$Z_1=R_1+jX_1$,$Z_2=R_2+jX_2$,则
$$Z=R_1+jX_1+R_2+jX_2=(R_1+R_2)+j(X_1+X_2)$$

推而广之,若有n个复阻抗串联,等效复阻抗为$Z=Z_1+Z_2+\cdots Z_n$

串联分压,其中$\dot{U}_1=\dfrac{Z_1}{Z_1+Z_2}\dot{U}$,$\dot{U}_2=\dfrac{Z_2}{Z_1+Z_2}\dot{U}$,因为是相量,分电压$U_1$,$U_2$可能比总电压$U$大。

注:(1)$U\neq U_1+U_2$,$|Z|\neq|Z_1|+|Z_2|$。因为$\dot{U}=\dot{U}_1+\dot{U}_2$中$\dot{U}_1$和$\dot{U}_2$两个相量相加时,是将$\dot{U}_2$平移到相量$\dot{U}_1$的末端,然后连接原点到这个平移后的$\dot{U}_2$的末端得到的新的相量为$\dot{U}$,一般情况下,这3个相量构成了一个三角形,其中$U$,$U_1$和$U_2$为这个三角形的3条边,根据中学所学的知识我们知道三角形两边之和大于第三边,即$U_1+U_2>U$。当且只当$\dot{U}_1$和$\dot{U}_2$两个相量同相时才满足$U=U_1+U_2$。

(2)根据复阻抗的串并联可以推导出:n个电感L_1,L_2,$\cdots$,L_n串联时的等效电感$L=L_1+L_2+\cdots+L_n$;而n个电容C_1,C_2,$\cdots$,C_n串联时的等效电容$\dfrac{1}{C}=\dfrac{1}{C_1}+\dfrac{1}{C_2}+\cdots+\dfrac{1}{C_n}$。

【例3.6.1】 在图3-6-1(a)所示的电路中,有两个复阻抗 $Z_1 = (6.16+j9)\Omega$ 和 $Z_2 = (2.5-j4)\Omega$,它们串连接在 $\dot{U} = 220\angle 30°$ V 的电源上。试用相量计算电路中的电流 $\dot{I}$ 和各个阻抗上的电压 $\dot{U}_1$ 与 $\dot{U}_2$,并作相量图。

【解】
$$Z = Z_1 + Z_2 = (6.16+2.5) + j(9-4)$$
$$= (8.66+j5) \approx 10\angle 30°\Omega$$

$$\dot{U}_1 = \frac{Z_1}{Z_1+Z_2}\dot{U} = \frac{6.16+j9}{8.66+j5} \times 220\angle 30°$$
$$\approx 239.8\angle 55.6° \text{V}$$

$$\dot{U}_2 = \frac{Z_2}{Z_1+Z_2}\dot{U} = \frac{2.5-j4}{8.66+j5} \times 220\angle 30°$$
$$\approx 103.6\angle -58° \text{V}$$

电压与电流的相量图如图3-6-2所示。

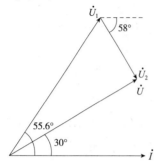

图3-6-2 图3-6-1(a)所示的电路中电压与电流的相量图

3.6.2 复阻抗的并联

在图3-6-3(a)中,$\dot{I} = \dot{I}_1 + \dot{I}_2 = \dfrac{\dot{U}}{Z_1} + \dfrac{\dot{U}}{Z_2}$;在图3-6-3(b)中 $\dot{U} = \dot{I}Z$,根据等效变换的条件可以得到:

等效复阻抗
$$\frac{1}{Z} = \frac{1}{Z_1} + \frac{1}{Z_2}$$

即
$$Z = \frac{Z_1 Z_2}{Z_1 + Z_2}$$

$Y = \dfrac{1}{Z}$,称为导纳,单位为西门子(S)。

推而广之,若有 n 个复阻抗并联,等效复阻抗为
$$\frac{1}{Z} = \frac{1}{Z_1} + \frac{1}{Z_2} + \cdots + \frac{1}{Z_n}$$

并联分流,其中 $\dot{I}_1 = \dfrac{Z_2}{Z_1+Z_2}\dot{I}$,$\dot{I}_2 = \dfrac{Z_1}{Z_1+Z_2}\dot{I}$,因为是相量,分电流 I_1,I_2 可能比总电流 I 大。

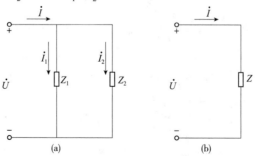

图3-6-3 复阻抗并联的等效变换图
(a)两个复阻抗并联的电路 (b)两个复阻抗并联的等效复阻抗电路

注：(1) $I \neq I_1 + I_2$，$\dfrac{1}{|Z|} \neq \dfrac{1}{|Z_1|} + \dfrac{1}{|Z_2|}$。

(2) 根据复阻抗的并联可以推导出：n 个电感 L_1，L_2，$\cdots$，L_n 并联时的等效电感满足 $\dfrac{1}{L} = \dfrac{1}{L_1} + \dfrac{1}{L_2} + \cdots + \dfrac{1}{L_n}$；而 n 个电容 C_1，C_2，$\cdots$，C_n 并联时的等效电容 $C = C_1 + C_2 + \cdots + C_n$。

【**例 3.6.2**】 在图 3-6-3(a) 所示的电路中，有两个复阻抗 $Z_1 = (3+\mathrm{j}4)\,\Omega$ 和 $Z_2 = (8-\mathrm{j}6)\,\Omega$，它们并联接在 $\dot{U} = 220\angle 0°\,\mathrm{V}$ 的电源上。试计算电路中的电流 $\dot{I}$，$\dot{I}_1$ 和 $\dot{I}_2$，并作相量图。

【**解**】
$$Z_1 = 3+\mathrm{j}4 \approx 5\angle 53°\,\Omega \qquad Z_2 = 8-\mathrm{j}6 \approx 10\angle -37°\,\Omega$$

$$Z = \frac{Z_1 Z_2}{Z_1 + Z_2} = \frac{50\angle 16°}{11-\mathrm{j}2} \approx \frac{50\angle 16°}{11.2\angle -10.5°} \approx 4.46\angle 26.5°\,\Omega$$

$$\dot{I} = \frac{\dot{U}}{Z} = \frac{220\angle 0°}{4.46\angle 26.5°} \approx 49.3\angle -26.5°\,\mathrm{A}$$

$$\dot{I}_1 = \frac{\dot{U}}{Z_1} = \frac{220\angle 0°}{5\angle 53°} = 44\angle -53°\,\mathrm{A}$$

$$\dot{I}_2 = \frac{\dot{U}}{Z_2} = \frac{220\angle 0°}{10\angle -37°} = 22\angle 37°\,\mathrm{A}$$

电流与电压的相量图如图 3-6-4 所示。

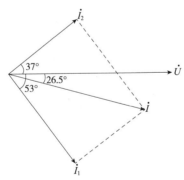

图 3-6-4 例 3.6.2 中各电流与电压的相量图

【**例 3.6.3**】 求图 3-6-5(a) 所示电路的 Z_{ab}（设 $\omega = 2\,\mathrm{rad/s}$）。

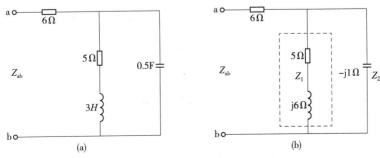

图 3-6-5 例 3.6.3 的电路图及复阻抗形式图

(a) 例 3.6.3 电感电容形式的电路图　(b) 例 3.6.3 复阻抗形式的电路图

【解】 将图 3-6-5(a) 中的各元件用复阻抗形式表示，如图 3-6-5(b) 所示。把 5 和 j6 所在的支路看成一个复阻抗，如图 3-6-5(b) 中虚线框所示。则有：

$$Z_{ab} = 6 + Z_1 /\!/ Z_2 = 6 + (5+j6) /\!/ (-j1) = 6 + \frac{6-j5}{5+j5} \approx 6.1 - j1.1\,\Omega$$

$$Z_{ab} \approx 6.2\angle -10.2°\,\Omega$$

$$R = 6.1\,\Omega \quad C = 0.455\,F$$

思考：若 $\omega = 1\,rad/s$，$\omega = 5\,rad/s$，Z_{ab}，R，$C = ?$

【例 3.6.4】 求图 3-6-6(a) 所示电路中的 $\dot{I}_1$ 和 $\dot{I}_2$，并画出相量图。

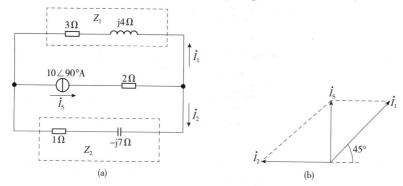

图 3-6-6 电路图及相量图
(a) 例 3.6.4 复阻抗形式的电路图 (b) 例 3.6.4 各电流的相量图

【解】 由 KCL 得：$\dot{I}_S = \dot{I}_1 + \dot{I}_2$，根据复阻抗并联分流有：

$$\dot{I}_1 = \frac{Z_2}{Z_1+Z_2}\dot{I}_S = \frac{1-j7}{3+j4+1-j7}\times 10\angle 90° = \frac{1-j7}{4-j3}\times 10\angle 90° = (1-j)\times 10\angle 90° = 10\sqrt{2}\angle 45°\,A$$

$$\dot{I}_2 = \frac{Z_1}{Z_1+Z_2}\dot{I}_S = \frac{3+j4}{3+j4+1-j7}\times 10\angle 90° = j\times 10\angle 90° = -10\,A$$

它们的相量图如图 3-6-6(b) 所示。

【例 3.6.5】 求图 3-6-7 所示电路中，电源电压 $\dot{U} = 220\angle 0°\,V$，试计算：(1) 电路中的等效复阻抗 Z；(2) 电流 $\dot{I}$，$\dot{I}_1$ 和 $\dot{I}_2$。

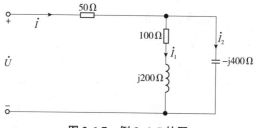

图 3-6-7 例 3.6.5 的图

【解】(1) 等效复阻抗

$$Z = 50 + \frac{(100+j200)(-j400)}{100+j200-j400} = 50 + 320 + j240 = 370 + j240 \approx 441\angle 33°\,\Omega$$

（2）电流

$$\dot{I} = \frac{\dot{U}}{Z} = \frac{220\angle 0°}{441\angle 33°} \approx 0.5\angle -33° \text{A}$$

$$\dot{I}_1 = \frac{-\text{j}400}{100+\text{j}200-\text{j}400}\times 0.5\angle -33° \approx \frac{400\angle -90°}{224\angle -63.4°}\times 0.5\angle -33° \approx 0.89\angle -59.6° \text{A}$$

$$\dot{I}_2 = \frac{100+\text{j}200}{100+\text{j}200-\text{j}400}\times 0.5\angle -33° \approx \frac{224\angle 63.4}{224\angle -63.4°}\times 0.5\angle -33° = 0.5\angle 93.8° \text{A}$$

【例 3.6.6】 在图 3-6-8 所示电路中，已知 $R=10\Omega$，$X_C=10\Omega$，输入信号电压 $\dot{U}_1 = 10\angle 0° \text{V}$，求输出电压 $\dot{U}_2$。

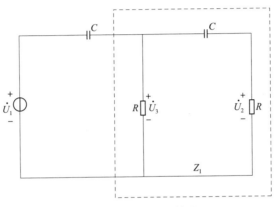

图 3-6-8 例 3.6.6 的图

【解】 根据复阻抗的并联有

$$Z_1 = R /\!/ (R-\text{j}X_C)$$

$$Z_1 = \frac{10(10-\text{j}10)}{10+10-\text{j}10} \approx \frac{100\sqrt{2}\angle -45°}{10\sqrt{5}\angle -26.6°} \approx 2\sqrt{10}\angle 18.4° \approx (6-\text{j}2)\Omega$$

根据复阻抗的串联分压有：

$$\dot{U}_3 = \frac{Z_1\dot{U}_1}{Z_1-\text{j}X_C} = \frac{6-\text{j}2}{6-\text{j}2-\text{j}10}\times 10\angle 0° = \frac{10}{3}(1+\text{j}) \approx 4.71\angle 45° \text{V}$$

$$\dot{U}_2 = \frac{R\dot{U}_3}{R-\text{j}X_C} = \frac{10\times 4.71\angle 45°}{10-\text{j}10} \approx 3.33\angle 90° \text{V}$$

【例 3.6.7】 现有 R，L，C 元件若干只，它们的阻抗均为 10Ω，要求每次从其中取两只串联或并联。请问每次分别取哪两种元件及用何种方式连接可以得到以下数值的阻抗模？

（1）$\dfrac{10}{\sqrt{2}}\Omega$　（2）$10\sqrt{2}\Omega$　（3）0Ω　（4）5Ω　（5）$\infty\Omega$　（6）20Ω

【解】 （1）$\dfrac{10}{\sqrt{2}}\Omega$，取 R，C 元件各一个并联或者 R，L 元件各一个并联，如图 3-6-9 所示。

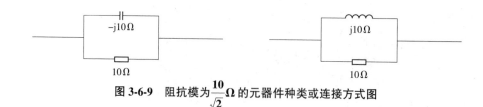

图 3-6-9　阻抗模为 $\dfrac{10}{\sqrt{2}}\Omega$ 的元器件种类或连接方式图

(2) $10\sqrt{2}\Omega$，取 R，C 元件各一个串联或者 R，L 元件各一个串联，如图 3-6-10 所示。

图 3-6-10　阻抗模为 $10\sqrt{2}\Omega$ 的元器件种类或连接方式图

(3) 0Ω，取 C，L 元件各一个串联，如图 3-6-11 所示。

图 3-6-11　阻抗模为 0Ω 的元器件种类或连接方式图

(4) 5Ω，取两个 R 元件并联，或两个 C 元件并联或者两个 L 元件并联，如图 3-6-12 所示。

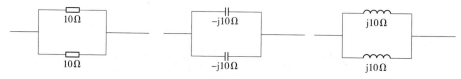

图 3-6-12　阻抗模为 5Ω 的元器件种类或连接方式图

(5) $\infty\,\Omega$，取 C，L 元件各一个并联，如图 3-6-13。

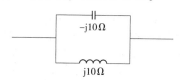

图 3-6-13　阻抗模为 $\infty\,\Omega$ 的元器件种类或连接方式图

(6) 20Ω，取两个 R 元件串联，或两个 C 元件串联或者两个 L 元件串联，如图 3-6-14 所示。

图 3-6-14　阻抗模为 20Ω 的元器件种类或连接方式图

【练习与思考】

3.6.1　在图 3-6-15 所示的四个电路中，每个电路图下的电压、电流和电路阻抗模的答案对不对？

3.6.2　计算图 3-6-16 所示两电路的复阻抗 Z_{ab}。

3.6.3　电路如图 3-6-17 所示，试求各电路的阻抗，画出相量图，并问电流 i 较电压 U 滞后还是超前？

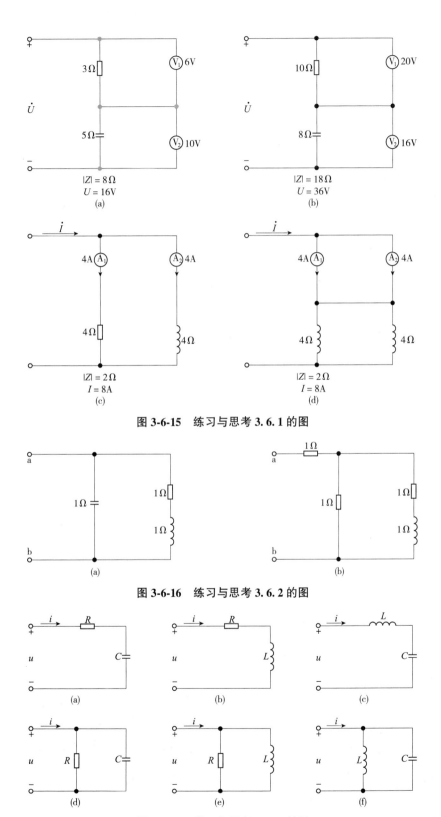

图 3-6-15　练习与思考 3.6.1 的图

图 3-6-16　练习与思考 3.6.2 的图

图 3-6-17　练习与思考 3.6.3 的图

3.6.4 在图 3-6-18 所示的电路中，$X_L = X_C = R$，并已知电流表 A_1 的读数为 3A，试问 A_2 和 A_3 的读数为多少？

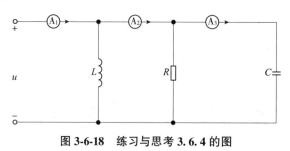

图 3-6-18 练习与思考 3.6.4 的图

3.7 复杂正弦交流电路的分析与计算

和计算复杂直流电路一样，复杂交流电路也可以用支路电流法、节点电位法、叠加原理和戴维南定理等进行分析和计算。所不同的是电量 U, I, E, I_S 应以相量表示，元件 R, L, C 应以阻抗或导纳来表示。下面举例说明。

【例 3.7.1】 在图 3-7-1 所示的电路中，已知 $\dot{U}_1 = 230\angle 0°\text{V}$，$\dot{U}_2 = 227\angle 0°\text{V}$，$Z_1 = (0.1+\text{j}0.5)\Omega$，$Z_2 = (0.1+\text{j}0.5)\Omega$，$Z_3 = (5+\text{j}5)\Omega$。试用支路电流法求电流 $\dot{I}_3$。

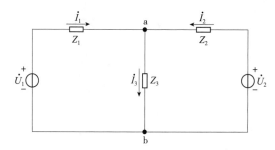

图 3-7-1 例 3.7.1 的电路图

【解】 应用基尔霍夫定律列出下面的相量表达式方程：

$$\begin{cases} \dot{I}_1 + \dot{I}_2 = \dot{I}_3 \\ \dot{I}_1 Z_1 + Z_3 \dot{I}_3 = \dot{U}_1 \\ \dot{I}_2 Z_2 + \dot{I}_3 Z_3 = \dot{U}_2 \end{cases}$$

将已知数据代入，得

$$\begin{cases} \dot{I}_1 + \dot{I}_2 = \dot{I}_3 \\ \dot{I}_1(0.1+\text{j}0.5) + \dot{I}_3(5+\text{j}5) = 230\angle 0° \\ \dot{I}_2(0.1+\text{j}0.5) + \dot{I}_3(5+\text{j}5) = 227\angle 0° \end{cases}$$

得

$$\dot{I}_3 \approx 31.3\angle -46.1°\text{A}$$

【例3.7.2】 应用戴维南定理计算上例中的电流 $\dot{I}_3$。

【解】 (1)将图3-7-1中的待求支路断开,如图3-7-2所示,求开路电压 $\dot{U}_0$。

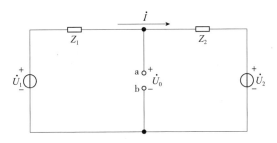

图 3-7-2　断开图 3-7-1 待求支路的电路图

$$\dot{I}Z_1 + \dot{I}Z_2 + \dot{U}_2 - \dot{U}_1 = 0$$

$$\dot{I} = \frac{\dot{U}_1 - \dot{U}_2}{Z_1 + Z_2} = \frac{230\angle 0° - 227\angle 0°}{2(0.1+\mathrm{j}0.5)}\mathrm{A}$$

$$\dot{U}_0 = \dot{I}Z_2 + \dot{U}_2 = \frac{230\angle 0° - 227\angle 0°}{2(0.1+\mathrm{j}0.5)} \times (0.1+\mathrm{j}0.5) + 227\angle 0° = 228.5\angle 0°\mathrm{V}$$

(2)将图3-7-2中的电源除源,即恒压源部分短接,恒流源部分开路,除源后的电路如图3-7-3所示,求ab间的等效复阻抗。

$$Z_{ab} = Z_1 /\!/ Z_2 = \frac{Z_1 Z_2}{Z_1 + Z_2} = \frac{Z_1}{2} = \frac{0.1+\mathrm{j}0.5}{2} = (0.05+\mathrm{j}0.25)\Omega$$

(3)将待求支路接回等效电压源,如图3-7-4所示。

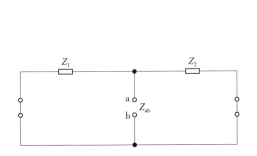

图 3-7-3　将图 3-7-2 除源后的电路图

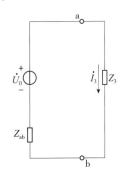

图 3-7-4　图 3-7-3 待求支路接回等效电压源的电路图

$$\dot{I}_3 = \frac{\dot{U}_0}{Z_{ab} + Z_3} = \frac{228.5\angle 0°}{0.05+\mathrm{j}0.25+5+\mathrm{j}5} \approx 31.3\angle -46.1°\mathrm{A}$$

【例3.7.3】 在图3-7-5所示的电路中,求 $\dot{U}_a$, $\dot{I}$。

【解】 (1)先用电源的等效变换法,将原图变换为图3-7-6。

在图3-7-6中,$\dot{E}_2 = \dot{I}_S R_1 = 10\angle 0°\mathrm{V}$。再用节点电位法:

$$\dot{U}_a = \frac{\dfrac{10\angle 0°}{1-j1}+\dfrac{j20}{2}}{\dfrac{1}{1-j1}+\dfrac{1}{2}+\dfrac{1}{2}} = (1+j3)(3-j) = 6+j8 = 10\angle 53.1°\text{V}$$

$$\dot{I} = \frac{\dot{U}_a - \dot{E}_1}{R_2} = \frac{6+j8-j20}{2} = 3-j6 \approx 6.7\angle -63.4°\text{A}$$

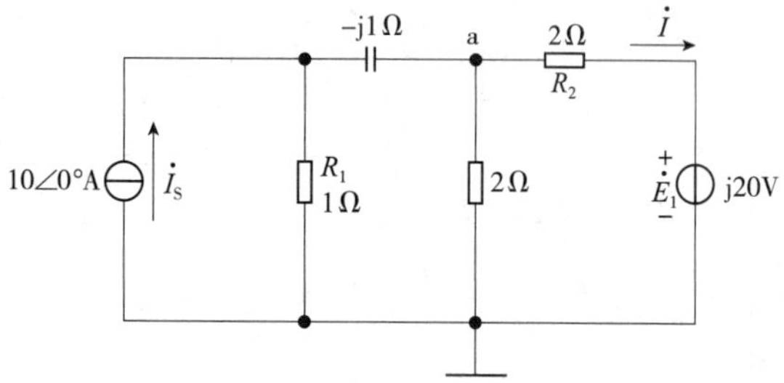

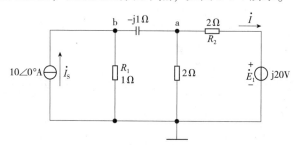

图 3-7-5　例 3.7.3 的电路图 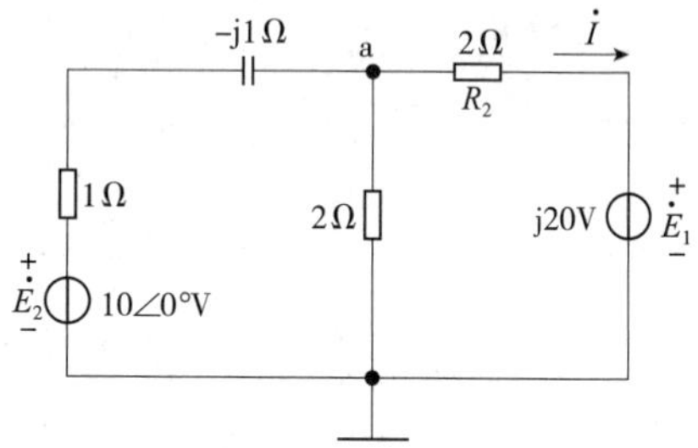　　　　图 3-7-6　例 3.7.3 的电源等效变换图

（2）直接用节点电位法，在原图上标注节点，如图 3-7-7 所示。

图 3-7-7　例 3.7.3 标注节点的图

$$\begin{cases}\left(1+\dfrac{1}{-j1}\right)\dot{U}_b - \left(\dfrac{1}{-j1}\right)\dot{U}_a = 10\angle 0° \\ -\left(\dfrac{1}{-j1}\right)\dot{U}_b + \left(\dfrac{1}{-j1}+\dfrac{1}{2}+\dfrac{1}{2}\right)\dot{U}_a = \dfrac{j20}{2}\end{cases}$$

联立求解得　　　　　　　$\dot{U}_a = 10\angle 53.1°\text{V}$

$$\dot{I} = \frac{\dot{U}_a - E_1}{R_2} = \frac{10\angle 53.1°-j20}{2} \approx 6.7\angle -63.4°\text{A}$$

3.8　功率因数的提高

通过前面的分析可知：直流电路的功率等于电压与电流的乘积，而交流电路中的平均功率（又称为有功功率）还要考虑电压与电流之间的相位差，即 $P = UI\cos\varphi$。其中，$\cos\varphi$ 是电路的功率因数，其高低决定了电路能获得多少能量，而 $\cos\varphi$ 又取决于电路（负载）的参数，只有在电阻负载的情况下，电压与电流才同相，其功率因数为 1。而对其他负载来讲，功率因数均介于 0 与 1 之间。

3.8.1 要提高功率因数的原因

当电压与电流之间有相位差时,即功率因数不等于1时,电路中就会发生能量互换,出现无功功率 $Q=UI\sin\varphi$。功率因数低会引起如下两个方面的问题:

(1)电源设备的容量不能充分利用

用电器的有功功率为 $P=U_N I_N \cos\varphi$,在电源设备 U_N、I_N 一定的情况下,$\cos\varphi$ 越低,P 越小,而电源提供的功率为 $S=U_N I_N$,因此能量得不到充分的利用。

(2)输电线路和发电机绕组的功率损耗增加

根据有功功率公式有

$$I=\frac{P}{U\cos\varphi}$$

在发电机的电压 U 和输出的功率 P 一定的情况下,电流 I 与功率因数成反比,即 $\cos\varphi$ 越低,I 越大,损耗 $\Delta P=rI^2$ 越大,式中 r 是发电机绕组和线路的电阻。

提高了电网的功率因数,既能使发电设备的容量得到充分利用,又能让电能得到大量节约,对国民经济的发展有着极为重要的意义。

3.8.2 提高功率因数的方法

常用电网中功率因数不高的根本原因是由于电感性负载的存在。例如,生产中最常用的异步电动机在额定负载时的功率因数为 0.7~0.9,如果在轻载时其功率因数就更低。其他如工频炉、电焊变压器以及日光灯等负载的功率因数也都比较低。日光灯的功率因数约为 0.5。电感性负载的功率因数之所以小于1,是由于负载本身需要一定的无功功率。如何解决这个矛盾,也就是如何减少电源与负载之间能量的互换,同时又让电感性负载能取得所需的无功功率,即我们所提出的要提高功率因数的实际意义。按照供用电规则,高压供电的工业企业的平均功率因数不低于 0.95,其他单位不低于 0.9。

提高功率因数常用的方法为与电感性负载并联静电电容器(设置在用户或变电所中),其电路图和相量图分别如图 3-8-1(a)和(b)所示。

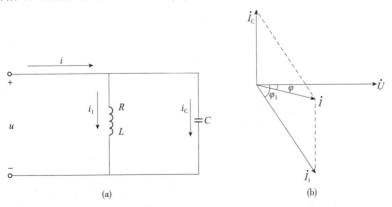

图 3-8-1 并联电容提高感性负载功率因数的电路图(a)及相量图(b)

值得注意的是，采用与电感性负载串联电容的方法同样可以提高功率因数，但是操作起来串联比并联要复杂，且电容器并联时的等效电容可直接等于并联的各个电容相加，计算实际用的等效电容时就比较简单。

3.8.3 采用并联电容法提高功率因数的过程中，各功率和各电流的变化规律

首先要清楚这里所讲的提高功率因数是指提高电源或电网的功率因数，而不是指提高某个电感性负载的功率因数（这是由于在电感性负载上并联电容器以后，减少了电源与负载之间的能量互换）。

其次来明确并联电容器以后哪些量不变，电感性负载的电流 $I_1 = \dfrac{U}{\sqrt{R^2 + X_L^2}}$ 和功率因数 $\cos\varphi_1 = \dfrac{R}{\sqrt{R^2 + X_L^2}}$ 均未变化，这是因为所加电压和负载参数没有改变。并联电容器以后有功功率并未改变，因为电容器是不消耗电能的。

其他的功率和电流会变化，变化规律又分为如下两种情况：

(1) 功率因数不断提高

电容支路电流 $I_C = \omega c U$，电源电压 U 和电源频率 ω 不变，随着并联电容 C 的不断增大，I_C 不断变大；由相量图可见，随着 $\cos\varphi$ 的变大，线路电流 I 变小；电源电压 u 和线路电流 i 之间的相位差 φ（这里要注意的是，虽然在第四象限，但电压 u 比电流 i 超前，φ 为正）变小，$\sin\varphi$ 变小，故整个电路的无功功率 $Q = UI\sin\varphi$ 变小，视在功率 $S = UI$ 变小。

(2) 并联的电容不断增大（这种情况是我们实验过程中经常会遇到的）

电容支路电流 $I_C = \omega c U$，电源电压 U 和电源频率 ω 不变，随着并联电容 C 的不断增大，I_C 不断变大；由相量图可见，线路电流 I 是先变小至最小值（u 与 i 同相时）后变大；电压 u 和线路电流 i 之间的相位差 φ（这里要注意的是，在第四象限，电压 u 比电流 i 超前，φ 为正，但过了第四象限到第一象限时 φ 为负）变小，因此功率因数 $\cos\varphi$ 的变化规律是先变大，至最大值 1，然后开始变小（出现了过调），$\sin\varphi$ 始终变小；故整个电路的无功功率 $Q = UI\sin\varphi$ 不断变小；视在功率 $S = UI$ 的变化规律与 i 相同，先变小后变大。

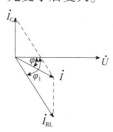

图 3-8-2 并联电容提高感性负载功率因数的相量图

3.8.4 并联的电容值的计算

将功率因数由 $\cos\varphi_1$ 提高到 $\cos\varphi$ 需并联多大的电容器，相量图如图 3-8-2 所示。并联电容前后有功功率不变，$P = UI_{RL}\cos\varphi_1 = UI\cos\varphi$，故 $I_{RL} = \dfrac{P}{U\cos\varphi_1}$，$I = \dfrac{P}{U\cos\varphi}$。

由相量图可知：

$$I_C = I_{RL}\sin\varphi_1 - I\sin\varphi = \frac{P\sin\varphi_1}{U\cos\varphi_1} - \frac{P\sin\varphi}{U\cos\varphi} = \frac{P}{U}(\tan\varphi_1 - \tan\varphi)$$

又因

$$I_C = \frac{U}{X_C} = U\omega C$$

所以

$$U\omega C = \frac{P}{U}(\tan\varphi_1 - \tan\varphi)$$

由此得

$$C = \frac{P}{\omega U^2}(\tan\varphi_1 - \tan\varphi)$$

【例 3.8.1】 有一电感性负载，其功率 $P=10\text{kW}$，功率因数 $\cos\varphi=0.6$，接在电压 $U=220\text{V}$ 的电源上，电源频率 $f=50\text{Hz}$。(1) 如果将功率因数提高到 $\cos\varphi_1=0.95$，试求与负载并联的电容器的电容值和电容器并联前后的线路电流；(2) 如要将功率因数从 0.95 再提高到 1，试问并联电容器的电容值还需增加多少？

【解】 (1) 计算并联电容器的电容值：

$$C = \frac{P}{\omega U^2}(\tan\varphi_1 - \tan\varphi)$$

并联电容前： $\cos\varphi_1 = 0.6，\varphi_1 \approx 53°$
并联电容后： $\cos\varphi = 0.95，\varphi \approx 18°$

因此，所需电容值为

$$C = \frac{10 \times 10^3}{2\pi \times 50 \times 220^2} \times (\tan 53° - \tan 18°) \approx 656\mu\text{F}$$

电容器并联前的线路电流（即负载电流）为

$$I_1 = \frac{P}{U\cos\varphi_1} = \frac{10 \times 10^3}{220 \times 0.6} \approx 75.6\text{A}$$

电容器并联后的线路电流为

$$I = \frac{P}{U\cos\varphi} = \frac{10 \times 10^3}{220 \times 0.95} \approx 47.8\text{A}$$

(2) 如要将功率因数由 0.95 再提高到 1，则需要增加的电容值为

$$C = \frac{10 \times 10^3}{2\pi \times 50 \times 220^2} \times (\tan 18° - \tan 0°) \approx 213.6\mu\text{F}$$

可见，在功率因数已经接近 1 时再继续提高，则所需的电容值是很大的，因此一般不必提高到 1。

【例 3.8.2】 某小水电站有一台额定容量为 10kVA 的发电机，额定电压为 220V，额定频率 $f=50\text{Hz}$，今接一感性负载，其功率为 8kW，功率因数 $\cos\varphi_1=0.6$，试问：(1) 发电机的电流是否超过额定值？(2) 若要把功率因数提高到 0.95，需并联多大的电容器？(3) 并联电容后，发电机的电流是多大？

【解】 (1)发电机提供的电流 I_1：

$$I_1 = \frac{P}{U_N \cos\varphi_1} = \frac{8\,000}{220 \times 0.6} \approx 60.6\text{A}$$

发电机的额定电流：

$$I_N = \frac{S_N}{U_N} = \frac{10\,000}{220} \approx 45.45\text{A}$$

显然，此时发电机提供的电流 I_1 超过了 I_N，不允许。

(2) 当 $\cos\varphi_1 = 0.6$ 时，$\varphi_1 \approx 53.6°$，$\tan\varphi_1 \approx 1.33$
当 $\cos\varphi = 0.95$ 时，$\varphi \approx 18.2°$，$\tan\varphi \approx 0.329$
则需并联的电容为：

$$C = \frac{P}{\omega U^2}(\tan\varphi_1 - \tan\varphi) = \frac{8\,000}{314 \times 220^2} \times (1.33 - 0.329) \approx 526\mu\text{F}$$

(3) 并联电容 C 后，发电机的电流 I：

$$I = \frac{P}{U_N \cos\varphi} = \frac{8\,000}{220 \times 0.95} \approx 38.3\text{A}$$

【练习与思考】

3.8.1 提高功率因数时，如将电容器并联在电源端（输电线始端），是否能取得预期效果？

3.8.2 功率因数提高后，线路电流减小了，瓦时计会走得慢些（省电）吗？

3.8.3 能否用超前电流来提高功率因数？

3.9 交流电路的频率特性

在正弦交流电路中，电容元件的容抗和电感元件的感抗都与频率有关，在电源频率一定时，它们的值确定。但当电源电压或电流（激励）的频率改变（即使它们的幅值不变）时，容抗和感抗值随之改变，电路中各部分所产生的响应电压和电流的大小和相位也随之改变。响应与频率的关系称为电路的频率特性或频率响应。

在电力系统中，频率一般是固定的，但在电子技术和控制系统中，经常要研究在不同频率下电路的工作情况。本章前面几节所讨论的电压和电流都是时间函数，在时间领域内对电路进行分析，称为时域分析。本节是在频率领域内对电路进行分析，称为频域分析。

*3.9.1 滤波电路

所谓滤波就是利用容抗或感抗随频率而改变的特性，对不同频率的输入信号产生不同的响应，让需要的某一频带的信号顺利通过，而抑制不需要的其他频率的信号。滤波电路通常可分为低通、高通和带通等多种。除 RC 电路外，其他电路也可组成各种滤波电路。

(1) 低通滤波电路

图 3-9-1 是 RC 串联电路，$U_1(j\omega)$ 是输入信号电压，$U_2(j\omega)$ 是输出信号电压，两者都是频率的函数。

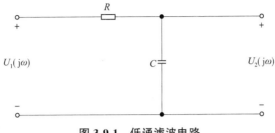

图 3-9-1 低通滤波电路

电路输出电压与输入电压的比值称为电路的传递函数或转移函数，用 $T(j\omega)$ 表示，它是一个复数。由图 3-9-1 可得

$$T(j\omega)=\frac{U_2(j\omega)}{U_1(j\omega)}=\frac{\frac{1}{j\omega C}}{R+\frac{1}{j\omega C}}=\frac{1}{1+j\omega RC} \tag{3-9-1}$$

$$=\frac{1}{\sqrt{1+(\omega RC)^2}}\angle-\arctan(\omega RC)=|T(j\omega)|\angle\varphi(\omega)$$

式中，$|T(j\omega)|=\frac{|U_2(\omega)|}{|U_1(\omega)|}=\frac{1}{\sqrt{1+(\omega RC)^2}}$ 是传递函数 $T(j\omega)$ 的模，是角频率 ω 的函数；$\varphi(\omega)=-\arctan(\omega RC)$ 是 $T(j\omega)$ 的相角，也是 ω 的函数。

设 $$\omega_0=\frac{1}{RC}$$

则 $$T(j\omega)=\frac{1}{1+j\frac{\omega}{\omega_0}}=\frac{1}{\sqrt{1+\left(\frac{\omega}{\omega_0}\right)^2}}\angle-\arctan\frac{\omega}{\omega_0}$$

$|T(j\omega)|$ 随 ω 变化的特性称为幅频特性，$\varphi(\omega)$ 随 ω 变化的特性称为相频特性，两者统称频率特性。

由上列式子可见，当

$\omega=0$ 时，$|T(j\omega)|=1$，$\varphi(\omega)=0$

$\omega=\infty$ 时，$|T(j\omega)|=0$，$\varphi(\omega)=-\frac{\pi}{2}$

又当

$\omega=\omega_0=\frac{1}{RC}$ 时，$|T(j\omega)|=\frac{1}{\sqrt{2}}=0.707$，$\varphi(\omega)=-\frac{\pi}{4}$

如表 3-9-1 所列，并如图 3-9-2 所示。

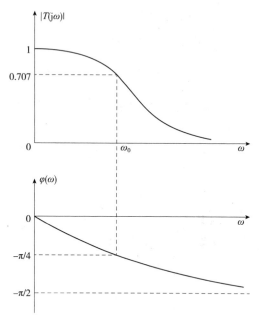

图 3-9-2 低通滤波电路的频率特性图

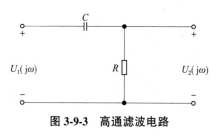

图 3-9-3 高通滤波电路

表 3-9-1 低通滤波的频率特性表

ω	0	ω_0	∞
模 $\lvert T(j\omega) \rvert$	1	0.707	0
相角 $\varphi(\omega)$	0	$-\dfrac{\pi}{4}$	$-\dfrac{\pi}{2}$

在实际应用中,输出电压不能下降过多。通常规定:当输出电压下降到输入电压的 70.7%,即 $\lvert T(j\omega) \rvert$ 下降到 0.707 时为最低限。此时,$\omega = \omega_0$,将频率范围 $0 \leqslant \omega \leqslant \omega_0$ 称为通频带。ω_0 称为截止频率。

当 $\omega < \omega_0$ 时,$\lvert T(j\omega) \rvert$ 变化不大,接近等于 1;当 $\omega > \omega_0$ 时,$\lvert T(j\omega) \rvert$ 明显下降。这表明上述 RC 电路具有易通过低频信号而抑制较高频率信号的作用,故常称为低通滤波电路。

(2) 高通滤波电路

图 3-9-3 所示的电路为高通滤波电路,它与图 3-9-1 的电路所不同的是从电阻两端输出电压。

电路的传递函数为

$$T(j\omega) = \frac{U_2(j\omega)}{U_1(j\omega)} = \frac{R}{R + \dfrac{1}{j\omega C}} = \frac{j\omega RC}{1 + j\omega RC}$$

$$= \frac{1}{1 - j\dfrac{1}{\omega RC}} = \frac{1}{\sqrt{1 + \left(\dfrac{1}{\omega RC}\right)^2}} \angle \arctan \frac{1}{\omega RC} \quad (3\text{-}9\text{-}2)$$

$$= \lvert T(j\omega) \rvert \angle \varphi(\omega)$$

式中 $\lvert T(j\omega) \rvert = \dfrac{1}{\sqrt{1 + \left(\dfrac{1}{\omega RC}\right)^2}},\ \varphi(\omega) = \arctan \dfrac{1}{\omega RC}$

设 $\omega_0 = \dfrac{1}{RC}$

则 $T(j\omega) = \dfrac{1}{\sqrt{1 + \left(\dfrac{\omega_0}{\omega}\right)^2}} \angle \arctan \dfrac{\omega_0}{\omega}$

频率特性列在表 3-9-2 中，并如图 3-9-4 所示。

表 3-9-2　高通滤波电路的频率特性表

ω	0	ω_0	∞
模 $\vert T(j\omega) \vert$	0	0.707	1
相角 $\varphi(\omega)$	$\dfrac{\pi}{2}$	$\dfrac{\pi}{4}$	0

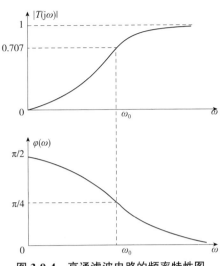

图 3-9-4　高通滤波电路的频率特性图

由图 3-9-4 可见，此 RC 电路具有高频信号较易通过而抑制较低频率信号的作用，故称为高通滤波电路。

（3）带通滤波电路

图 3-9-5 所示的是 RC 带通滤波电路。电路的传递函数为

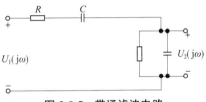

图 3-9-5　带通滤波电路

$$T(j\omega) = \frac{U_2(j\omega)}{U_1(j\omega)} = \cfrac{\cfrac{R}{j\omega C}}{\cfrac{R + \cfrac{1}{j\omega C}}{R + \cfrac{1}{j\omega C} + \cfrac{R}{j\omega C}}}$$

$$= \cfrac{\cfrac{R}{1+j\omega RC}}{\cfrac{1+j\omega RC}{j\omega C} + \cfrac{R}{1+j\omega RC}} = \frac{j\omega RC}{(1+j\omega RC)^2 + j\omega RC} \quad (3\text{-}9\text{-}3)$$

$$= \frac{1}{3 + j\left(\omega RC - \dfrac{1}{\omega RC}\right)}$$

$$= \frac{1}{\sqrt{3^2 + \left(\omega RC - \dfrac{1}{\omega RC}\right)^2}} \angle -\arctan \frac{\omega RC - \dfrac{1}{\omega RC}}{3}$$

$$= \vert T(j\omega) \vert \angle \varphi(\omega)$$

式中

$$|T(j\omega)| = \frac{1}{\sqrt{3^2 + \left(\omega RC - \dfrac{1}{\omega RC}\right)^2}}$$

$$\varphi(\omega) = \angle -\arctan \frac{\omega RC - \dfrac{1}{\omega RC}}{3}$$

设

$$\omega_0 = \frac{1}{RC}$$

则

$$T(j\omega) = \frac{1}{3 + j\left(\dfrac{\omega}{\omega_0} - \dfrac{\omega_0}{\omega}\right)} = \frac{1}{\sqrt{3^2 + \left(\dfrac{\omega}{\omega_0} - \dfrac{\omega_0}{\omega}\right)^2}} \angle -\arctan \frac{\dfrac{\omega}{\omega_0} - \dfrac{\omega_0}{\omega}}{3}$$

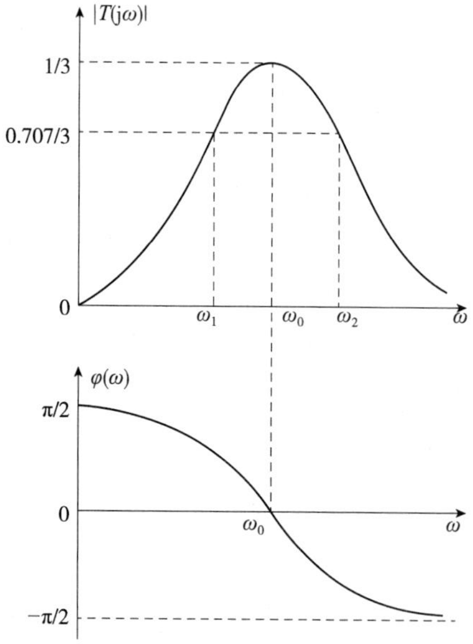

频率特性列在表 3-9-3 中,并如图 3-9-6 所示。

表 3-9-3 带通滤波电路的频率特性表

ω	0	ω_0	∞
$\|T(j\omega)\|$	0	$\dfrac{1}{3}$	0
$\varphi(\omega)$	$\dfrac{\pi}{2}$	0	$-\dfrac{\pi}{2}$

图 3-9-6 带通滤波电路的频率特性图

同时也规定,当 $|T(j\omega)|$ 等于最大值 $\left(即 \dfrac{1}{3}\right)$ 的 70.7% 处频率的上下限之间宽度称为通频带宽度,简称通频带,即 $\Delta\omega = \omega_2 - \omega_1$。

3.9.2 谐振电路

在具有电感和电容元件的电路中,电路两端的电压与其通过的电流一般不同相。如果调节电路的参数或电源的频率而使它们同相,这时电路中就发生了谐振现象。研究谐振的目的就是要认识这种客观现象,在生产上充分利用谐振,同时要预防它所产生的危害。按发生谐振的电路的不同,谐振现象可分为串联谐振和并联谐振。下面将分别讨论这两种谐振的条件和特征以及谐振电路的频率特性。

(1) 串联谐振

在 R, L, C 元件串联的电路(图 3-9-7)中,

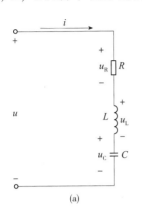
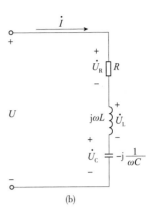

图 3-9-7 R, L, C 串联的正弦交流电路

当 $X_L = X_C$ 或 $2\pi fL = \dfrac{1}{2\pi fC}$ 时,则

$$\varphi = \arctan \dfrac{X_L - X_C}{R} = 0$$

即电源电压 u 与电路中的电流 i 同相,这时电路中发生谐振现象。因为发生在串联电路中,所以称为串联谐振。

$X_L = X_C$ 是发生串联谐振的条件,并由此得出串联谐振的频率

$$f = f_0 = \dfrac{1}{2\pi\sqrt{LC}} \qquad (3\text{-}9\text{-}4)$$

即当电源频率 f 与电路参数 L 和 C 之间满足式 (3-9-4) 关系时,则发生谐振。可见只要调节电感、电容的大小或电源频率都能使电路发生谐振。

串联谐振具有以下的特征:

① 电路的阻抗模 $|Z| = \sqrt{R^2 + (X_L - X_C)^2} = R$,其值最小。因此,在电源电压不变的情况下,电路中的电流将在串联谐振时达到最大值,即

$$I = I_0 = \dfrac{U}{R}$$

阻抗模和电流等随频率变化的曲线如图 3-9-8 所示。

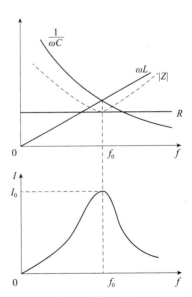

图 3-9-8 复阻抗模、感抗、容抗及电流等随频率变化的曲线图

② 因此时电源电压与电路中的电流同相($\varphi = 0$),电路对电源呈现电阻性。电源供给电路的能量全部被电阻所消耗,电源与电路之间不发生能量的互换。能量的互换只发

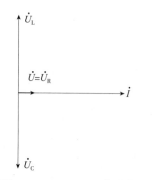

图 3-9-9　R\L\C 串联谐振时各电压与电流的相量图

生在电感线圈与电容器之间。

③由于 $X_L = X_C$，于是 $U_L = U_C$。而 $\dot{U}_L$ 与 $\dot{U}_C$ 在相位上相反，互相抵消，对整个电路不起作用，因此电源电压 $\dot{U} = \dot{U}_R$（图 3-9-9）。

但是，U_L 和 U_C 的单独作用不容忽视，因为

$$U_L = X_L I = X_L \frac{U}{R}, \quad U_C = X_C I = X_C \frac{U}{R} \qquad (3\text{-}9\text{-}5)$$

当 $(X_L = X_C) \gg R$ 时，$U_L = U_C$ 远远高于电源电压 U，此时会出现过电压现象，因此又称串联谐振为电压谐振。如果电压过高，可能会击穿线圈和电容器的绝缘。因此，在电力工程中一般应避免发生串联谐振。但在无线电工程中则常利用串联谐振以获得较高的电压，电容或电感元件上的电压常高于电源电压几十倍或几百倍。

U_L 或 U_C 与电源电压 U 的比值，通常用 Q 来表示

$$Q = \frac{U_C}{U} = \frac{U_L}{U} = \frac{1}{\omega_0 CR} = \frac{\omega_0 L}{R} \qquad (3\text{-}9\text{-}6)$$

式中，ω_0 为谐振角频率；Q 为电路的品质因数或简称 Q 值。式（3-9-6）的意义是表示在谐振时电容或电感元件上的电压是电源电压的 Q 倍。例如，$Q = 100$，$U = 6V$，那么在谐振时电容或电感元件上的电压就高达 600V。

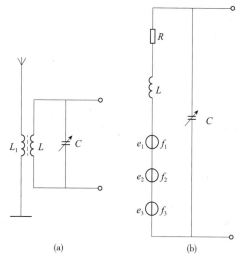

图 3-9-10　接收机的输入电路
（a）接收机输入的电路图　（b）接收机的输入等效电路

串联谐振在无线电工程中的应用较多，如在接收机里被用来选择信号。

图 3-9-10(a) 是接收机里典型的输入电路。它的作用是将需要收听的信号从天线所收到的许多频率不同的信号之中选出来，其他不需要的信号则尽量地加以抑制。

输入电路的主要部分是天线线圈 L_1、电感线圈 L 与可变电容器 C 组成的串联谐振电路。天线所收到的各种频率不同的信号都会在 LC 谐振电路中感应出相应的电动势 e_1，e_2，e_3，…，如图 3-9-10(b) 所示，图中的 R 是线圈 L 的电阻。改变 C，对所需信号频率调到串联谐振，这时 LC 回路中该频率的电流最大，在可变电容器两端的这种频率的电压也较高。其他各种不同频率的信号虽然也在接收机里出现，但由于它们没有达到谐振，在回路中引起的电流很小。这样就起到了选择信号和抑制干扰的作用。

这里有一个选择性的问题。如图 3-9-11 所示。当谐振曲线比较尖锐时，稍有偏离谐振频率 f_0 的信号就大大减弱，即谐振曲线越尖锐，选择性就越强。因为规定在电流 I

值等于最大值I_0的70.7%处频率的上下限之间宽度称为通频带宽度,即

$$\Delta f = f_2 - f_1$$

通频带宽度越小,表明谐振曲线越尖锐,电路的频率选择性就越强。而谐振曲线的尖锐或平坦同Q值有关,如图3-9-12所示。设电路的L和C值不变,只改变R值。R值越小,Q值越大,则谐振曲线越尖锐,也就是选择性越强。这是品质因数Q的另外一个物理意义。减小R值,也就是减小线圈导线的电阻和电路中的各种能量损耗。

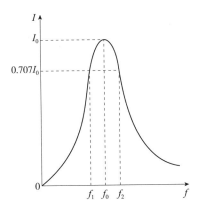

图 3-9-11 通频带宽度

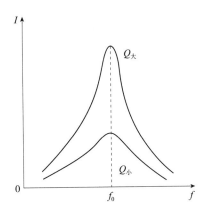

图 3-9-12 Q 与谐振曲线的关系

【例 3.9.1】 将一线圈($L=4\text{mH}$,$R=50\Omega$)与电容器($C=160\text{pF}$)串联,接在$U=25\text{V}$的电源上。(1)当$f_0=200\text{kHz}$时发生谐振,求电流和电容器上的电压;(2)当频率增加10%时,求电流和电容器上的电压。

【解】 (1)当$f_0=200\text{kHz}$电路发生谐振时,

$$X_L = 2\pi f_0 L = 2\times 3.14\times 200\times 10^3\times 4\times 10^{-3} \approx 5\,000\Omega$$

$$X_C = \frac{1}{2\pi f_0 C} = \frac{1}{2\times 3.14\times 200\times 10^3\times 160\times 10^{-12}} \approx 5\,000\Omega$$

$$I_0 = \frac{U}{R} = \frac{25}{50} = 0.5\text{A}$$

$$U_C = X_C I_0 = 5\,000\times 0.5 = 2\,500 \gg (U=25)$$

(2)当频率增加10%时,

$$X_L \approx 5\,500\Omega$$

$$X_C \approx 4\,500\Omega$$

$$|Z| = \sqrt{50^2 + (5\,500-4\,500)^2} \approx 1\,000 \gg (R=50)$$

$$I = \frac{U}{|Z|} = \frac{25}{1\,000} = 0.025\,(\ll I_0)$$

$$U_C = X_C I = 4\,500\times 0.025 = 112.5 \ll 2\,500\text{V}$$

可见偏离谐振频率10%时,I和U_C就大大减小。

【例3.9.2】 某收音机的输入电路如图3-9-10(a)所示,线圈的电感 $L=0.3\text{mH}$,电阻 $R=16\Omega$。今欲收听 640kHz 某电台的广播,应将可变电容调到多少皮法?如在调谐回路中感应出电压 $U=2\mu\text{V}$,试求这时回路中该信号的电流为多大,并在线圈(或电容)两端得到多大电压?

【解】 根据 $f = \dfrac{1}{2\pi\sqrt{LC}}$,可得

$$640\times 10^3 = \dfrac{1}{2\times 3.14\times\sqrt{0.3\times 10^{-3}C}}$$

由此得出

$$C \approx 204\text{pF}$$

这时

$$I = \dfrac{U}{R} = \dfrac{2\times 10^{-6}}{16} = 0.125\mu\text{A}$$

$$X_C = X_L = 2\pi fL = 2\times 3.14\times 640\times 10^3\times 0.3\times 10^{-3} \approx 1205\Omega$$

$$U_C \approx U_L = X_L I = 1205\times 0.125\times 10^{-6} = 150\mu\text{V}$$

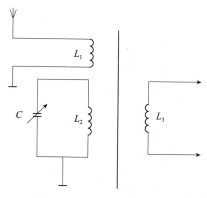

图3-9-13 例3.9.3的电路图

【例3.9.3】 图3-9-13所示的电路中,电感 $L_2 = 250\mu\text{H}$,其导线电阻 $R = 20\Omega$。(1)如果天线上接收的信号有3个,其频率分别为:$f_1 = 820\times 10^3\text{Hz}$、$f_2 = 620\times 10^3\text{Hz}$、$f_3 = 1200\times 10^3\text{Hz}$。要收到 $f_1 = 820\times 10^3\text{Hz}$ 信号节目,电容器的电容 C 应调节到多大?(2)如果接收的3个信号幅值均为 $10\mu\text{V}$,在电容调变到对 f_1 发生谐振时,在 L_2 中产生的3个信号电流各是多少毫安?对频率为 f_1 的信号在电感 L_2 上产生的电压是多少伏?

【解】 (1)要收听频率为 f_1 信号的节目应该使谐振电路对 f_1 发生谐振,即

$$\omega_1 L_2 = \dfrac{1}{\omega_1 C}, \quad C \approx 150\text{pF}$$

(2)当 $C = 150\text{pF}$,$L_2 = 250\mu\text{H}$ 时,L_2—C 电路对3种信号的电抗值不同,见表3-9-4。

表3-9-4 不同频率对应的感抗、容抗、阻抗模及通过的电流值

f/Hz	820×10^3	620×10^3	1200×10^3
X_L/Ω	1290	1000	1890
X_C/Ω	1290	1660	885
$\|Z\|/\Omega$	20	660	1000
$I = \dfrac{U}{\|Z\|}/\mu\text{A}$	0.5	0.015	0.01

对于 $f_1 = 820 \times 10^3 \text{Hz}$，$U_L = (X_L/R)U = 645\mu\text{V}$，其他频率在电感上的电压不到 $30\mu\text{V}$，而对 f_1 信号则放大了 64.5 倍。

（2）并联谐振

图 3-9-14 是线圈 RL 与电容器并联的电路，其等效复阻抗为

$$Z = \frac{(R+j\omega L)\left(-j\dfrac{1}{\omega C}\right)}{R+j\omega L-j\dfrac{1}{\omega C}} \approx \frac{j\omega L\left(-j\dfrac{1}{\omega C}\right)}{R+j\omega L-j\dfrac{1}{\omega C}} = \frac{\dfrac{L}{C}}{R+j\left(\omega L-\dfrac{1}{\omega C}\right)} \quad (3\text{-}9\text{-}7)$$

当将电源角频率由 ω 调到 ω_0 时，

$$\omega_0 L = \frac{1}{\omega_0 C}$$

$$\omega = \omega_0 = \frac{1}{\sqrt{LC}}$$

或

$$f = f_0 = \frac{1}{2\pi\sqrt{LC}} \quad (3\text{-}9\text{-}8)$$

时，发生并联谐振。

并联谐振具有下列特征：

① 由式（3-9-7）可知，谐振时电路的阻抗模为

$$|Z_0| = \frac{L}{RC} \quad (3\text{-}9\text{-}9)$$

其值最大，因此在电源电压 U 一定的情况下，电流将在谐振时达到最小值，即 $I = I_0 = \dfrac{U}{|Z_0|}$。

阻抗模与电流的谐振曲线如图 3-9-15 所示。

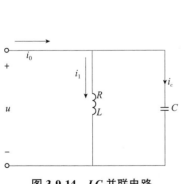

图 3-9-14　LC 并联电路

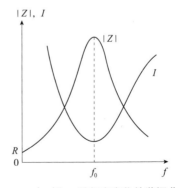

图 3-9-15　$|Z|$ 和 I 随频率变化的谐振曲线图

② 由于电源电压与电路中的电流同相（$\varphi = 0$），因此电路对电源呈现电阻性。谐振时电路的阻抗模 $|Z_0|$ 相当于一个电阻。

③ 谐振时各并联支路的电流为

$$I_1 = \frac{U}{\sqrt{R^2+(\omega_0 L)^2}} \approx \frac{U}{\omega_0 L}$$

$$I_C = \frac{U}{\dfrac{1}{\omega_0 C}}$$

因为

$$\omega_0 L \approx \frac{1}{\omega_0 C}, \quad \omega_0 L \gg R, \quad 即 \varphi_1 \approx 90°$$

所以，由上列各式和图 3-9-16 所示的相量图可知

$$(I_1 \approx I_C) \gg I_0$$

即在谐振时并联支路的电流近于相等，而比总电流大许多倍。此时出现了过电流现象，因此并联谐振又称为电流谐振。

I_C 或 I_1 与总电流 I_0 的比值称为电路的品质因数

$$Q = \frac{I_1}{I_0} = \frac{1}{\omega_0 CR} = \frac{\omega_0 L}{R} \tag{3-9-10}$$

即在谐振时，支路电流 I_C 是总电流 I_0 的 Q 倍，也就是谐振时电路的阻抗模为支路阻抗模的 Q 倍。

在 L 和 C 值不变时 R 值越小，品质因数 Q 值越大，阻抗模 $|Z_0|$ 也越大，阻抗谐振曲线也越尖锐(图 3-9-17)，选择性也就越强。

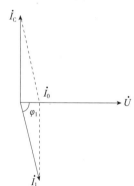

图 3-9-16　并联谐振时各电流的相量图　　图 3-9-17　不同 Q 值时的阻抗模谐振曲线

并联谐振在无线电工程和工业电子技术中经常应用。例如，利用并联谐振时阻抗模大的特点来选择信号或消除干扰。

【例 3.9.4】　图 3-9-14 所示的并联电路中，$L = 0.25\text{mH}$，$R = 25\Omega$，$C = 85\text{pF}$，试求谐振角频率 ω_0，品质因数 Q 和谐振时电路的阻抗模 $|Z_0|$。

【解】

$$\omega_0 = \sqrt{\frac{1}{LC}} = \sqrt{\frac{1}{0.25 \times 10^{-3} \times 85 \times 10^{-12}}} \approx \sqrt{4.7 \times 10^{13}} \approx 6.86 \times 10^6 \text{rad/s}$$

$$f_0 = \frac{\omega_0}{2\pi} = \frac{6.86 \times 10^6}{2\pi} \approx 1\,100\text{kHz}$$

$$Q = \frac{\omega_0 L}{R} = \frac{6.86 \times 10^6 \times 0.25 \times 10^{-3}}{25} = 68.6$$

$$|Z_0| = \frac{L}{RC} = \frac{0.25 \times 10^{-3}}{25 \times 85 \times 10^{-12}} \approx 117.6 \text{k}\Omega$$

【例 3.9.5】 在图 3-9-18 所示的电路中 $U = 220\text{V}$。(1) 当电源频率 $\omega_1 = 1\,000\text{rad/s}$ 时，$U_R = 0$；(2) 当电源频率 $\omega_2 = 2\,000\text{rad/s}$ 时，$U_R = U = 220\text{V}$。试求电路参数 L_1 和 L_2，并已知 $C = 1\mu\text{F}$。

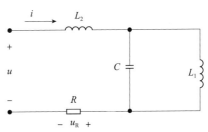

图 3-9-18 例 3.9.5 的电路图

【解】 (1) $U_R = 0$，即 $I = 0$，电路处于并联谐振（并联谐振，L_1C 并联电路的阻抗模为无穷大，读者自行证明），故

$$\omega_1 L_1 = \frac{1}{\omega_1 C}$$

$$L_1 = \frac{1}{\omega_1^2 C} = \frac{1}{1\,000^2 \times 1 \times 10^{-6}} = 1\text{H}$$

(2) 当电源频率 $\omega_2 = 2\,000\text{rad/s}$ 时，$U_R = U = 220\text{V}$，这时电路处于串联谐振。先将 L_1C 并联电路等效为

$$Z_0 = \frac{(j\omega_2 L_1)\left(-j\dfrac{1}{\omega_2 C}\right)}{j\left(\omega_2 L_1 - \dfrac{1}{\omega_2 C}\right)} = -j\frac{\omega_2 L_1}{\omega_2^2 L_1 C - 1}$$

而后列出

$$\dot{U} = R\dot{I} + j\left(\omega_2 L_2 - \frac{\omega_2 L_1}{\omega_2^2 L_1 C - 1}\right)\dot{I}$$

$$Z = \frac{\dot{U}}{\dot{I}} = R + j\left(\omega_2 L_2 - \frac{\omega_2 L_1}{\omega_2^2 L_1 C - 1}\right)$$

在串联谐振时 $\dot{U}$ 和 $\dot{I}$ 同相，Z 的虚部为零，即

$$\omega_2 L_2 = \frac{\omega_2 L_1}{\omega_2^2 L_1 C - 1}$$

$$L_2 = \frac{1}{\omega_2^2 C - \dfrac{1}{L_1}} = \frac{1}{2\,000^2 \times 1 \times 10^{-6} - 1} \approx 0.33\text{H}$$

注：串联谐振和并联谐振电路的共同点：两端的电压与电流同相，电路均呈电阻性；谐振条件一样（$X_L = X_C$），谐振频率相同。

【练习与思考】

3.9.1 试分析电路发生谐振时能量的消耗和互换情况。

3.9.2 试说明当频率低于和高于谐振频率时，RLC 串联电路是电容性还是电感性的？

【综合例题解析】

【综合例 3-1】 综合图 3-1 所示电路中，已知 $\dot{U}_C = 1\angle 0° \text{V}$，求 $\dot{U}$。

【解】 选定如综合图 3-2 所示的参考电流，

$$\dot{I}_1 = \frac{\dot{U}_C}{-j2} = \frac{1\angle 0°}{2\angle -90°} = 0.5\angle 90° \text{A}, \quad \dot{I}_2 = \frac{\dot{U}_C}{2} = \frac{1\angle 0°}{2\angle 0°} = 0.5\angle 0° \text{A}$$

$$\dot{I} = \dot{I}_1 + \dot{I}_2 = 0.5\angle 90° + 0.5\angle 0° = j0.5 + 0.5 = 0.5\sqrt{2}\angle 45° \text{A}$$

$$\dot{U} = \dot{I}(2+j2) + \dot{U}_C = 0.5\sqrt{2}\angle 45° \times 2\sqrt{2}\angle 45° + 1\angle 0° = 1+j2 \approx \sqrt{5}\angle 63.4° \text{V}$$

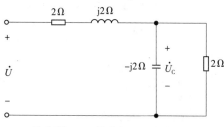

综合图 3-1 综合例 3-1 的电路图

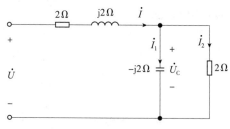

综合图 3-2 选定综合图 3-1 的电流参考方向图

【综合例 3-2】 综合图 3-3 所示电路中，已知 $U_{ab} = U_{bc}$，$R_1 = 5\Omega$，$X_C = \frac{1}{\omega C} = 5\Omega$，$Z_{ab} = R+jX_L$，试求 $\dot{U}$ 和 $\dot{I}$ 同相时 Z_{ab} 等于多少？

【解】 $Z_{bc} = \frac{R_1(-jX_C)}{R_1 - jX_C} = \frac{5\times(-j5)}{5-j5} = (2.5-j2.5)\Omega$

已知 $Z_{ab} = R+jX_L$

当 $I_m(Z_{ac}) = I_m(Z_{ab}+Z_{bc}) = I_m[R+2.5+j(X_L-2.5)] = 0$ 时，$\dot{U}$ 与 $\dot{I}$ 同相，故 $X_L = 2.5\Omega$

又 $U_{ab} = U_{bc}$，故 $|Z_{ab}| = |Z_{bc}|$，$\sqrt{R^2+2.5^2} = \sqrt{2.5^2+2.5^2}$，故 $R = 2.5\Omega$

当 $\dot{U}$ 与 $\dot{I}$ 同相时，$Z_{ab} = (2.5+j2.5)\Omega$ [注：$I_m(Z)$ 表示 Z 的虚部]

【综合例 3-3】 综合图 3-4 所示电路中，已知 $i = 5\sqrt{2}\sin(\omega t + \pi/4) \text{mA}$，$\omega = 10^6 \text{rad/s}$，$R_2 = 2\text{k}\Omega$，$L = 2\text{mH}$，$R_1 = 1\text{k}\Omega$。试求：(1) 当电容 C 的值为多少时 i 与 u 同相；(2) 此时电路中的 u_{ab}，i_R 及 u 为多少。

【解】 (1) 当 $I_m(Z_{ab}) = 0$ 时 i 与 u 同相。而

$$Z_{ab} = Z_{ac} + Z_{cb}, \quad Z_{ac} = -jX_C = -j\frac{1}{\omega C} = -j\frac{1}{10^6 C}\Omega$$

$$Z_{cb} = R_2 //(jX_L) = \frac{R_2 \times (j\omega L)}{R_2 + j\omega L} = \frac{2\times 10^3 \times (j10^6 \times 2\times 10^{-3})}{2\times 10^3 + j10^6 \times 2\times 10^{-3}} = (1+j)\text{k}\Omega$$

$$Z_{ab} = (1+j)\times 10^3 - j\frac{1}{10^6 C} = 10^3 + j\left(10^3 - \frac{1}{10^6 C}\right)\Omega$$

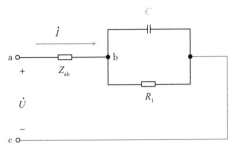

综合图 3-3 综合例 3-2 的电路图

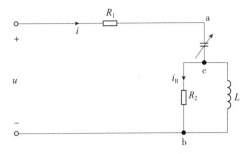

综合图 3-4 综合例 3-3 的电路图

故当 $10^3 = \dfrac{1}{10^6 C}$，即 $C = 10^{-9}\text{F} = 1\,000\text{pF}$ 时，i 与 u 同相，此时 $Z_{ab} = 1\text{k}\Omega$。

（2）当 u 与 i 同相时，$\dot{U}_{ab} = Z_{ab}\dot{I} = 10^3 \times 5 \angle \dfrac{\pi}{4} \times 10^{-3} = 5 \angle \dfrac{\pi}{4}\text{V}$

故

$$u_{ab} = 5\sqrt{2}\sin\left(\omega t + \dfrac{\pi}{4}\right)\text{V}$$

$$\dot{U} = (R_1 + Z_{ab})\dot{I} = (10^3 + 10^3) \times 5 \angle \dfrac{\pi}{4} \times 10^{-3} = 10 \angle \dfrac{\pi}{4}\text{V}$$

$$u = 10\sqrt{2}\sin\left(\omega t + \dfrac{\pi}{4}\right)\text{V}$$

$$\dot{I}_R = \dfrac{j\omega L}{R_2 + j\omega L}\dot{I} = \dfrac{j10^6 \times 2 \times 10^{-3} \times 5 \times 10^{-3} \angle \dfrac{\pi}{4}}{2 \times 10^3 + j2 \times 10^6 \times 10^{-3}} = \dfrac{5 \times \angle 135°}{\sqrt{2} \angle 45°} \times 10^{-3} = \dfrac{5}{2}\sqrt{2} \angle 90°\text{mA}$$

$$i_R = 5\sin(\omega t + 90°)\text{mA}$$

【综合例 3-4】 无源二端网络输入端的电压和电流为

$$u = 220\sqrt{2}\sin(314t + 20°)\text{V}$$
$$i = 4.4\sqrt{2}\sin(314t - 33°)\text{A}$$

试求此二端网络由两个元件串联的等效电路和元件的参数值，并求二端网络的功率因数及输入的有功功率和无功功率。

【解】 二端网络的等效阻抗为 $Z = \dfrac{220 \angle 20°}{4.4 \angle -33°} = 50 \angle 53°\Omega$

因 $\varphi > 0$，故电路为感性，因此判断其为一个电阻元件与一个电感元件串联而成。
则
$$R = |Z|\cos 53° = 50\cos 53° \approx 30\Omega$$
$$X_L = |Z|\sin 53° = 50\sin 53° \approx 40\Omega$$
$$L = \dfrac{X_L}{\omega} = \dfrac{40}{314} \approx 0.127\text{H}$$

此二端网络的功率因数为 $\cos\varphi = \cos 53° \approx 0.6$
输入的有功功率和无功功率分别为
$$P = UI\cos\varphi = 220 \times 4.4\cos 53° \approx 580.8\text{W}$$
$$Q = UI\sin\varphi = 220 \times 4.4\sin 53° \approx 774.4\text{var}$$

【综合例 3-5】 有一 RC 串联电路，如综合图 3-5 所示，电源电压为 u，电阻和电容上的电压分别为 u_R 和 u_C，已知电路复阻抗为 2 000Ω，频率为 1 000Hz，并设 u 和 u_C 之间的相位差为 30°，试求 R 和 C，并说明在相位上 u_C 比 u 超前还是滞后？

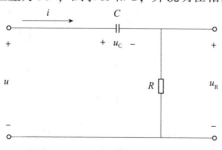

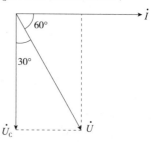

综合图 3-5　综合例 3-5 的电路图　　综合图 3-6　综合例 3-5 相量图

【解】 由于是串联电路，则以电流相量为参考相量，电阻上的电压则与电流同相位，而电容上的电压滞后于电流 90°，又已知 u 和 u_C 之间的相位差为 30°，故电源电压滞后电流 60°，即

$$\varphi = -60°$$
$$R = |Z|\cos\varphi = 1\,000\,\Omega$$
$$X_C = |Z|\sin\varphi \approx 1\,735\,\Omega$$
$$C = \frac{1}{2\pi f X_C} \approx 0.09\,\mu\text{F}$$

由相量图可知 u_C 比 u 滞后。

【综合例 3-6】 综合图 3-7 所示电路中，电源电压 u 的大小为 220V，$R=10\Omega$，试分析当其为直流或交流时（此时感抗和容抗均为 10Ω），开关 S 断开或闭合时各元器件两端电压值的大小。

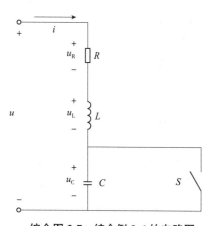

综合图 3-7　综合例 3-6 的电路图

【解】（1）电源电压为直流时，电感可视为短路，电容可视为开路。

开关 S 闭合时：
$$I = \frac{U}{R} = \frac{220}{10} = 22\text{A}, \quad U_R = U = 220\text{V}, \quad U_L = U_C = 0$$

开关断开时：
$$I = 0, \quad U_R = U_L = 0, \quad U_C = U = 220V$$

（2）当电源电压为交流时，则
$$X_L = \omega L = 10\Omega$$
$$X_C = \frac{1}{\omega C} = 10\Omega$$

开关 S 闭合时：
$$Z = R + jX_L = (10 + j10)\,\Omega$$
$$|Z| = \sqrt{R^2 + X_L^2} = 10\sqrt{2}\,\Omega$$

$$I = \frac{U}{|Z|} = \frac{220}{10\sqrt{2}} = 11\sqrt{2}\,\text{A}$$

$$U_R = RI = 110\sqrt{2}\,\text{V},\quad U_L = IX_L = 110\sqrt{2}\,\text{V},\quad U_C = 0$$

开关 S 断开时：

$$Z = 10 + \text{j}(10-10) = 10\,\Omega$$

$$I = \frac{U}{|Z|} = 22\,\text{A}$$

$$U_R = RI = 220\,\text{V},\quad U_L = IX_L = 220\,\text{V},\quad U_C = IX_C = 220\,\text{V}$$

【**综合例 3-7**】 综合图 3-8 电路中，已知 $u = 220\sqrt{2}\sin(1\,000t - 45°)\,\text{V}$，$R_1 = 100\,\Omega$，$R_2 = 200\,\Omega$，$L = 0.1\text{H}$，$C = 5\mu\text{F}$，复阻抗 Z 中的电阻 $R = 50\,\Omega$。欲使通过 Z 中的电流达到最大，试问该复数阻抗 Z 是哪种性质的？并求 Z 和这时的 $\dot{I}$。

【**解**】 $\dot{U} = 220\angle -45°\,\text{V}$，$X_L = \omega L = 1\,000 \times 0.1 = 100\,\Omega$，$X_C = \dfrac{1}{\omega C} = 200\,\Omega$

采用戴维南定理，(1)将 ab 支路断开，得综合图 3-9。求开路电压 $\dot{U}_0$：

$$\dot{U}_0 = \frac{\text{j}X_L}{R_1 + \text{j}X_L}\dot{U} - \frac{-\text{j}X_C}{R_2 - \text{j}X_C}\dot{U}$$

$$= \frac{\text{j}100}{100 + \text{j}100} \times 220\angle -45° - \frac{-\text{j}200}{200 - \text{j}200} \times 220\angle -45°$$

$$= \left(\frac{\text{j}}{1+\text{j}} + \frac{\text{j}}{1-\text{j}}\right) \times 220\angle -45° = \text{j}220\angle -45° = 220\angle 45°\,\text{V}$$

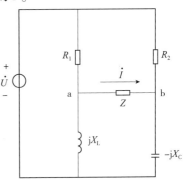

综合图 3-8 综合例 3-7 的电路图

(2)将综合图 3-9 中的电源进行除源(恒压源部分短路)，如综合图 3-10 所示，求 ab 间的复阻抗 Z_0：

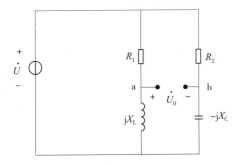

综合图 3-9 断开综合图 3-8 中待求支路的电路图

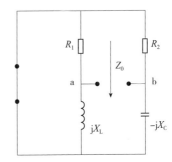

综合图 3-10 综合图 3-9 除源后的电路图

$$Z_0 = \frac{\text{j}R_1 X_L}{R_1 + \text{j}X_L} + \frac{-\text{j}R_2 X_C}{R_2 - \text{j}X_C} = \frac{\text{j}10\,000}{100 + \text{j}100} - \frac{\text{j}40\,000}{200 - \text{j}200} = (150 - \text{j}50)\,\Omega$$

(3) 将等效电源接回断开支路，如综合图 3-11。

由综合图 3-11 知，当 $Z=(50+j50)\Omega$ 时（电感性），通过 Z 中的电流达到最大。

此时
$$\dot{I}=\frac{\dot{U}_0}{Z_0+Z}=\frac{220\angle 45°}{150-j50+50+j50}=1.1\angle 45°\text{A}$$
$$I=1.1\text{A}$$

【综合例 3-8】 做电感性负载提高功率因数的实验中，请问随着并联电容容值的增加，电路的有功功率、无功功率、负载支路电流、线路电流、电容支路电流和功率因素的变化规律是什么？请用相量图画出线电流的变化并解释为什么。

【解】 功率因素提高实验电路图如综合图 3-12 所示。

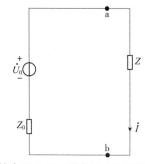

综合图 3-11 综合例 3-8 的等效电路图

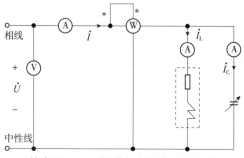

综合图 3-12 并联电容提高感性负载功率因素的实验电路图

选
$$\dot{U}=U\angle 0°\text{V}$$
则
$$\dot{I}_\text{L}=\frac{\dot{U}}{R+jX_\text{L}}$$
$$\dot{I}_\text{C}=j\omega \dot{C}U=\omega CU\angle 90°\text{A}$$
$$\dot{I}=\dot{I}_\text{L}+\dot{I}_\text{C}$$

相量图如综合图 3-13 所示。

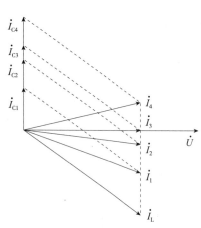

综合图 3-13 综合例 3-8 改变电容时各电流的相量图

随着并联电容容值的增加，电路的有功功率不变，因为负载电阻两端的电压、流过的电流均不变，其消耗的功率不变，无功功率先变小后变大，因为 $Q=UI\sin\varphi$，负载支路电流不变，线路电流先变小至 $I_\text{min}=\sqrt{I_\text{L}^2-I_\text{C}^2}$（此时 $\dot{I}_\text{min}$、$\dot{I}_\text{L}$、$\dot{I}_\text{C}$ 构成一直角三角形）。然后开始变大。$I_\text{C}=\omega CU$，电容支路电流随着 C 的增大而增大，功率因数先增大，至最大值 1 后变小。

【综合例 3-9】 有一电动机其输入功率为 1.21kW，接在 220V 的交流电源上，通入电动机的电流为 11A，试计算电动机的功率因数。如果要把电路的功率因数提高到 0.91，应该和电动机并联多大的电容器？并联电容后，电动机的功率因数、电动机中的电流、线路电流及电路的有功功率和无功功率有无改变？$f=50\text{Hz}$。

【解】 （1）根据 $P=UI\cos\varphi$，有
$$1.21\times10^3=220\times11\cos\varphi$$
故 $$\cos\varphi=0.5 \quad \varphi=60°$$

（2）要把 $\cos\varphi$ 提高到 0.91，即功率因数角 $\varphi_1=\arccos 0.91\approx 24.5°$，需并联的电容 C 为
$$C=\frac{P}{\omega U^2}(\tan\varphi-\tan\varphi_1)\approx\frac{1\,210}{2\pi\times50\times220^2}\times(1.732-0.456)=1\times10^{-4}=100\mu\text{F}$$

（3）并联电容后，电动机的功率因数和电流均不变，线路电流变小，电路的有功功率不变，无功功率变小。

习 题

3.2.1 图 3-1 所示的是时间 $t=0$ 时电压和电流的相量图，并已知 $U=220\text{V}$，$I_1=10\text{A}$，$I_2=5\sqrt{2}\text{A}$，试分别用三角函数式及复数式表示各正弦量。

3.2.2 已知正弦量 $\dot{U}=220\text{e}^{\text{j}30°}$ 和 $\dot{I}=(-4-\text{j}3)\text{A}$，试分别用三角函数式、正弦波形及相量图表示它们。如 $\dot{I}=(4-\text{j}3)\text{A}$，则又如何？

3.4.1 已知通过线圈的电流 $i=10\sqrt{2}\sin 314t\text{A}$，线圈的电感 $L=70\text{mH}$（电阻忽略不计），设电源电压 u，电流 i 及感应电动势 e_L 的参考方向如图 3-2 所示，试分别计算 $t=\frac{T}{6}$，$t=\frac{T}{4}$，$t=\frac{T}{2}$ 瞬间的电流、电压及电功势的大小，并在电路图上标出它们在该瞬间的实际方向，同时用正弦波形表示出三者之间的关系。

3.4.2 在电容为 $64\mu\text{F}$ 的电容器两端加一正弦电压 $u=220\sqrt{2}\sin 314t\text{V}$，设电压和电流的参考方向如图 3-3 所示，试计算 $t=\frac{T}{6}$，$t=\frac{T}{4}$，$t=\frac{T}{2}$ 瞬间的电流和电压的大小。

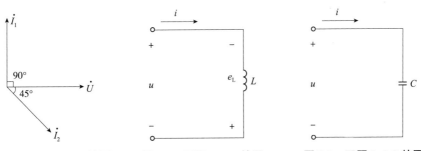

图 3-1 习题 3.2.1 的图　　图 3-2 习题 3.4.1 的图　　图 3-3 习题 3.4.2 的图

3.5.1 有一由 R，L，C 元件串联的正弦交流电路，已知 $R=10\Omega$，$L=\frac{1}{31.4}\text{H}$，$C=\frac{10^6}{3\,140}\mu\text{F}$。在电容元件的两端并联一开关 S。（1）当电源电压为 220V 的直流电压时，试

分别计算在开关 S 闭合和断开两种情况下电路中的电流 I 及各元件上的电压的 U_R，U_L，U_C。(2) 当电源电压为正弦电压 $u=220\sqrt{2}\sin 314t\text{V}$ 时，试分别计算在上述两种情况下电流及各电压的有效值。

3.5.2 一个线圈接在 $U=120\text{V}$ 的直流电源上 $I=20\text{A}$；若接在 $f=50\text{Hz}$，$U=220\text{V}$ 的交流电源上，则 $I=28.2\text{A}$。试求线圈的电阻 R 和电感 L。

3.5.3 有一 JZ7 型中间继电器，其线圈数据为 380V 50Hz，线圈电阻 2kΩ，线圈电感 43.3H，试求线圈电流和功率因数。

3.5.4 日光灯管与镇流器串联接到交流电压上，可看作 RL 串联电路。如已知某灯管的等效电阻 $R_1=280\Omega$，镇流器的电阻和电感分别为 $R_2=20\Omega$，$L=1.65\text{H}$，电源电压 $U=220\text{V}$，试求电路中的电流和灯管两端与镇流器上的电压。这两个电压加起来是否等于 220V？电源频率为 50Hz。

3.5.5 无源二端网络(图 3-4)输入端的电压和电流为
$$u=220\sqrt{2}\sin(314t+20°)\text{V}$$
$$u=220\sqrt{2}\sin(314t+20°)\text{V}$$
试求此二端网络由两个元件串联的等效电路和元件的参数值，并求二端网络的功率因数及输入的有功功率和无功功率。

3.5.6 有一 RC 串联电路(图 3-4)，电源电压为 u，电阻和电容上的电压分别为 U_R 和 U_C，已知电路阻抗模为 2 000Ω，频率为 1 000Hz，并设 u 与 u_C 之间的相位差为 60°，试求 R 与 C，并说明在相位上 u_C 比 u 超前还是滞后。

3.5.7 图 3-5 是一移相电路。如果 $C=0.01\mu\text{F}$，输入电压 $u_1=\sqrt{2}\sin 6\,280t\text{V}$，今欲使输出电压 u_2 在相位上前移 60°，问应配多大的电阻 R？此时输出电压的有效值 U_2 等于多少？

3.5.8 图 3-6 是一移相电路。已知 $R=100\Omega$，输入信号频率为 500Hz。如要求输出电压 u_2 与输入电压 u_1 间的相位差为 45°，试求电容值。同上题比较 u_2 与 u_1 在相位上(滞后和超前)有何不同？

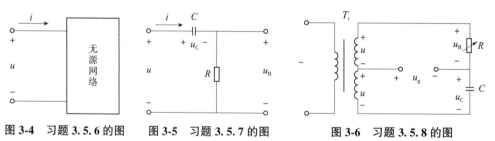

图 3-4 习题 3.5.6 的图　　图 3-5 习题 3.5.7 的图　　图 3-6 习题 3.5.8 的图

3.5.9 有一 220V 600W 的电炉，现不得不用在 380V 的电源上。欲使电炉的电压保持在 220V 的额定值，(1) 应和它串联多大的电阻？(2) 或应和它串联感抗为多大的电感线圈(其电阻可忽略不计)？(3) 从功率因数上比较上述两法。串联电容器是否也可以？

3.6.1 图 3-7 所示的各电路图中，除 A_0 和 V_0 外，其余电流表和电压表的读数在图上都已标出(都是正弦量的有效值)，试求电流表 A_0 或电压表 V_0 的读数。

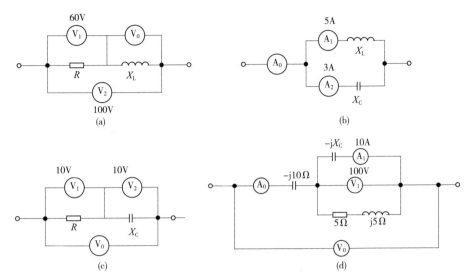

图 3-7 习题 3.6.1 的图

3.6.2 图 3-8 中，电流表 A_1 和 A_2 的读数分别为 $I_1 = 3A$，$I_2 = 4A$。（1）$Z_1 = R$，$Z_2 = -jX_C$，则电流表 A_0 的读数应为多少？（2）设 $Z_1 = R$，问 Z_2 为何种参数才能使电流表 A_0 的读数最大？此读数应为多少？（3）设 $Z_1 = jX_L$，问 Z_2 为何种参数才能使电流表 A_0 的读数最小？此读数应为多少？

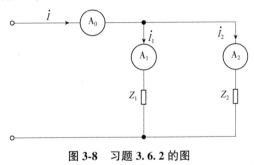

图 3-8 习题 3.6.2 的图

3.6.3 图 3-9 中，$I_1 = 10A$，$I_2 = 10\sqrt{2}A$，$U = 200V$，$R = 5\Omega$，$R_2 = X_L$，试 I，X_C，X_L 及 R_2。

3.6.4 图 3-10 中，$I_1 = I_2 = 10A$，$U = 100V$，u 与 i 同相，试求 I，R，X_C 及 X_L。

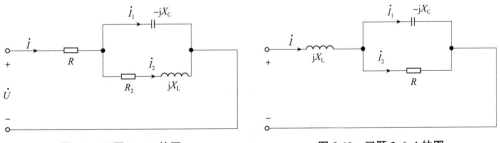

图 3-9 习题 3.6.3 的图　　　　　图 3-10 习题 3.6.4 的图

3.6.5 计算图 3-11(a)中的电流 $\dot{I}$ 和各阻抗元件上的电压 $\dot{U}_1$ 与 $\dot{U}_2$，并作相量图；计算图 3-11(b)中各支路电流 $\dot{I}_1$ 与 $\dot{I}_2$ 和电压 $\dot{U}$，并作相量图。

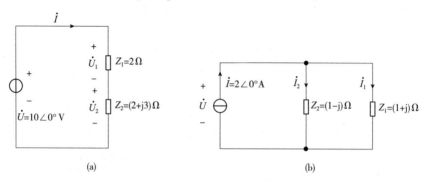

图 3-11　习题 3.6.5 的图

3.6.6　图 3-12 中，已知 $U=220\text{V}$，$R_1=10\Omega$，$X_1=10\sqrt{3}$，$R_2=20\Omega$，试求各个电流和平均功率。

3.6.7　图 3-13 中，已知 $u=220\sqrt{2}\sin 314t\text{V}$，$i_1=22\sin(314t-45°)\text{A}$，$i_2=22\sin(314t+90°)\text{A}$，试求各仪表读数及电路参数 R，L 和 C。

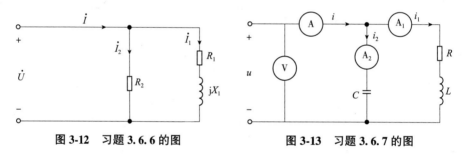

图 3-12　习题 3.6.6 的图　　　图 3-13　习题 3.6.7 的图

3.6.8　求图 3-14 所示电路的阻抗 Z_{ab}。

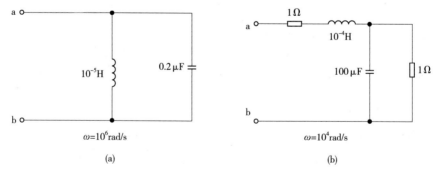

图 3-14　习题 3.6.8 的图

3.6.9　求图 3-15 中(a)(b)图中的电流 $\dot{I}$。

3.6.10　计算上题中理想电流源两端的电压。

3.6.11　图 3-16 所示的电路中，已知 $\dot{U}_C=10\angle 0°\text{V}$，求 $\dot{U}$。

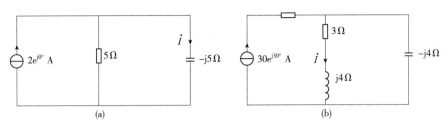

图 3-15 习题 3.6.9 的图

3.6.12 图 3-17 所示的电路中，已知 $U_{ab} = U_{bc}$，$R = 10\Omega$，$X_C = \dfrac{1}{\omega C} = 10\Omega$，$Z_{ab} = R + jX_L$。试求 $\dot{U}$ 和 $\dot{I}$ 等于多少？

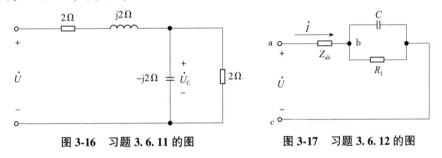

图 3-16 习题 3.6.11 的图　　图 3-17 习题 3.6.12 的图

3.7.1 图 3-18 所示的电路中，已知 $\dot{U} = 100\angle 0°\text{V}$，$X_C = 500\Omega$，$X_L = 1\,000\Omega$，$R = 2\,000\Omega$，求电流 $\dot{I}$。

3.7.2 分别用节点电压法和叠加定理计算例 3.7.1 中的电流 $\dot{I}$。

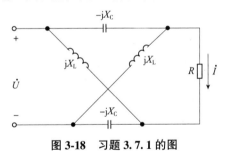

图 3-18 习题 3.7.1 的图

3.8.1 今有 40W 的日光灯一个，使用时灯管与镇流器（可近似地把镇流器看作纯电感）串联在电压为 220V、频率为 50Hz 的电源上。已知灯管工作时属于纯电阻负载，灯管两端的电压等于 110V，试求镇流器的感抗与电感。这时电路的功率因数等于多少？若将功率因数提高到 0.8，问应并联多大电容？

3.8.2 用图 3-19 的电路测得无源线性二端网络的数据如下：$U = 220\text{V}$，$I = 5\text{A}$，$P = 500\text{W}$。又知当与 N 并联一个适当数值的电容 C 后，电流 I 减小，而其他读数不变。试确定该网络的性质（电阻性、电感性或电容性）、等效参数及功率因数，$f = 50\text{Hz}$。

3.8.3 图 3-20 中，$U = 220\text{V}$，$f = 50\text{Hz}$，$R_1 = 10\Omega$，$X_1 = 10\sqrt{3}\,\Omega$，$R_2 = 5\Omega$，$X_2 = 5\sqrt{3}\,\Omega$。(1)求电流表的读数 I 和电路功的率因数 $\cos\varphi_1$。(2)欲使电路的功率因数提高到 0.866，则需要并联多大电容？(3)并联电容后电流表的读数为多少？

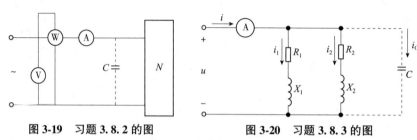

图 3-19 习题 3.8.2 的图   图 3-20 习题 3.8.3 的图

*3.9.1 试证明图 3-21(a) 是一低通滤波电路，图 3-21(b) 是一高通滤波电路，其中 $\omega_0 = \dfrac{R}{L}$。

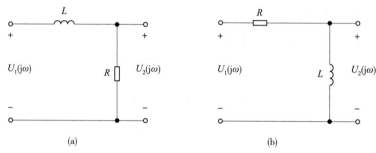

图 3-21 习题 3.9.1 的图

3.9.2 某收音机输入电路的电感约为 0.3mH，可变电容器的调节范围为 25~360pF，试问能否满足收听中波段 535~1 605kHz 的要求？

3.9.3 有一 R，L，C 串联电路，它在电源频率 f = 500Hz 时发生谐振。谐振时电流 I = 0.2A，容抗 X_C = 314Ω，并测得电容电压 U_C 为电源电压 U 的 20 倍。试求该电路的电阻 R 和电感 L。

3.9.4 有一 R，L，C 串联电路，接到频率可调的电源上，电源电压保持在 10V，当频率增加时，电流从 10mA(500Hz) 增加到最大值 60mA(1 000Hz)。试求：(1) 电阻 R、电感 L 和电容 C 的值；(2) 在谐振时电容器两端的电压 U_C；(3) 谐振时磁场中和电场中所储的最大能量。

3.9.5 图 3-22 的电路中，R_1 = 5Ω。今调节电容 C 值使电流 I 为最小，并此时测得 I_1 = 10A，I_2 = 6A，U_Z = 113V，电路总功率 P = 1 140W。求阻抗 Z。

3.9.6 图 3-23 中，已知 $R = R_1 = R_2 = 10Ω$，L = 31.8mH，C = 318μF，f = 50Hz，U = 10V。试求并联支路端电压 U_{ab} 及电路的 P，Q，S 及 $\cos\varphi$。

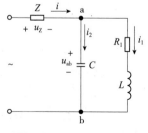 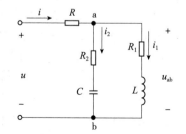

图 3-22 习题 3.9.5 的图   图 3-23 习题 3.9.6 的图

第4章 三相电路

三相电路在生产上应用最为广泛。发电和输配电一般都采用三相制。在用电方面最主要的负载是交流电动机，而交流电动机多数是三相的。在本章中着重讨论负载在三相电路中的连接使用问题。

4.1 三相电压

图 4-1-1 是三相交流发电机的原理图，它的主要组成部分是电枢和磁极。电枢是固定的，也称定子。定子铁心的内圆周表面冲有槽，用来放置三个完全相同的电枢绕组，每个绕组的两边放置在相应的定子铁心的槽内，它们在空间上彼此相隔120°。在中学里我们已经学习过电磁感应，知道一个线圈通过电流时会产生磁场，进而会产生感应电动势，根据右手螺旋定律判断时，感应电动势的方向与通入的电流方向和线圈的绕向有关，图 4-1-1 中的三个绕组完全相同，在放置时线圈的绕向相同，为 A-X，B-Y，C-Z。为了区分绕向问题，就有了始端和末端之分，实际中常用同名端表示，所谓同名端就是指同为电流流入或电流流出的端子，用"⊕"或"⊙"表示，如图 4-1-1 所示，始端（头）用 A，B，C 标示，末端（尾）用 X，Y，Z 标示，"⊙"表示此时这几个端子的电流均为流出或流入。各相绕组中所产生的感应电动势的正方向，如图 4-1-2 所示。

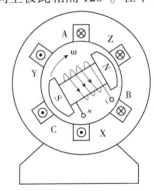

图 4-1-1 三相交流发电机的结构示意图

磁极是转动的，也称转子。转子铁心上绕有励磁绕组。选择合适的极面形状和励磁绕组的布置情况，可使空气隙中的磁感应强度按正弦规律分布。当转子由原动机带动，并以匀速按顺时针方向转动时，则每相绕组依次切割磁通，产生电动势，如图 4-1-3 所示。

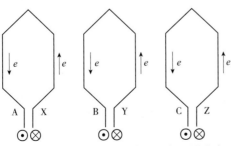

图 4-1-2 每相电枢绕组的电流出入及感应电动势方向

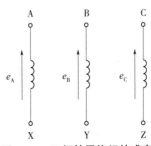

图 4-1-3 三相转子绕组的感应电动势方向

当三相定子绕组相中同时通入正弦交流电源时，三相转子绕组中产生的感应电动势为：

①$\omega t=0$ 时，A 相绕组的感应电动势达到最大。

②$\omega t=120°$ 时，B 相绕组的感应电动势达到最大。

③$\omega t=240°$ 时，C 相绕组的感应电动势达到最大。

因而在 AX、BY、CZ 三相绕组上得到了 3 个频率相同、幅值相等、相位互差 120°的三相对称正弦电压(称为三相对称电压或三相对称电源)。

若选 e_A 为参考正弦量，则 e_A，e_B，e_C 为

$$e_A = E_m \sin\omega t \text{ V}$$

$$e_B = E_m \sin(\omega t - 120°) \text{ V}$$

$$e_C = E_m \sin(\omega t - 240°) = E_m \sin(\omega t + 120°) \text{ V}$$

用相量表示：

$$\dot{E}_A = E \angle 0° \text{ V}$$

$$\dot{E}_B = E \angle -120° \text{ V}$$

$$\dot{E}_C = E \angle 120° \text{ V}$$

用相量图和正弦波形图来表示，如图 4-1-4 所示。

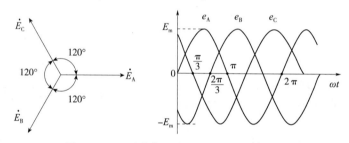

图 4-1-4　三对称电压的相量图和正弦波形图

显然，三相对称正弦电压的瞬时值或相量之和为零，即

$$e_A + e_B + e_C = 0$$

$$\dot{E}_A + \dot{E}_B + \dot{E}_C = 0$$

三相交流电压出现正幅值(或相应零值)的顺序称为相序，图 4-1-4 的相序是 A-B-C。

发电机三相绕组的连接方法有星形(Y)或三角形(△)两种方式，下面分别介绍。

4.1.1　三相绕组星形连接

将三相绕组的末端连在一起，每相绕组的首端作为三相电源的一端，这种连接方法称为 Y 形连接，如图 4-1-5 所示。这一连接点称为中性点或零点，用 N 表示，从中性点引出的导线称为中性线或零线。从始端 A，B，C 引出的 3 根导线 L_1，L_2 和 L_3 称为相线或端线，俗称火线。

每相始端到末端间的电压称为相电压。在图 4-1-5 中相电压为相线到中性线间的电压，即 u_A，u_B，u_C，其有效值用 U_A，U_B，U_C 或一般地用 U_P 表示。任意两相线间的电

压称为线电压，如图 4-1-5 中的 u_{AB}，u_{BC}，u_{CA}，其有效值用 U_{AB}，U_{BC}，U_{CA}，或通用 U_l 表示。

当选择如图 4-1-5 所示的相电压和线电压的参考方向，可得

相电压：

$$\dot{U}_A = \dot{E}_A = U_P \angle 0°\text{V}$$

$$\dot{U}_B = \dot{E}_B = U_P \angle -120°\text{V}$$

$$\dot{U}_C = \dot{E}_C = U_P \angle -240° = U_P \angle 120°\text{V}$$

线电压：

$$\dot{U}_{AB} = \dot{U}_A - \dot{U}_B = \sqrt{3}\dot{U}_A \angle 30°\text{V}$$

$$\dot{U}_{BC} = \dot{U}_B - \dot{U}_C = \sqrt{3}\dot{U}_B \angle 30°\text{V}$$

$$\dot{U}_{CA} = \dot{U}_C - \dot{U}_A = \sqrt{3}\dot{U}_C \angle 30°\text{V}$$

Y 形连接的三相发电机绕组产生的出线电压与相电压的相量图，如图 4-1-6 所示。

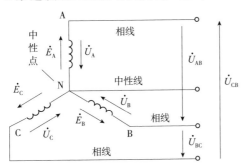

图 4-1-5 三相发电机绕组的星形连接示意图

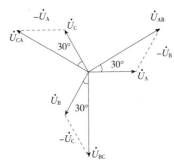

图 4-1-6 三相对称电源 Y 型连接的相电压与线电压相量图

由图可知当三相对称绕组连接成 Y 形时，可引出 4 根导线（三相四线制），不仅可以产生 $\dot{U}_A$，$\dot{U}_B$ 和 $\dot{U}_C$ 这组三相对称电压，还可产生 U_{AB}，U_{BC}，U_{CA} 这组三相对称电压。

线电压在相位上比相应的相电压超前 30°，且在大小上的关系为：$U_l = \sqrt{3}U_P$。通常在低压配电系统中相电压为 220V，线电压为 380V（$380 = \sqrt{3} \times 220$）。但此时不一定都引出中性线。

【例 4.1.1】 已知发电机的绕组为星形连接，已知线电压 $\dot{U}_{CA} = 380\angle 120°\text{V}$，试求：$\dot{U}_{AB}$，$\dot{U}_{BC}$，$\dot{U}_A$，$\dot{U}_B$，$\dot{U}_C$。

【解】 根据这 6 个电压的关系得它们的相量图（图 4-1-7）。

$$\dot{U}_{CA} = 380\angle 120°\text{V}$$

$$\dot{U}_{BC} = 380\angle 240° = 380\angle -120°\text{V}$$

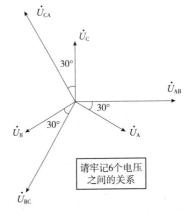

图 4-1-7 例 4.1.1 中的相电压与线电压相量图

$$\dot{U}_{AB} = 380\angle 0°\text{V}$$
$$\dot{U}_{A} = 220\angle -30°\text{V}$$
$$\dot{U}_{B} = 220\angle -150°\text{V}$$
$$\dot{U}_{C} = 220\angle 90°\text{V}$$

4.1.2 三相绕组三角形连接

将三相绕组的首末端顺序连接,即 AX 相绕组的末端连接 BY 相绕组的首端,BY 相绕组的末端连接 CZ 相绕组的首端,CZ 相绕组的末端连接 AX 相绕组的首端,构成一个封闭的三角形,这种连接方法称为三角形(△形)连接,如图 4-1-8 所示。

当发电机(或变压器)的绕组连成三角形时,只能引出 3 根导线(故称为三相三线制),根据相电压和线电压的定义可知每相绕组的相电压即为线电压,故只能提供一组三相对称电压,相量图如图 4-1-9 所示。

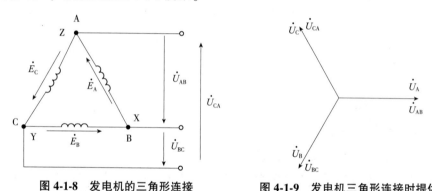

图 4-1-8　发电机的三角形连接　　图 4-1-9　发电机三角形连接时提供的相电压和线电压

$$\dot{U}_{A} + \dot{U}_{B} + \dot{U}_{C} = 0$$

一般地,如果没有特殊说明,三相电源默认为 Y 形连接,即为三相四线制。

【练习与思考】

4.1.1　欲将发电机的三相绕组连成星形时,如果误将 U_2,V_2,W_1 连成一点(中性点),是否也可以产生对称三相电压?

4.1.2　当发电机的三相绕组连成星形时,设线电压 $u_{12} = 380\sqrt{2}\sin(\omega t - 30°)\text{V}$,试写出相电压 u_1 的三角函数式。

4.2　负载星形连接的三相电路

分析三相电路同分析单相电路一样,首先要画出电路图,并选定参考相量电压和电流的参考方向,然后应用电路的基本定律分析电压和电流之间的关系,再确定三相功率。

同样地，三相电路中负载的连接方法也有两种——星形连接和三角形连接。

图 4-2-1 所示的是三相四线制电路，设其线电压为 380V。负载如何连接，应视其额定电压而定。通常电灯（单相负载）的额定电压为 220V，因此要接在相线与中性线之间。电灯负载是大量使用的，不能集中接在一相中。从总的线路来说，它们应当比较均匀地分配在各相之中，如图 4-2-1 所示。其中一相称为单相负载，三相合在一起称为三相负载的星形连接。至于其他单相负载（如单相电动机、电炉、继电器吸引线圈等），是接在相线之间还是相线与中性线之间，应视其额定电压是 380V 还是 220V 而定。如果负载的额定电压不等于电源电压，则需用变压器。例如机床照明灯的额定电压为 36V，就要用一个 380/36V 的降压变压器。

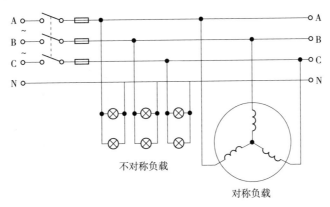

图 4-2-1　三相负载的星形连接示意图

三相电动机的两个接线端总是与电源的三根相线相联。但电动机本身的三相绕组可以连成星形或三角形。它的连接方法在铭牌上标出，如 380V Y 连接或 380V △连接。

图 4-2-1 所示电路示意图可用图 4-2-2 所示的电路模型表示。

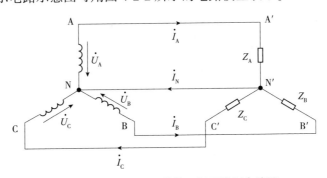

图 4-2-2　负载星形连接的三相四线制电路图

三相电路中的电流也有相电流与线电流之分。从每相始端流向末端的电流称为相电流，用 I_P 表示；流过每根相线的电流称为线电流，用 I_l 表示。显然负载为星形连接时，相电流即为线电流，即

$$I_P = I_l$$

三相负载对称是指各相负载的复阻抗相等，即 $Z_1 = Z_2 = Z_3 = Z$ 或阻抗模和相位角都相等，即 $|Z_1| = |Z_2| = |Z_3| = |Z|$ 和 $\varphi_1 = \varphi_2 = \varphi_3 = \varphi$。反之，称为不对称负载。

根据基尔霍夫电压定律可知当三相负载为 Y 形连接时，每相负载的相电压等于每相电源的相电压。则各相负载电流为

$$\dot{I}_A = \frac{\dot{U}_A}{Z_A}$$

$$\dot{I}_B = \frac{\dot{U}_B}{Z_B}$$

$$\dot{I}_C = \frac{\dot{U}_C}{Z_C}$$

中性线电流为

$$\dot{I}_N = \dot{I}_A + \dot{I}_B + \dot{I}_C$$

4.2.1 三相负载对称

因为此时每相负载的相电压等于每相电源的相电压，所以三相负载上的电压也对称。

又因三相负载对称，故负载上的相电流也是对称的，即

$$I_A = I_B = I_C = I_P = \frac{U_P}{|Z|}$$

$$\varphi_1 = \varphi_2 = \varphi_3 = \varphi = \arctan \frac{X}{R}$$

因此，这时中性线电流等于零，即

$$\dot{I}_N = \dot{I}_A + \dot{I}_B + \dot{I}_C = 0$$

电压和电流的相量图如图 4-2-3 所示。

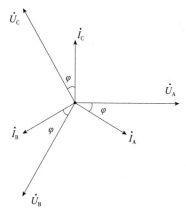

图 4-2-3 对称负载星形连接时电压和电流的相量图

可见，当三相负载对称时中性线上的电流为零，中性线可以去掉，则图 4-2-2 所示的电路就变为图 4-2-4 所示的电路，为三相三线制电路。这种电路在生产上应用极为广泛，因为生产上的三相负载(通常所见的是三相电动机)一般都是对称的。

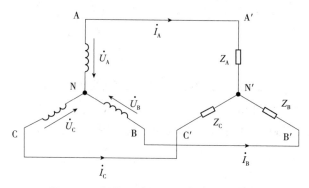

图 4-2-4 负载星形连接的三相三线制电路

【例 4.2.1】 有一星形连接的三相对称负载，每相的电阻 $R=6\Omega$，感抗 $X_L=8\Omega$。电源的电压对称，设 $u_{AB}=380\sqrt{2}\sin(\omega t+30°)$ V，试求各相电流（参照图 4-2-2）。

【解】 因为负载对称，只须计算一相（譬如 AN′相）即可。

由相量图 4-1-6 可知，$U_A = \dfrac{U_{AB}}{\sqrt{3}} = \dfrac{380}{\sqrt{3}} \approx 220$V，$u_A$ 比 u_{AB} 滞后 30°，即

$$u_A = 220\sqrt{2}\sin\omega t \text{ V}$$

AN′相电流

$$I_A = \dfrac{U_A}{|Z_A|} = \dfrac{220}{\sqrt{6^2+8^2}} = 22\text{A}$$

i_A 比 u_A 滞后 φ 角，即

$$\varphi = \arctan\dfrac{X_L}{R} = \arctan\dfrac{8}{6} = 53°$$

所以

$$i_A = 22\sqrt{2}\sin(\omega t - 53°) \text{ A}$$

因为产生的三相电流对称，故其他两相的电流则为

$$i_B = 22\sqrt{2}\sin(\omega t - 53° - 120°) = 22\sqrt{2}\sin(\omega t - 173°) \text{ A}$$
$$i_C = 22\sqrt{2}\sin(\omega t - 53° + 120°) = 22\sqrt{2}\sin(\varphi t + 67°) \text{ A}$$

4.2.2 三相负载不对称

当三相负载不对称时，有中性线和无中性线两种情况有很大不同，下面以例子来分析。

【例 4.2.2】 在图 4-2-2 中，电源电压对称，每相电压 $U_P = 220$V；负载为电灯组，在额定电压下其电阻分别为 $Z_A = 5\Omega$，$Z_B = 10\Omega$，$Z_C = 20\Omega$。各相负载的 $U_N = 220$V。试求有中性线和无中性线两种情况下，各相负载的相电压、相电流及中性线电流，画出相量图。

【解】（1）有中性线

根据基尔霍夫电压定律可知每相负载的相电压等于每相电源的相电压。

选电源电压 $\dot{U}_A = 220\angle 0°$ V

则负载相电压 $\dot{U}_{AN'} = 220\angle 0°$ V $\dot{U}_{BN'} = 220\angle -120°$ V $\dot{U}_{CN'} = 220\angle 120°$ V

各相负载的电流

$$\dot{I}_A = \dfrac{\dot{U}_A}{Z_A} = \dfrac{220\angle 0°}{5} = 44\angle 0° \text{ A}$$

$$\dot{I}_B = \dfrac{\dot{U}_B}{Z_B} = \dfrac{220\angle -120°}{10} = 22\angle -120° \text{ A}$$

$$\dot{I}_C = \dfrac{\dot{U}_C}{Z_C} = \dfrac{220\angle 120°}{20} = 11\angle 120° \text{ A}$$

中性线电流为

$$\dot{I}_N = \dot{I}_A + \dot{I}_B + \dot{I}_C = 44\angle 0° + 22\angle -120° + 11\angle 120°$$
$$\approx 44 + (-11 - j18.9) + (-5.5 + j9.45) = 27.5 - j9.45 \approx 29.1\angle -19.1°\text{A}$$

相量图如图 4-2-5 所示。

(2) 无中性线

将中性线断开，如图 4-2-6 所示，先用节点电位法求出负载中性点与电源中性点间的电压

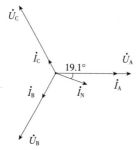

图 4-2-5 负载各相电压与电流的相量图

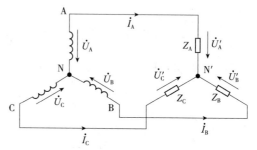

图 4-2-6 不对称负载 Y 形连接的中性线断开图

$$\dot{U}_{N'N} = \frac{\dfrac{\dot{U}_A}{Z_A} + \dfrac{\dot{U}_B}{Z_B} + \dfrac{\dot{U}_C}{Z_C}}{\dfrac{1}{Z_A} + \dfrac{1}{Z_B} + \dfrac{1}{Z_C}} \approx 83.2\angle -19°\text{V}$$

各相负载的相电压

$$\dot{U}'_A = \dot{U}_A - \dot{U}_{N'N} \approx 144\angle 11°\text{V}$$
$$\dot{U}'_B = \dot{U}_B - \dot{U}_{N'N} \approx 249.5\angle -139°\text{V}$$
$$\dot{U}'_C = \dot{U}_C - \dot{U}_{N'N} \approx 288\angle 131°\text{V}$$

各相负载的电流

$$\dot{I}_A = \frac{\dot{U}'_A}{Z_A} = \frac{144\angle 11°}{5} = 28.8\angle 11°\text{A}$$
$$\dot{I}_B = \frac{\dot{U}'_B}{Z_B} = \frac{249.5\angle -139°}{10} = 24.95\angle -139°\text{A}$$
$$\dot{I}_C = \frac{\dot{U}'_C}{Z_C} = \frac{288\angle 131°}{20} = 14.4\angle 131°\text{A}$$

相量图如图 4-2-7 所示。

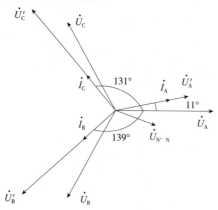

图 4-2-7 不对称负载 Y 形连接无中性线时各相电压与电流的相量图

【例 4.2.3】 在图 4-2-2 所示的电路中，在有中性线和无中性线两种情况下，分析 A 相负载发生短路或断路时电路的工作情况。

【解】 (1)有中性线，A 相负载发生短路

如图 4-2-8 所示，仅 A 相熔断器熔断，B 相、C 相负载仍正常工作。

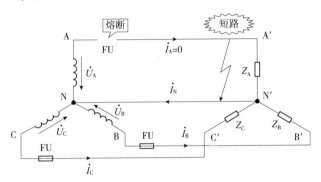

图 4-2-8　有中性线且 A 相负载发生短路的电路图

(2)有中性线，A 相断路

如图 4-2-9 所示，B 相、C 相负载正常工作，不受影响。

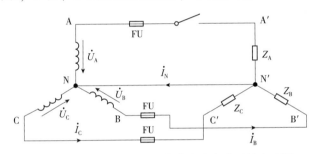

图 4-2-9　有中性线且 A 相负载发生断路时的电路图

(3)无中性线，A 相负载发生短路

如图 4-2-10 所示，B 相、C 相负载承受电源线电压，I_B 和 I_C 增大，$\dot{I}_A = -(\dot{I}_B + \dot{I}_C)$，FU 不一定熔断，B 相、C 相负载损坏，电路为故障状态。

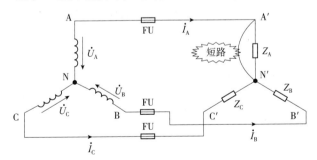

图 4-2-10　无中性线且 A 相负载发生短路时的电路图

(4)无中性线，A 相断路

如图 4-2-11 所示，B 相与 C 相负载串联，接在线电压 $\dot{U}_{BC}$ 上，串联分压，可能部分负载分得的电压远高于额定电压，烧坏负载，部分负载分得的电压远低于额定工作电压，或者两相负载的电压均低于额定电压。电路为故障状态，仍不能正常工作。

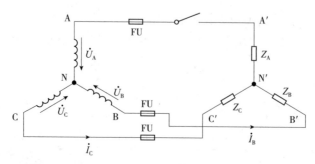

图 4-2-11　无中性线且 A 相负载发生断路时的电路图

总结：(1) 负载不对称而又没有中性线时，负载的相电压就不对称。当负载的相电压不对称时，势必出现有的相的电压高于负载的额定电压；有的相的电压低于负载的额定电压，这不满足负载的额定电压要求，电路工作出现故障状态。因此，三相负载的相电压必须对称。

(2) 中性线的作用就是使星形连接的不对称负载的相电压对称。为了保证负载的相电压对称，就不应让中性线断开。因此，中性线(指干线)内不能接入熔断器或闸刀开关。

【练习与思考】

4.2.1　什么是三相负载、单相负载和单相负载的三相连接？三相交流电动机有 3 根电源线接到电源的 L_1，L_2 和 L_3 三端，称为三相负载，电灯有两根电源线，为什么不称为两相负载，而称为单相负载？

4.2.2　在图 4-2-1 的电路中，为什么中性线中不接开关，也不接入熔断器？

4.2.3　有 220V 100W 的电灯 66 个，应如何接入线电压为 380V 的三相四线制电路？求负载在对称情况下的线电流。

4.2.4　为什么电灯开关一定要接在相线(火线)上？

4.2.5　在图 4-2-4 中，3 个电流都流向负载，又无中性线可流回电源，请解释之。

4.3　负载三角形连接的三相电路

当负载的额定电压等于电源的线电压时，应将负载接在两根相线之间，形成三角形连接。接线示意图见图 4-3-1。

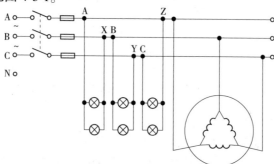

图 4-3-1　负载三角形连接的示意图

图中，因为各相负载都直接接在电源的线电压上，所以负载的相电压与电源的线电压相等。因此，不论负载对称与否，其相电压总是对称的，图 4-3-1 的等效电路图如图 4-3-2 所示。

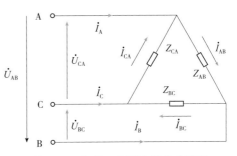

图 4-3-2　负载三角形连接的电路图

负载的相电流为

$$\dot{I}_{AB} = \frac{\dot{U}_{AB}}{Z_{AB}}, \quad \dot{I}_{BC} = \frac{\dot{U}_{BC}}{Z_{BC}}, \quad \dot{I}_{CA} = \frac{\dot{U}_{CA}}{Z_{CA}}$$

根据基尔霍夫电流定律可计算负载的线电流：

$$\dot{I}_A = \dot{I}_{AB} - \dot{I}_{CA}$$
$$\dot{I}_B = \dot{I}_{BC} - \dot{I}_{AB}$$
$$\dot{I}_C = \dot{I}_{CA} - \dot{I}_{BC}$$

如果负载对称，即

$$Z_{AB} = Z_{BC} = Z_{CA} = |Z| \angle \varphi$$

则负载的相电流也是对称的，即

$$I_{AB} = I_{BC} = I_{CA} = I_P = \frac{U_P}{|Z|} = \frac{(U_l)_{电源}}{|Z|}$$

$$\varphi_{AB} = \varphi_{BC} = \varphi_{CA} = \varphi = \arctan \frac{X}{R}$$

负载的线电流为

$$\dot{I}_A = \dot{I}_{AB} - \dot{I}_{CA} = \sqrt{3} \dot{I}_{AB} \angle -30° \text{A}$$
$$\dot{I}_B = \dot{I}_{BC} - \dot{I}_{AB} = \sqrt{3} \dot{I}_{BC} \angle -30° \text{A}$$
$$\dot{I}_C = \dot{I}_{CA} - \dot{I}_{BC} = \sqrt{3} \dot{I}_{CA} \angle -30° \text{A}$$

对称负载三角形连接时，负载的线电流此时也是对称的，其电压、电流的相量图如图 4-3-3 所示。

从图 4-3-3 也可看出，线电流和相电流在大小上的关系为 $I_l = \sqrt{3} I_P$，在相位上线电流比相应的相电流滞后 30°。

三相电动机的绕组可以接成星形，也可以接成三角形，而照明负载一般都连接成星形(具有中性线)。

【例 4.3.1】　图 4-3-4 所示的电路中，三相对称电源 $\dot{U}_{AB} = 380 \angle 0°\text{V}$，三相电阻炉每相负载 $R = 38\Omega$，$U_N = 380\text{V}$。接在 A 与 N 之间的单相负载 $P = 1\,100\text{W}$，$\cos\varphi = 0.5$(感性)，试求各相电流和线电流，并画出相量图。

【解】　根据 $\dot{U}_{AB} = 380 \angle 0°\text{V}$，得 $\dot{U}_{BC} = 380 \angle -120°\text{V}$，$\dot{U}_{CA} = 380 \angle 120°\text{V}$，$\dot{U}_{AN} = 220 \angle -30°\text{V}$

三相对称负载各相电流为

$$\dot{I}_{AB} = \frac{\dot{U}_{AB}}{R} = \frac{380\angle 0°}{38} = 10\angle 0°\,\text{A}$$

$$\dot{I}_{BC} = \frac{\dot{U}_{BC}}{R} = \frac{380\angle -120°}{38} = 10\angle -120°\,\text{A}$$

$$\dot{I}_{CA} = \frac{\dot{U}_{CA}}{R} = \frac{380\angle 120°}{38} = 10\angle 120°\,\text{A}$$

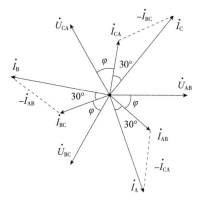

图 4-3-3 对称负载三角形连接时的电压、电流的相量图

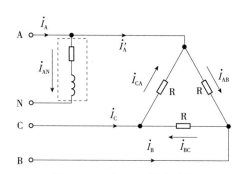

图 4-3-4 例 4.3.1 的电路图

则线电流

$$\dot{I}_A' = \dot{I}_{AB} - \dot{I}_{CA} = \sqrt{3}\,\dot{I}_{AB}\angle -30° = 10\sqrt{3}\angle -30°\,\text{A}$$

$$\dot{I}_B' = \dot{I}_{BC} - \dot{I}_{AB} = \sqrt{3}\,\dot{I}_{BC}\angle -30° = 10\sqrt{3}\angle -150°\,\text{A}$$

$$\dot{I}_C' = \dot{I}_{CA} - \dot{I}_{BC} = \sqrt{3}\,\dot{I}_{CA}\angle -30° = 10\sqrt{3}\angle 90°\,\text{A}$$

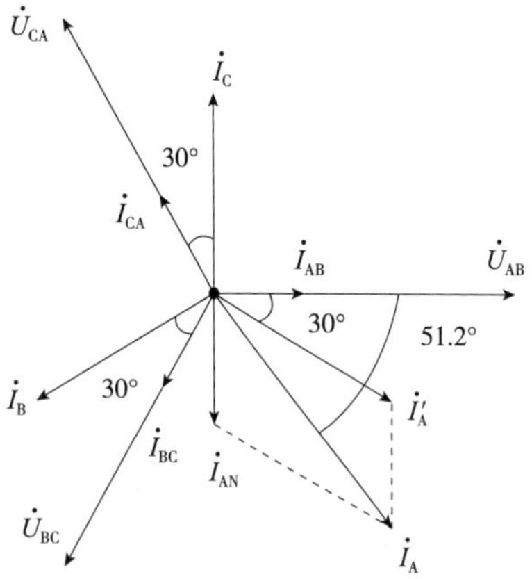

已知接在 A 与 N 之间的单相负载 $P = 1\,100\,\text{W}$,且 $\cos\varphi = 0.5$(感性),

$$P = U_{AN}I_{AN}\cos\varphi = 220 I_{AN}\times 0.5,\ I_{AN} = 10\,\text{A}$$

因 $\cos\varphi = 0.5$ 且呈感性,故 $\varphi = 60°$,即 $\dot{U}_{AN}$ 与 $\dot{I}_{AN}$ 的相位差为 60°,

$$\dot{I}_{AN} = 10\angle -90°\,\text{A}$$

线电流 $\dot{I}_A = \dot{I}_A' + \dot{I}_{AN}$

$$= 10\sqrt{3}\angle -30° + 10\angle -90°$$

$$= -\text{j}10 + 15 - \text{j}5\sqrt{3} \approx 15 - \text{j}18.66$$

$$\approx 24\angle -51.2°\,\text{A}$$

图 4-3-5 例 4.3.1 的电压与电流的相量图

电压与电流的相量图见图 4-3-5。

4.4 三相功率

不论负载是星形连接还是三角形连接，总的有功功率等于各相有功功率之和，总的无功功率等于各相无功功率之和。

有功功率：$P = P_A + P_B + P_C$，其中

$$P_A = U_{AP} I_{AP} \cos\varphi_A, \quad P_B = U_{BP} I_{BP} \cos\varphi_B, \quad P_C = U_{CP} I_{CP} \cos\varphi_C$$

无功功率：$Q = Q_A + Q_B + Q_C$，其中

$$Q_A = U_{AP} I_{AP} \sin\varphi_A, \quad Q_B = U_{BP} I_{BP} \sin\varphi_B, \quad Q_C = U_{CP} I_{CP} \sin\varphi_C$$

视在功率：$S = \sqrt{P^2 + Q^2}$

当三相负载对称时，每相的有功功率是相等的。因此，三相负载的总有功功率为

$$P = 3P_A = 3U_P I_P \cos\varphi$$

式中，φ 角是相电压 U_P 与相电流 I_P 之间的相位差。

当对称负载是星形连接时

$$(U_l)_{电源} = \sqrt{3}(U_P)_{电源} = \sqrt{3}(U_P)_{负载}, \quad I_l = I_P$$

当对称负载是三角形连接时

$$(U_l)_{电源} = (U_P)_{负载}, \quad I_l = \sqrt{3} I_P$$

不论对称负载是星形连接或是三角形连接，均有

$$P = \sqrt{3} U_l I_l \sin\varphi$$

注：上式中的 φ 角仍为相电压与相电流之间的相位差。

同理，可得出三相无功功率和视在功率：

$$Q = 3Q_P = 3U_P I_P \sin\varphi = \sqrt{3} U_l I_l \sin\varphi$$

$$S = 3U_P I_P = \sqrt{3} U_l I_l$$

【**例 4.4.1**】 有一三相电动机，每相等效电阻 $R = 29\Omega$，等效感抗 $X_L = 21.8\Omega$。绕组为星形连接，接在线电压 $U_l = 380\text{V}$ 的三相电源上，试求电动机的相电流、线电流以及从电源输入的功率。

【**解**】 此时加在电动机每相上的电压为电源相电压

$$U_P = \frac{1}{\sqrt{3}} U_l = 220\text{V}$$

$$I_P = \frac{U_P}{|Z|} = \frac{220}{\sqrt{R^2 + X_L^2}} \approx 6.1\text{A} = I_l$$

$$P = \sqrt{3} U_l I_l \cos\varphi = \sqrt{3} \times 380 \times 6.1 \times \frac{29}{\sqrt{29^2 + 21.8^2}} \approx 3\,200\text{W}$$

注：有的三相电动机有两种额定电压，譬如 220/380V。这表示当电源电压（指线电压）为 220V 时，电动机的绕组应连成三角形；当电源电压（指线电压）为 380V 时，电动

机的绕组应连成星形。在两种接法中，相电压、相电流及功率都未改变，仅线电流在△连接时增大为Y形连接时的$\sqrt{3}$倍。

【例4.4.2】 线电压U_l为380V的三相电源上接有两组对称三相负载：一组是三角形连接的电感性负载，每相阻抗$Z_\triangle = 36.3\angle 37°\Omega$。另一组是星形连接的电阻性负载，每相电阻$R_Y = 10\Omega$，如图4-4-1所示。试求：(1)各组负载的相电流；(2)电路线电流；(3)三相有功功率。

【解】 设线电压$\dot{U}_{AB} = 380\angle 0°\text{V}$，则相电压$\dot{U}_A = 220\angle -30°\text{V}$

(1)由于三相负载对称，所以计算一相即可，其他两相可以推知。

对于三角形连接的负载，其相电流为

$$\dot{I}_{AB} = \frac{\dot{U}_{AB}}{Z_\triangle} = \frac{380\angle 0°}{36.3\angle 37°} \approx 10.47\angle -37°\text{A}$$

可得

$$\dot{I}_{BC} = 10.47\angle -157°\text{A}$$

$$\dot{I}_{CA} = 10.47\angle 93°\text{A}$$

对于星形连接的负载，其相电流即为线电流

$$\dot{I}_{AY} = \frac{\dot{U}_A}{R_Y} = \frac{220\angle -30°}{10} = 22\angle -30°\text{A}$$

(2) $\dot{I}_{A\triangle} = \sqrt{3}\dot{I}_{AB}\angle -30° \approx 18.13\angle -67°\text{A}$

可得

$$\dot{I}_{B\triangle} = 18.13\angle 173°\text{A}$$

$$\dot{I}_{C\triangle} = 18.13\angle 53°\text{A}$$

$$\dot{I}_A = \dot{I}_{A\triangle} + \dot{I}_{AY} = 18.13\angle -67° + 22\angle -30° \approx 38\angle -46.7°\text{A}$$

可得

$$\dot{I}_B = \dot{I}_{B\triangle} + \dot{I}_{BY} \approx 38\angle -166.7°\text{A}$$

$$\dot{I}_C = \dot{I}_{C\triangle} + \dot{I}_{CY} \approx 38\angle 73.3°\text{A}$$

相电压与电流的相量图如图4-4-2所示。

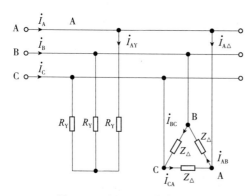

图4-4-1 例4.4.2的电路图

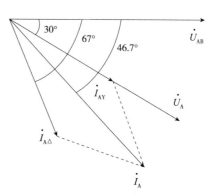

图4-4-2 例4.4.2的相量图

(3) 三相电路有功功率为

$$P = P_\triangle + P_Y = \sqrt{3}\,U_l I_{A\triangle}\cos\varphi_\triangle + \sqrt{3}\,U_l I_{AY}\cos\varphi_Y$$
$$= (\sqrt{3}\times 380\times 18.13\times 0.8 + \sqrt{3}\times 380\times 22)$$
$$\approx (9\,546 + 14\,480)$$
$$= 24\,026$$
$$\approx 24\text{kW}$$

【综合例题解析】

【综合例 4-1】 当发电机绕组连成星形时，设线电压 $u_{AB} = 380\sqrt{2}\sin(\omega t - 30°)$ V，试写出相电压 u_A 的三角函数式。

【解】
因为 $U_l = \sqrt{3}\,U_P$，而 $U_l = 380$V，所以 $U_P = 220$V
$\varphi_{AB} - \varphi_A = 30°$，又因为 $\varphi_{AB} = -30°$，故 $\varphi_A = -60°$

得
$$u_A = 220\sqrt{2}\sin(\omega t - 60°)\text{ V}$$
$$u_B = 220\sqrt{2}\sin(\omega t - 180°)\text{ V}$$
$$u_C = 220\sqrt{2}\sin(\omega t + 60°)\text{ V}$$

【综合例 4-2】 有一星形连接的三相对称相负载，每相的电阻 $R = 6\Omega$，容抗 $X_C = 8\Omega$。电源电压对称，设 $u_{AB} = 380\sqrt{2}\sin(\omega t + 30°)$ V，试求各相电流。

【解】 因负载对称，只需计算一相即可。

因为 $U_A = \dfrac{U_{AB}}{\sqrt{3}} = \dfrac{380}{\sqrt{3}} \approx 220$V，$u_A = 220\sqrt{2}\sin(\omega t + 30° - 30°) = 220\sqrt{2}\sin\omega t$ V

$$I_A = \dfrac{U_A}{\sqrt{6^2 + 8^2}} = 22\text{A}, \quad \varphi_A = -\arctan\dfrac{8}{6} \approx -53°$$

所以
$$i_A = 22\sqrt{2}\sin(\omega t + 53°)\text{ A}$$
$$i_B = 22\sqrt{2}\sin(\omega t + 53° - 120°) = 22\sqrt{2}\sin(\omega t - 67°)\text{ A}$$
$$i_C = 22\sqrt{2}\sin(\omega t + 53° + 120°) = 22\sqrt{2}\sin(\omega t + 173°)\text{ A}$$

【综合例 4-3】 综合图 4-1 所示的电路中，电源电压对称，各相电压为 220V，各相负载分别为 $Z_A = 50\Omega$，$Z_B = 100\Omega$，$Z_C = 200\Omega$。试求负载相电压、负载电流及中性线电流。电灯的额定电压为 220V。

【解】 在负载不对称且有中性线的情况下，负载的相电压与电源相电压相等，也是对称的，其有效值为 220V。选 $\dot{U}_A = 220\angle 0°$V，先计算各相电流

$$\dot{I}_A = \dfrac{\dot{U}_A}{Z_A} = \dfrac{220\angle 0°}{50} = 4.4\angle 0°\text{ A}$$

$$\dot{I}_\mathrm{B} = \frac{\dot{U}_\mathrm{B}}{Z_\mathrm{B}} = \frac{220\angle-120°}{100} = 2.2\angle-120°\mathrm{A}$$

$$\dot{I}_\mathrm{C} = \frac{\dot{U}_\mathrm{C}}{Z_\mathrm{C}} = \frac{220\angle 120°}{200} = 1.1\angle 120°\mathrm{A}$$

$$\dot{I}_\mathrm{N} = 4.4\angle 0° + 2.2\angle-120° + 1.1\angle 120° \approx 4.4+(-1.1-\mathrm{j}1.89)+(-0.55+\mathrm{j}0.945)$$
$$\approx 2.91\angle-19°\mathrm{A}$$

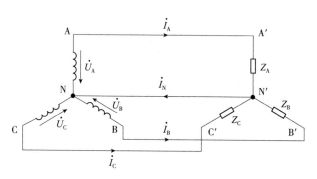

综合图 4-1　综合例 4-3 的电路图

【综合例 4-4】　综合图 4-2 所示电路中，三相四线制电源电压为 220/380V，接有对称星形连接的白炽灯负载，其总功率为 180W。此外，在 C 相上接有额定电压为 220V，功率为 40W，功率因数 $\cos\varphi=0.5$ 的日光灯一支，求各线电流及中性线电流。设 $\dot{U}_\mathrm{A}=220\angle 0°\mathrm{A}$。

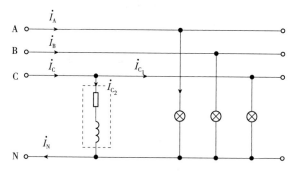

综合图 4-2　综合例 4-4 的电路图

【解】　设

$$\dot{U}_\mathrm{A} = 220\angle 0°\mathrm{V}$$
$$\dot{U}_\mathrm{B} = 220\angle-120°\mathrm{V}$$
$$\dot{U}_\mathrm{C} = 220\angle 120°\mathrm{V}$$

每相白炽灯的功率为

$$P = \frac{1}{3}\times 180 = 60\mathrm{W}$$

每相白炽灯的电流为

$$I_\mathrm{P} = \frac{P}{U_\mathrm{P}} = \frac{60}{220} \approx 0.273\mathrm{A}$$

则
$$\dot{I}_A = 0.273\angle 0°\text{A}$$
$$\dot{I}_B = 0.273\angle -120°\text{A}$$
$$\dot{I}_{C_1} = 0.273\angle 120°\text{A}$$

日光灯的电流 $I_{C_2} = \dfrac{P}{U_P\cos\varphi} = \dfrac{40}{220\times 0.5}\approx 0.364\text{A}$

因 $\cos\varphi = 0.5$，故 $\varphi = 60°$，且 $\dot{I}_{C_2}$ 比 $\dot{U}_C$ 滞后 $60°$，有

$$\dot{I}_{C_2}\approx 0.364\angle 60°\text{A}$$
$$\dot{I}_C = \dot{I}_{C_1} + \dot{I}_{C_2}\approx 0.553\angle 85.3°\text{A}$$
$$\dot{I}_N = \dot{I}_A + \dot{I}_B + \dot{I}_{C_1} + \dot{I}_{C_2} = \dot{I}_{C_2}\approx 0.364\angle 60°\text{A}$$

【综合例 4-5】 综合图 4-3 所示电路中，$R_1 = 3.9\text{k}\Omega$，$R_2 = 5.5\text{k}\Omega$，$C_1 = 0.47\mu\text{F}$，$C_2 = 1\mu\text{F}$，三相电源对称，$\dot{U}_{AB} = 380\angle 0°\text{V}$，$f = 50\text{Hz}$，求电压 $\dot{U}_0$。

【解】
$$X_{C_1} = \dfrac{1}{\omega C_1} = \dfrac{1}{314\times 0.47\times 10^{-6}}\approx 6.8\text{k}\Omega$$
$$X_{C_2} = \dfrac{1}{\omega C_2} = \dfrac{1}{314\times 1\times 10^{-6}}\approx 3.2\text{k}\Omega$$

因为 $\dot{U}_{AB} = 380\angle 0°\text{V}$

$$\dot{U}_{BC} = 380\angle -120°\text{V}, \quad \dot{U}_{CA} = 380\angle 120°\text{V}$$

故
$$\dot{U}_{CB} = 380\angle 60°\text{V}, \quad \dot{U}_{AC} = 380\angle -60°\text{V}$$

$$\dot{U}_0 = \dfrac{-jX_{C_1}}{R_1 - jX_{C_1}}\dot{U}_{AC} + \dfrac{R_2}{R_2 - jX_{C_2}}\dot{U}_{CB}\approx -j329.6 + j328.6 = -j1 = 1\angle -90°\text{V}$$

【综合例 4-6】 在综合图 4-4 所示电路中，$Z_1 = 38\Omega$，$Z_2 = (11\sqrt{3} + j11)\Omega$，电源线电压 $U_1 = 380\text{V}$，(1) 求线电流 $\dot{I}_{A_1}$，$\dot{I}_{A_2}$ 及 $\dot{I}_A$；(2) 求各组负载消耗的三相有功功率 P 及功率因数，电源供给的三相总有功功率 P_0 及总功率因数 $\cos\varphi$。

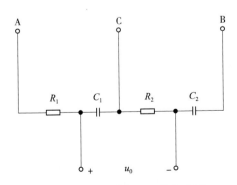

综合图 4-3　综合例 4-5 的电路图

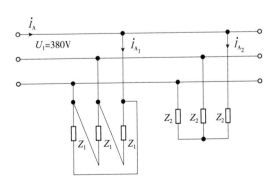

综合图 4-4　综合例 4-6 的电路图

【解】(1)选 $\dot{U}_{AB}=380\angle 0°\text{V}$ 作为参考相量，则 $\dot{U}_A=220\angle -30°\text{V}$

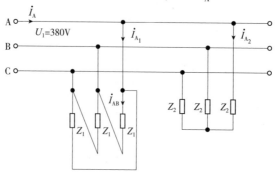

综合图 4-5　综合例 4-6 的电路图

$$\dot{I}_{AB}=\frac{\dot{U}_{AB}}{Z_1}=\frac{380\angle 0°}{38}=10\angle 0°\text{A}$$

$$\dot{I}_{A_1}=\sqrt{3}\dot{I}_{AB}\angle -30°=17.3\angle -30°\text{A}$$

$$\dot{I}_{A_2}=\frac{\dot{U}_A}{Z_2}=\frac{220\angle -30°}{22\angle 30°}=10\angle -60°\text{A}$$

$$\dot{I}_A=\dot{I}_{A_1}+\dot{I}_{A_2}=17.3\angle -30°+10\angle -60°=15-\text{j}5\sqrt{3}+5-\text{j}5\sqrt{3}=20-\text{j}10\sqrt{3}$$
$$\approx 26.45\angle -40.9°\text{A}$$

(2) Z_1 这组负载消耗的有功功率 P_1 及功率因数 $\cos\varphi_1$

$$P_1=\sqrt{3}U_1 I_1\cos\varphi_1=\sqrt{3}U_{AB}I_{A_1}\cos 0°=\sqrt{3}\times 380\times 17.3\approx 11\ 400\text{W}$$

$$\cos\varphi_1=\cos 0°=1$$

Z_2 这组负载消耗的有功功率 P_2 及功率因数 $\cos\varphi_2$ 为

$$P_2=\sqrt{3}U_1 I_1\cos\varphi_2=\sqrt{3}U_{AB}I_{A_2}\cos 30°=\sqrt{3}\times 380\times 10\times\frac{\sqrt{3}}{2}\approx 5\ 700\text{W}$$

$$\cos\varphi_2=\cos 30°\approx 0.866$$

电源供给的三相总有功功率 P_0 及总功率因数 $\cos\varphi$

$$P_0=P_1+P_2=11\ 400+5\ 700=17\ 100\text{W}$$

而 $Q_1=\sqrt{3}U_1 I_1\sin\varphi_1=\sqrt{3}U_{AB}I_{A_1}\sin 0°=0\text{var}$

$$Q_2=\sqrt{3}U_1 I_1\sin\varphi_2=\sqrt{3}U_{AB}I_{A_2}\sin 30°=\sqrt{3}\times 380\times 10\times\frac{1}{2}=3\ 300\text{var}$$

$$Q_0=Q_1+Q_2=3\ 300\text{var}$$

总功率因数 $\cos\varphi=\dfrac{P_0}{S}=\dfrac{P_0}{\sqrt{P_0^2+Q_0^2}}=\dfrac{17\ 100}{\sqrt{17\ 100^2+3\ 300^2}}\approx 0.98$

【综合例 4-7】　综合图 4-6 所示电路中，对称负载连成三角形，已知电源电压 $U_1=220\text{V}$，电流表读数 $I_1=17.3\text{A}$，三相功率 $P=4.5\text{kW}$，试求：(1) 每相负载的电阻和感抗；(2) 当 AB 相断开时，图中各电流表的读数和总功率 P；(3) 当 A 线断开时，图中各电流表的读数和总功率 P。

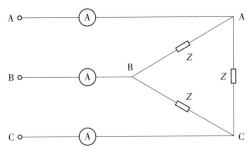

综合图 4-6　综合例 4-7 的电路图

【解】　(1)根据三相对称负载的三相功率：$P=\sqrt{3}U_1I_1\cos\varphi$

$$4\,500=\sqrt{3}\times220\times17.3\cos\varphi,\quad \cos\varphi=\frac{15}{22}$$

对称负载连成三角形时　$(U_1)_{电源}=(U_P)_{负载}$，$I_1=\sqrt{3}I_P$，$|Z|=\dfrac{U_P}{I_P}=\dfrac{220}{10}=22\Omega$

又已知每相负载是由电阻和感抗组成，故 $\varphi>0$，$\sin\varphi=\dfrac{16}{22}$

$$Z=|Z|\cos\varphi+\mathrm{j}|Z|\sin\varphi=22\times\frac{15}{22}+\mathrm{j}22\times\frac{16}{22}=(15+\mathrm{j}16)\Omega$$

即　　　　　　　　　　　$R=15\Omega$，$X_L=16\Omega$

(2)当 AB 相断开时，电路如综合图 4-7(a)，各电流表的读数为：

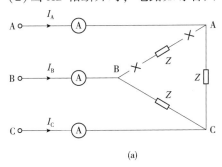 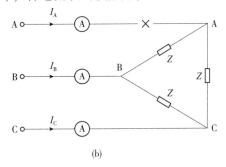

(a)　　　　　　　　　　　　(b)

综合图 4-7　综合图 4-6 的图解

(a)综合图 4-6 的 AB 相断开时的电路图　(b)综合图 4-6 的 A 线断开时的电路图

A 表、B 表的读数为 CA 和 BC 两相的相电流，故 $I_A=I_B=I_P=\dfrac{I_1}{\sqrt{3}}=\dfrac{17.3}{\sqrt{3}}=10\mathrm{A}$

C 表的读数仍为线电流，故 $I_C=I_1=17.3\mathrm{A}$

总功率 $P=P_{BC}+P_{CA}=I_{BC}^2R+I_{CA}^2R=1\,500+1\,500=3\mathrm{kW}$

(3)当 A 线断开时，电路如综合图 4-7(b)，三相电源变成单相电源，A 表的读数为 0，B 和 C 两表的读数相等，即 $I_B=I_C=\dfrac{(U_P)_{负载}}{|Z/\!/2Z|}=\dfrac{220}{\dfrac{2}{3}|Z|}=\dfrac{220}{\dfrac{2}{3}\times22}=15\mathrm{A}$

总功率 $P=I_B^2\times\left(\dfrac{2}{3}\times|Z|\times\cos\varphi\right)=15^2\times\dfrac{2}{3}\times22\times\dfrac{15}{22}=2\,250\mathrm{W}$

【综合例 4-8】 有一次某楼电灯发生故障，第二层和第三层楼的所有电灯突然都暗淡下来，而第一层楼的电灯亮度未变，试问这是什么原因？这楼的电灯是如何连接的？同时又发现第三层楼的电灯比第二层楼的还要暗些，这又是什么原因？画出电路图。

【解】 一楼至二楼的中性线断开了，三楼的负载比二楼的大，所以三楼比二楼更暗，电路如综合图 4-8 所示。

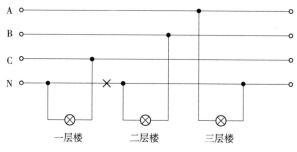

综合图 4-8　综合例 4-8 的电路图

习　题

4.2.1　图 4-1 所示的是三相四线制电路，电源线电压 $U_l = 380V$。3 个电阻性负载接成星形，其电阻为 $R_1 = 11\Omega$，$R_2 = R_3 = 22\Omega$。(1)试求负载相电压、相电流及中性线电流，并作出它们的相量图；(2)如无中性线，求负载相电压及中性点电压；(3)如无中性线，当 L_1 相短路时求各相电压和电流，并作出它们的相量图；(4)如无中性线，当 L_3 相断路时求另外两相的电压和电流；(5)在(3)中如有中性线，则又如何？

4.2.2　有一台三相发电机，其绕组接成星形，每相额定电压为 220V。在一次试验时，用电压表量得相电压 $U_1 = U_2 = U_3 = 220V$，而线电压则为 $U_{12} = U_{31} = 220V$，$U_{23} = 380V$，试问这种现象是如何造成的？

4.3.1　在线电压为 380V 的三相电源上，接两组电阻性对称负载，如图 4-2 所示，试求线路电流 I。

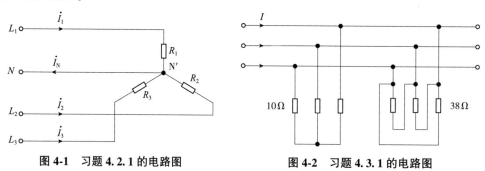

图 4-1　习题 4.2.1 的电路图　　　图 4-2　习题 4.3.1 的电路图

4.4.1　有一三相异步电动机，其绕组接成三角形，接在线电压 $U_l = 380V$ 的电源上，从电源所取用的功率 $P = 11.43kW$，功率因数 $\cos\varphi = 0.87$，试求电动机的相电流和线电流。

4.4.2 在图 4-3 中，电源线电压 $U_l=380\text{V}$，(1)如果图中各相负载的阻抗模都等于 10Ω，是否可以说负载是对称的？(2)试求各相电流，并用电压与电流的相量图计算中性线电流，如果中性线电流的参考方向选得与电路图上所示的方向相反，则结果有何不同？(3)试求三相平均功率 P。

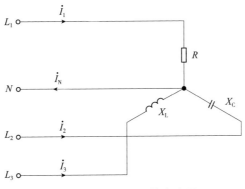

图 4-3 习题 4.4.2 的电路图

第5章 电路的暂态分析

前面几章讨论了直流和正弦交流电路,对于电阻元件电路,一旦接通或断开电源时,电路立即处于稳定状态(稳态)。但当电路中含有电感元件或电容元件时则不然,如 RC 串联电路接到直流电源上时,其中电流为零,电容元件上的电压等于电源电压,这是已到达稳态时的情况。实际上,当与电源接通后,电容元件被充电,其上的电压是逐渐增长到稳定值的;电路中有充电电流,它是逐渐衰减到零的。可见,这种电路一般需要经过短暂的时间才能到达稳态,就是有一个暂态过程(或称为过渡过程)。

研究暂态过程的目的就是:认识和掌握这种客观存在的物理现象的规律,在生产上既能充分利用暂态过程的特性,同时又能预防它所产生的危害。例如,在电子技术中常利用电路中的暂态过程现象来改善波形和产生特定波形;但某些电路在与电源接通或断开的暂态过程中,会产生过电压或过电流,从而导致电气设备或元器件损坏。

本章首先讨论引起暂态过程的原因,然后主要讨论两个问题:①直流激励下电压和电流(响应)的暂态过程随时间的变化规律 $f(t)$;②影响暂态过程变化快慢的电路的时间常数 τ。主要分析 RC 和 RL 一阶线性电路的暂态过程,且只限于阶跃激励和矩形脉冲激励。RC 电路和 RL 电路的分析方法是一样的,故本章以 RC 电路为主。

5.1 换路定律与过渡过程中初始值和稳态值的确定

5.1.1 电路的暂态与稳态概念

自然界事物的运动,在一定的条件下有一定的稳定状态。当条件改变时,就要过渡到新的稳定状态。这种从一种稳定状态转到另一种新的稳定状态往往不能跳变,而是需要一定过程(时间)的,这个物理过程就称为暂态过程,也称为过渡过程。

稳定状态:是电路中的电流和电压在给定的条件下已到达某一稳态值(对交流来讲是指它的幅值到达稳定),稳定状态简称稳态。

暂态过程:电路的过渡过程往往为时短暂,所以电路在过渡过程中的工作状态常称为暂态,因而过渡过程又称为暂态过程,简称暂态。

5.1.2 暂态过程产生的原因和条件

所谓换路是指电路的接通、断开、短路、电压改变或参数改变等。

产生原因:在换路瞬间储能元件 L 或 C 的能量不能跃变。

换路导致电路中的能量发生变化,但根据中学所学的物理知识我们知道任何时刻能量都是守恒的,不能发生跃变,这就是暂态过程产生的原因。能量的积累或衰减都要有一个过程(时间)。在动态电路中,由于电路中含有动态元件——电感和电容。在电感元件中,储存的磁场能 $W_L = \frac{1}{2}Li_L^2$,当换路时,磁场能不能跃变,即通过电感元件的电流 i_L 不能跃变,具有连续性;在电容元件中,储存的电场能 $W_C = \frac{1}{2}Cu_C^2$,当换路时,电场能不能跃变,即电容元件两端的电压 u_C 具有连续性,不能发生跃变。将电感电流 i_L 和电容电压 u_C 称为电路的状态量。

注:这个问题也可从基尔霍夫定律来讨论:设有一 RC 串联电路,当接上直流电源(其电压为 U)对电容器充电时,假若电容器两端电压 u_C 能跃变,则在此瞬间充电电流 $i = C\frac{du_C}{dt}$ 将趋于无限大。但是任一瞬间,电路都要受到基尔霍夫定律的制约,充电电流要受到电阻 R 的限制,即 $i = \frac{U - u_C}{R}$,除非在电阻 R 等于零的理想情况下,否则充电电流不可能趋于无限大。因此,电容电压一般不能跃变;类似地可分析 RL 串联电路,电感元件中的电流 i_L 不能跃变,否则在此瞬间电感电压 $u_L = L\frac{di_L}{dt}$ 将趋于无限大,这也要受到基尔霍夫定律的制约。

产生条件:电路含有储能元件 L 或 C,且电路发生换路。

5.1.3 换路定则

设 $t = 0$ 为换路瞬间,而以 $t = 0_-$ 表示换路前的瞬间,$t = 0_+$ 表示换路后的初始瞬间。0_- 和 0_+ 在数值上都等于 0,但 $t = 0_-$ 是指 t 从负值趋近于零,$t = 0_+$ 是指 t 从正值趋近于零。从 $t = 0_-$ 到 $t = 0_+$ 瞬间,电感元件中的电流和电容元件上的电压不能跃变,称为换路定则。用公式表示为

$$i_L(0_-) = i_L(0_+)$$
$$u_C(0_-) = u_C(0_+)$$

注:换路定则只适用于状态量 i_L 和 u_C;非状态量 i_C,u_L,i_R 和 u_R 可能发生跃变。

换路定则仅适用于换路瞬间,可根据它来确定 $t = 0_+$ 时电路中电压和电流之值,即暂态过程的初始值。

(1)过渡过程初始值的确定

初始值为 $t = 0_+$ 时电路中电压和电流之值。

暂态过程的初始值的分析步骤:

①作出 $t = 0_-$ 的等效电路,在 $t = 0_-$ 的等效电路中,求出状态量 $i_L(0_-)$ 和 $u_C(0_-)$ 的值。

②作出 $t = 0_+$ 的等效电路,在画 $t = 0_+$ 的等效电路时,

若 $i_L(0_+) = i_L(0_-) = 0$,则将电感视为开路;

若 $u_C(0_+) = u_C(0_-) = 0$,则将电容视为短路;

若 $i_L(0_+) \neq 0$，则将电感用 $I_S = i_L(0_+)$ 的恒流源代替之；

若 $u_C(0_+) \neq 0$，则将电容用 $U_S = u_C(0_+)$ 的恒压源代替之。

③在 $t = 0_+$ 的等效电路中，求出非状态量 $f(0_+)$ 的初始值。

注：①在直流激励下，换路前，如果动态元件储有能量，并设电路已处于稳态，则在 $t = 0_-$ 的电路中，电容元件可视作开路，开路电压为 $u_C(0_-)$；电感元件可视作短路，短路电流为 $i_L(0_-)$。在 $t = 0_+$ 的电路中，电容元件可用一理想电压源代替，其电压为 $u_C(0_+)$；电感元件可用一理想电流源代替，其电流为 $i_L(0_+)$（当电容元件达到稳态时，其通过的电流为零，故为开路；当电感元件达到稳态时，其两端电压为零，故为短路）。②在直流激励下，换路前，如果动态元件没有储能，即 $i_L(0_-)$ 或 $u_C(0_-)$ 为零，则在 $t = 0_-$ 和 $t = 0_+$ 的电路中，可将电容元件短路，电感元件开路。

(2) 过渡过程稳态值的确定

稳态值为 $t = \infty$ 时电路中电压和电流的值（即指换路后，电路又重新达到新的稳定状态）。

分析步骤：①作出 $t \to \infty$ 的稳态等效电路，在画此时的等效电路时，将电感 L 视为短路；将电容 C 视为开路。②在 $t \to \infty$ 的等效电路中，求出电路的稳态值 $f(\infty)$。

分析方法：由于电路中只有直流激励，可采用简单或复杂直流电路的分析方法求 $f(0_+)$ 和 $f(\infty)$。

【**例 5.1.1**】 请用学过的电工学知识解释为什么在拔电炉的插头时插座中会有电弧产生？

【**解**】 由于电炉的电阻丝可以等效为一个电感和电阻的串联；通常，工作时电炉的电流是相当大的，其电炉丝中存储着很大的磁场能量；在拔电炉插头时，由于电炉丝没有一个放电回路来释放其储存的能量，则 $e = -\dfrac{\mathrm{d}i}{\mathrm{d}t} \to \infty$，因此，感应出的高电压将电离刚断开的插头和插座间的空气，从而在拔插头时产生电弧。

【**例 5.1.2**】 确定图 5-1-1 所示电路中各电流和电压的初始值。设开关 S 闭合前电感元件和电容元件均未储能。

【**解**】 由图 5-1-1 开关 S 未闭合时的电路即 $t = 0_-$ 的电路得知：
$$i_L(0_-) = 0, \quad u_C(0_-) = 0$$

因此 $i_L(0_+) = 0$ 和 $u_C(0_+) = 0$。在 $t = 0_+$ 的电路图（图 5-1-2）中将电容元件短路，将电感元件开路，于是得出其他各个初始值

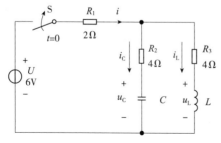

图 5-1-1　例 5.1.2 的电路图

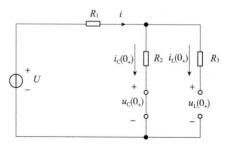

图 5-1-2　$t = 0_+$ 的电路图

$$i(0_+) = i_C(0_+) = \frac{U}{R_1+R_2} = \frac{6}{2+4} = 1\text{A}$$
$$u_L(0_+) = R_2 i_C(0_+) = 4 \times 1 = 4\text{V}$$

【例 5.1.3】 确定图 5-1-3 所示电路中各个电压和电流的初始值。设换路前电路处于稳态。

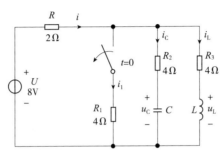

图 5-1-3 例 5.1.3 的电路图

【解】 $t=0_-$ 的电路如图 5-1-4(a)所示，显然两动态元件储有能量，此时电容元件视作开路，电感元件视作短路，求得

$$i_L(0_-) = \frac{R_1}{R_1+R_3} \times \frac{U}{R+\dfrac{R_1 R_3}{R_1+R_3}} = \frac{4}{4+4} \times \frac{8}{2+\dfrac{4\times 4}{4+4}} = \frac{1}{2} \times \frac{8}{4} = 1\text{A}, \quad u_C(0_-) = R_3 i_L(0_-) = 4\times 1 = 4\text{V}$$

$t=0_+$ 的电路如图 5-1-4(b)所示，在 $t=0_+$ 的电路中，

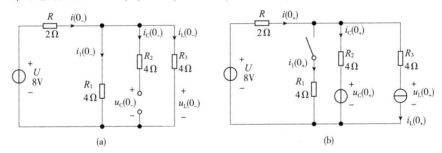

图 5-1-4 例 5.1.3 的电路图

(a) $t=0_-$ 时的电路图　(b) $t=0_+$ 时的电路图

$$u_C(0_+) = u_C(0_-) = 4\text{V}$$
$$i_L(0_+) = i_L(0_-) = 1\text{A}$$

于是得

$$U = R \times i(0_+) + R_2 \times i_C(0_+) + u_C(0_+)$$
$$i(0_+) = i_C(0_+) + i_L(0_+)$$

解之得

$$i_C(0_+) = \frac{1}{3}\text{A}, \quad i(0_+) = \frac{4}{3}\text{A}$$

$$u_L(0_+) = R_2 \times i_C(0_+) + u_C(0_+) - R_3 \times i_L(0_+) = 4 \times \frac{1}{3} + 4 - 4 \times 1 = \frac{4}{3}\text{V}$$

由计算知，电容电压不能跳变，而电容电流可以跳变；电感电流不能跳变，而电感电压可以跳变。此外，总电流也可以跳变。

因此计算 $t=0_+$ 时的电路中电压和电流的初始值，只需计算 $t=0_-$ 的 $i_L(0_-)$ 和 $u_C(0_-)$，因为它们不能跃变，即为初始值，而 $t=0_+$ 时的其余电压和电流都与初始值无关，不必求。

【例 5.1.4】 确定图 5-1-5 所示电路中各个电压和电流的初始值。设换路前电感元件和电容元件均未储能。

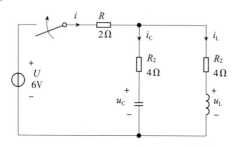

图 5-1-5 例 5.1.4 的电路图

【解】 $t=0_-$ 时的电路即开关未闭合时的电路，因两动态元件未储能，如图 5-1-6(a) 所示（此时电容元件视作短路，电感元件视作开路），得

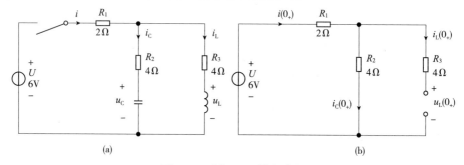

图 5-1-6 例 5.1.4 的电路图
(a) $t=0_-$ 时的电路图　(b) $t=0_+$ 时的电路图

$$u_C(0_+) = u_C(0_-) = 0,$$
$$i_L(0_+) = i_L(0_-) = 0$$

$t=0_+$ 的电路如图 5-1-6(b) 所示，

$$i(0_+) = i_C(0_+) = \frac{U}{R_1+R_2} = \frac{6}{2+4} = 1\text{A}$$
$$u_L(0_+) = R_2 i_0(0_+) = 4 \times 1 = 4\text{V}$$

【练习与思考】

5.1.1 如果一个电感元件两端的电压为零，其储能是否也一定等于零？如果一个电容元件中的电流为零，其储能是否也一定等于零？

5.1.2 电感元件中通过恒定电流时可视作短路，是否此时电感 L 为零？电容元件两端加恒定电压时可视作开路，是否此时电容 C 为无穷大？

5.1.3 确定图 5-1-7 所示电路中各电流的初始值。换路前电路已处于稳态。

5.1.4 在图 5-1-8 所示的电路中，试确定在开关 S 断开后初始瞬间的电压 u_C 和电流 i_C，i_1，i_2 之值。S 断开前电路已处于稳态。

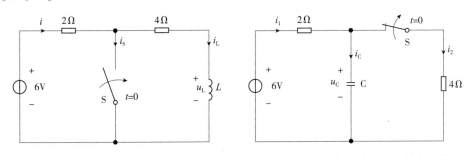

图 5-1-7　练习与思考 5.1.3 的电路图　　图 5-1-8　练习与思考 5.1.4 的电路图

5.1.5 在图 5-1-9 中，已知 $R=2\Omega$，电压表内阻为 2.5kΩ，电源电压 $U=4V$。试求开关 S 断开瞬间电压表两端的电压，并分析其后果。换路前电路处于稳态。

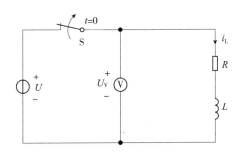

图 5-1-9　练习与思考 5.1.5 的电路图

5.2　RC 电路的响应

经典法：就是根据激励(电源电压或电流)，通过求解电路的微分方程以得出电路的响应(电压和电流)。由于电路的激励与响应都是时间的函数，所以这种分析也称时域分析。

5.2.1　RC 电路的零输入响应

RC 电路的零输入响应是指无电源激励，输入信号为零，由电容元件的初始状态 $u_C(0_+)$ 所产生的响应。电路的特点：输入信号为零；有初始储能。分析 RC 电路的零输入响应，实际上就是分析它的放电过程。如图 5-2-1 所示为一 RC 串联电路。

换路前，开关 S 合于 a，电源对电容元件充电，电容上电压充电到 U。$t=0$ 时，将开关 S 由位置 a 合向位置 b，使电路脱离电源，输入信号为零。此时，电容元件已储有能量，其上电压的初始值(若换路前，电路已处于稳态) $u_C(0_-)=U$，于是电容元件经过电阻开始放电。

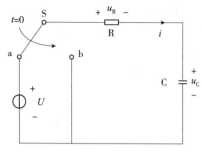

图 5-2-1　RC 串联的零输入响应电路

根据 KVL 定律，列出 $t \geq 0$ 时的电路微分方程

$$u_R + u_C = 0, \quad RC\frac{du_C}{dt} + u_C = 0 \quad (5\text{-}2\text{-}1)$$

令式(5-2-1)的通解为 $u_C = Ae^{pt}$

代入得该微分方程的特征方程 $RCp + 1 = 0$ 则

$$p = -\frac{1}{RC}$$

所以式(5-2-1)的通解为 $u_C = Ae^{-\frac{1}{RC}t}$

确定常数 A，根据换路定则：$u_C(0_+) = u_C(0_-) = U$

得

$$A = U, \quad u_C = Ue^{-\frac{1}{RC}t} \quad (5\text{-}2\text{-}2)$$

其随时间的变化曲线如图 5-2-2 所示。它的初始值为 U，按指数规律衰减而趋于零。在零输入响应电路中，各部分电压和电流都是由初始值按同一指数规律衰减到零。

时间常数τ：$\tau = RC$——称为 RC 电路的时间常数，其中τ的单位为秒(s)，R 的单位为 Ω，C 的单位为 F。

$$u_C = Ue^{-\frac{t}{\tau}}, \quad u_C(\tau) = 0.368U$$

时间常数τ等于 u_C 衰减到初始值 U 的 36.8% 所需时间。电压 u_C 衰减的快慢取决于电路的时间常数τ，时间常数越大，u_C 衰减(电容器放电)越慢，如图 5-2-3 所示。

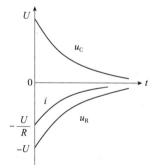

图 5-2-2　RC 串联电路中 u_C 等的变化曲线

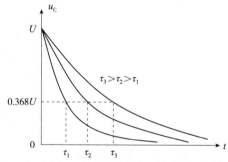

图 5-2-3　电压 u_C 衰减的快慢与时间常数τ的关系图

理论上讲，电路只有经过 $t = \infty$ 的时间才能达到稳定。表 5-2-1 列出了 u_C 的衰减变化规律，由表 5-2-1 可以看出 $t = 5\tau$ 时，u_C 已衰减到 $0.7\%U$，所以，工程上通常认为在 $t \geq (3 \sim 5)\tau$ 时，暂态过程已基本结束。

表 5-2-1　电压 u_C 不同时间常数的衰减变化表

t	τ	2τ	3τ	4τ	5τ	6τ
$e^{-t/\tau}$	e^{-1}	e^{-2}	e^{-3}	e^{-4}	e^{-5}	e^{-6}
u_C/U	0.368	0.135	0.05	0.018	0.007	0.002

注：①令 $\tau = RC$ 具有时间的量纲，它等于电压 u_C 或电流 i 衰减到初始值的 36.8% 所需的时间。

②指数曲线随时间的变化特点：开始变化较快，而后逐渐缓慢；所以经过(4~5)τ的时间，就可认为到达稳定状态了。

③τ越大，u_C或电流i衰减越慢，因为在一定初始电压U下，电容C越大，则储存的电荷越多；而电阻R越大，则放电电流越小。这都促使放电变慢。

④至于$t \geqslant 0$时电容器的放电电流和电阻元件上的电压则为

$$i = C\frac{\mathrm{d}u_C}{\mathrm{d}t} = -\frac{U}{R}\mathrm{e}^{-\frac{t}{\tau}}, \quad u_R = Ri = -U\mathrm{e}^{-\frac{t}{\tau}}$$

其曲线如图5-2-3所示。

5.2.2　RC电路的零状态响应

所谓RC电路的零状态响应是指换路前电容元件未储存能量，$u_C(0_-) = 0$，由电源激励所产生的电路的响应。此电路的特点：有输入信号；无初始储能。分析RC电路的零状态响应，实际上就是分析它的充电过程。

如图5-2-4所示的电路，在$t = 0$时将开关由b合到a，电路即与一恒定电压为U的恒压源接通，对电容元件开始充电。初始值为$u_C(0_-) = 0$。

根据KVL定律，列出$t \geqslant 0$时的电路中电压和电流的微分方程为

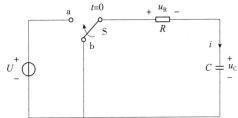

图 5-2-4　RC 串联的零状态响应电路

$$U = Ri + u_C = RC\frac{\mathrm{d}u_C}{\mathrm{d}t} + u_C \tag{5-2-3}$$

上式的通解为

$$u_C = U + A\mathrm{e}^{pt}, \quad p = -\frac{1}{RC}$$

$$u_C = U + A\mathrm{e}^{pt} = U(1 - \mathrm{e}^{-\frac{t}{\tau}}) \tag{5-2-4}$$

$$u_R = Ri = U\mathrm{e}^{-\frac{t}{\tau}}$$

$$i = C\frac{\mathrm{d}u_C}{\mathrm{d}t} = \frac{U}{R}\mathrm{e}^{-\frac{t}{\tau}}$$

u_C随时间的变化曲线如图5-2-5(a)所示，它的初始值为0，按指数规律增加而趋于U。u_C, u_R, i的变化曲线如图5-2-5(b)所示。

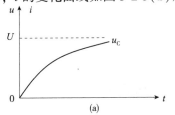
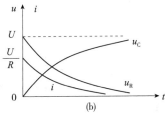

图 5-2-5　时间变化曲线

(a)u_C的变化曲线　(b)u_C, u_R, i的变化曲线

电压 u_C 在不同时间常数的衰减变化见表 5-2-2。

表 5-2-2 $\dfrac{U_C}{U}$ 随时间关系值表

t	τ	2τ	3τ	4τ	5τ
$1-e^{-t/\tau}$	$1-e^{-1}$	$1-e^{-2}$	$1-e^{-3}$	$1-e^{-4}$	$1-e^{-5}$
u_C/U	0.632	0.865	0.95	0.982	0.993

由表可以看出，$t \geq (3 \sim 5)\tau$ 以后暂态过程已经基本结束。

实际上式(5-2-3)为常系数微分方程，其全解为两部分：一个是特解，一个是通解。特解与已知函数 U 有相同的形式；通解则是对应齐次方程的通解。但从电路的角度来看：特解就是稳态分量，它的大小和变化规律都受到外部激励制约，它是电路到达稳定状态时的电压，称为稳态分量；通解就是暂态分量，对于常系数一阶微分方程，无论电源激励的函数形式如何，暂态分量总是按指数规律衰减到零，但其初始值与电源激励有关(由于积分常数 A 与外加电压 U 有关)，其衰减快慢与电路参数的大小有关。

$$\text{全解} = \text{特解} + \text{通解} = \text{稳态分量} + \text{暂态分量}$$

总结：

(1) 计算线性电路暂态过程的步骤

① 按换路后的电路列出微分方程式。

② 求微分方程的特解，即稳态分量。

③ 求微分方程的通解，即暂态分量。

④ 按照换路定则确定暂态过程的初始值，从而确定通解中的常系数。

(2) 分解方法

对于比较复杂的一阶电路，把电路看成由两个二端网络组成，其一含所有的电源及电阻元件，另一则仅含一个动态元件。含源电阻网络部分则由戴维南定理或诺顿定理化简为一个简单电路，再应用上述方法求解。

【例 5.2.1】 在图 5-2-6 所示的电路中，$R_1 = 2\text{k}\Omega$，$R_2 = 2\text{k}\Omega$，$C_1 = 40\mu\text{F}$，$C_2 = C_3 = 20\mu\text{F}$，阶跃电压 $U = 9\text{V}$，试求输出电压 u_C。设 $u_C(0_-) = 0$。

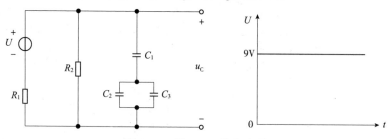

图 5-2-6 例 5.2.1 的电路图

【解】 (1) 第一种解法

先利用电容的串并联求等效电容，得等效电路如图 5-2-7 所示，

$$C = \frac{C_1(C_2+C_3)}{C_1+C_2+C_3} = 20\mu F$$

$$i_1 = i_C + i_2 = C\frac{du_C}{dt} + i_2$$

$$R_1 i_1 + u_C = U$$

$$u_C = R_2 i_2$$

$$\left(\frac{R_1 R_2 C}{R_1+R_2}\right)\frac{du_C}{dt} + u_C = \frac{R_2}{R_1+R_2}U$$

等效电阻：

$$R_0 = R_1 /\!/ R_2 = 1k\Omega \quad \tau = R_0 C = 0.02s$$

$$u_C = \frac{R_2}{R_1+R_2}U(1-e^{-\frac{t}{\tau}}) = 4.5(1-e^{-\frac{t}{0.02}}) = 4.5(1-e^{-50t})V$$

（2）第二种解法

应用戴维南定理将换路后的电路化为图 5-2-8。

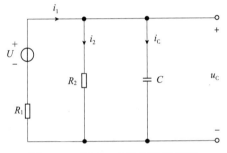

图 5-2-7　例 5.2.1 的等效电路图

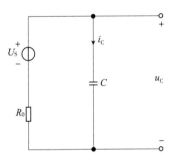

图 5-2-8　例 5.2.1 的戴维南电路图

则

$$U_S = \frac{R_2}{R_1+R_2}U = 4.5V, \text{ 等效电阻 } R_0 = R_1 /\!/ R_2 = 1k\Omega$$

$$\tau = R_0 C = 0.02s$$

$$u_C = U_S(1-e^{-\frac{t}{\tau}}) = 4.5(1-e^{-50t})V$$

5.2.3　RC 电路的全响应

所谓 RC 电路的全响应是指电源激励和电容元件的初始状态均不为零时电路的响应，也即零输入响应与零状态响应的叠加。

在图 5-2-9 所示的电路中，在 $t=0$ 时将开关由 b 合到 a，电路即与一恒定电压为 U 的电压源接通，初始值为 $u_C(0_-) = U_0$。

$t \geq 0$ 时的电路中电压和电流的微分方程为

$$U = Ri + u_C = RC\frac{du_C}{dt} + u_C$$

其解为

$$u_C = u_C' + u_C'' = U + Ae^{-\frac{1}{RC}t}$$

在 $t=0_+$ 时 $\qquad u_C(0_+)=u_C(0_-)=U_0$

则 $\qquad A=U_0-U$

所以 $\qquad u_C=U+(U_0-U)\mathrm{e}^{-\frac{1}{RC}t}=U_0\mathrm{e}^{-\frac{1}{RC}t}+U(1-\mathrm{e}^{-\frac{1}{RC}t})$ (5-2-5)

各电压、电流的变化曲线如图 5-2-10 所示。

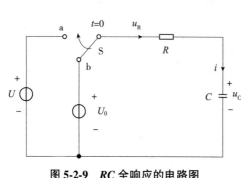
图 5-2-9 RC 全响应的电路图

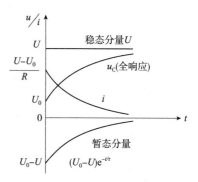
图 5-2-10 u_C，i 的变化曲线图

根据 U_0 与 U 的大小关系，u_C 的响应曲线如图 5-2-11 所示。

若 $0<U_0<U$，则继续充电；若 $U_0>U>0$，则开始放电。

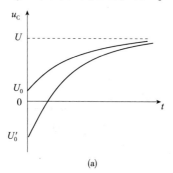

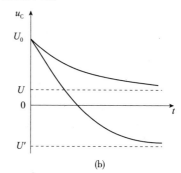

图 5-2-11 响应曲线

(a) 继续充电 u_C 的变化曲线 (b) 开始放电 u_C 的变化曲线

可见，① 全响应=零输入响应+零状态响应。这是叠加原理在电路暂态分析中的体现：即在求全响应时，可把电容元件的初始状态 $u_C(0_+)$ 看作一个恒压源。$u_C(0_+)$ 和电源激励分别单独作用时所得出的零输入响应与零状态响应的叠加。

② 式 (5-2-5) 还可分为两项：U 和 $(U_0-U)\mathrm{e}^{-\frac{t}{\tau}}$，其中 U 为稳态分量；$(U_0-U)\mathrm{e}^{-\frac{t}{\tau}}$ 为暂态分量。故全响应=稳态分量+暂态分量。

③ 求出 u_C 后，即可得出其他各量。

【例 5.2.2】 在图 5-2-12 所示的电路中，开关长期合在位置 1 上，如在 $t=0$ 时把它合到位置 2 上，试求电容元件上的电压 u_C。已知 $R_1=1\mathrm{k}\Omega$，$R_2=2\mathrm{k}\Omega$，$C=3\mu\mathrm{F}$，电源电压 $U_1=3\mathrm{V}$ 和 $U_2=5\mathrm{V}$。

【解】 $t=0_-$ 时，$u_C(0_-)=\dfrac{U_1R_2}{R_1+R_2}=\dfrac{3\times(2\times10^3)}{(1+2)\times10^3}=2\mathrm{V}$

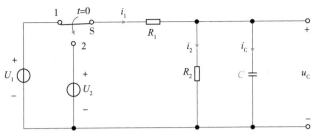

图 5-2-12　例 5.2.2 的电路图

在 $t \geq 0$ 时，根据基尔霍夫电流定律列出

$$i_1 - i_2 - i_C = 0 \quad 即 \quad \frac{U_2 - u_C}{R_1} - \frac{u_C}{R_2} - C\frac{du_C}{dt} = 0$$

经整理后得

$$R_1 C \frac{du_C}{dt} + \left(1 + \frac{R_1}{R_2}\right) u_C = U_2 \quad 即 \quad (3 \times 10^{-3}) \frac{du_C}{dt} + \frac{3}{2} u_C = 5$$

$$(2 \times 10^{-3}) \frac{du_C}{dt} + u_C = \frac{10}{3}$$

解之得

$$u_C = u_C' + u_C'' = \frac{10}{3} + A e^{-\frac{1}{2 \times 10^{-3}} t} \text{V}$$

当 $t = 0_+$ 时，$u_C(0_+) = u_C(0_-) = 2\text{V}$，$A = -\frac{4}{3}$，所以

$$u_C = \frac{10}{3} - \frac{4}{3} e^{-\frac{t}{2 \times 10^{-3}}} = \frac{10}{3} - \frac{4}{3} e^{-500t} \text{V}$$

【练习与思考】

5.2.1　有一 RC 放电电路（图 5-2-1），电容元件上电压的初始值 $u_C(0_+) = U_0 = 20\text{V}$，$R = 10\text{k}\Omega$，放电开始（$t = 0$）经 0.01s 后，测得放电电流为 0.736mA，试问电容值 C 为多少？

5.2.2　在图 5-2-1 中，$U = 20\text{V}$，$R = 7\text{k}\Omega$，$C = 0.47\mu\text{F}$。电容 C 原先不带电荷。试求在将开关 S 合上瞬间电容和电阻上的电压 u_C 和 u_R 以及充电电流 i。经过多少时间后电容元件上的电压充电到 12.64V？

5.2.3　电路如图 5-2-13 所示，试求换路后的 u_C。设 $u_C(0_-) = 0$。

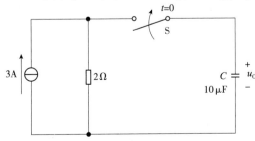

图 5-2-13　练习与思考 5.2.3 的电路图

5.2.4 上题中如果 $u_C(0) = 2V$ 和 $u_C(0) = 8V$，分别求 u_C。

5.2.5 常用万用表的"$R \times 1000$"档来检查电容器（电容量应较大）的质量。如在检查时发现以下现象，试解释之，并说明电容器的好坏：(1)指针满偏转；(2)指针不动；(3)指针很快偏转后又返回原刻度（∞）处；(4)指针偏转后不能返回原刻度处；(5)指针偏转后返回速度很慢。

5.3 一阶线性电路暂态分析的三要素法

一阶线性电路：只含有一个储能元件或可等效为一个储能元件的线性电路，不论是简单的还是复杂的，它的微分方程都是一阶常系数线性微分方程，这种电路称为一阶线性电路。

上一节的 RC 电路是一阶线性电路，响应表达式有两种分解方法：

$$u_C = U(1 - e^{-\frac{t}{\tau}}) + U_0 e^{-\frac{t}{\tau}}$$

式中，$U(1 - e^{-\frac{t}{\tau}})$ 是零状态响应；$U_0 e^{-\frac{t}{\tau}}$ 是零输入响应。

$$u_C = U + (U_0 - U) e^{-\frac{t}{\tau}}$$

式中，$U = u_C(\infty)$ 是稳态值；$u_C(0_+) = u_C(0_-) = U_0$ 是初始值。

因此，RC 或 RL 一阶线性电路的全响应是由稳态分量（包括零值）和暂态分量两部分相加而得，可以写成：

$$u_C(t) = u_C(\infty) + [u_C(0_+) - u_C(\infty)] e^{-\frac{t}{\tau}}$$

$$i_L(t) = i_L(\infty) + [i_L(0_+) - i_L(\infty)] e^{-\frac{t}{\tau}}$$

一般表达式为
$$f(t) = f(\infty) + A e^{-\frac{t}{\tau}}$$

式中，$f(t)$ 是电流或电压；$f(\infty)$ 是稳态分量（即稳态值）；$A e^{-\frac{t}{\tau}}$ 是暂态分量。若初始值为 $f(0_+)$，则得 $A = f(0_+) - f(\infty)$。

$$f(t) = f(\infty) + [f(0_+) - f(\infty)] e^{-\frac{t}{\tau}} \tag{5-3-1}$$

这就是分析一阶线性电路暂态过程中任意变量的一般公式。在一阶线性电路中，只要求出稳态值 $f(\infty)$、初始值 $f(0_+)$ 和时间常数 τ 三个要素，即可写出暂态过程的解。

适用范围：一阶线性电路，即只含有一个独立的 L，C 元件或可等效为一独立的 L，C 元件，可用一阶微分方程描述的 RC，RL 电路。

三要素中的初始值 $f(0_+)$ 和稳态值 $f(\infty)$ 如何求解在上一节已经详细介绍了，下面介绍如何求解时间常数 τ。

① 在 RC 电路中，$\tau = RC$，其中：C—串联 等效电容 $\frac{1}{C} = \frac{1}{C_1} + \frac{1}{C_2} + \cdots$

C—并联 $C = C_1 + C_2 + \cdots$

② 在 RL 电路中，$\tau = \frac{L}{R}$，其中：L—并联 等效电感 $\frac{1}{L} = \frac{1}{L_1} + \frac{1}{L_2} + \cdots$

L—串联 $L = L_1 + L_2 + \cdots$

等效电阻 R 为由 L 或 C 向无源二端网络 N_0 看去的等效电阻(即将有源二端网络中的所有电源进行除源,恒压源部分短路,恒流源部分开路)。

【例 5.3.1】 图 5-3-1 所示的电路中,求在 $t \geqslant 0$ 时的 u_0 和 u_C。设 $u_C(0_-)=0$。

【解】 (1)确定初始值:在 $t=0_+$ 时,由于 $u_C(0_-)=0$,电容元件相当于短路,故
$$u_0(0_+)=U=6\text{V}$$

(2)确定稳态值:稳态时,电容元件充电完毕,相当于开路,故
$$u_C(\infty)=\frac{UR_1}{R_1+R_2}=2\text{V}, \quad u_0(\infty)=6-2=4\text{V}$$

(3)确定电路的时间常数:根据换路后的电路,先求出从电容元件两端看进去的等效电阻 R_0(将理想电压源短路,理想电流源开路),如图 5-3-2。则 $R_0=R_1 /\!/ R_2=\frac{R_1 R_2}{R_1+R_2}$,$\tau=R_0 C$。

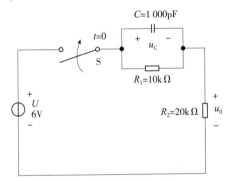

图 5-3-1 例 5.3.1 的电路图

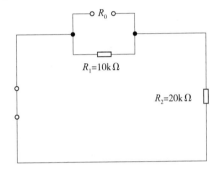

图 5-3-2 图 5-3-1 换路后的电源除源的等效电阻图

$$\tau=\frac{R_1 R_2}{R_1+R_2} C=\frac{20}{3}\times 10^3 \times 1\,000 \times 10^{-12}=\frac{2}{3}\times 10^{-5}\text{s}$$

于是可写出
$$u_C=u_C(\infty)+[u_C(0_+)-u_C(\infty)]e^{-\frac{t}{\tau}}=2+(0-2)e^{-1.5\times 10^5 t}=2-2e^{-1.5\times 10^5 t}\text{V}$$
$$u_0=u_0(\infty)+[u_0(0_+)-u_0(\infty)]e^{-\frac{t}{\tau}}=4+(6-4)e^{-1.5\times 10^5 t}=4+2e^{-1.5\times 10^5 t}\text{V}$$

【例 5.3.2】 图 5-3-3 所示的电路中,在 $t=0$ 时闭合 S_1,在 $t=0.1\text{s}$ 时闭合 S_2,求 S_2 闭合后的电压 u_C。设 $u_C(0_-)=0$。

【解】 在 $t=0$ 时闭合 S_1 后,得到
$$u_C=20-20e^{-\frac{t}{\tau_1}}=20-20e^{-5t} \quad u_C+u_0=U \quad u_0=Ue^{-\frac{t}{\tau_1}}=20e^{-\frac{t}{0.2}}=20e^{-5t}\text{V}$$

式中 $\tau_1=RC=50\times 10^3 \times 4\times 10^{-6}=0.2\text{s}$

在 $t=0.1\text{s}$ 时 $u_0(0.1)=20e^{-\frac{0.1}{0.2}}\approx 12.14\text{V}$

在 $t=0.1\text{s}$ 时闭合 S_2 后,可应用三要素法求:

(1)确定初始值:$u_0(0.1)=20e^{-\frac{0.1}{0.2}}=12.14\text{V}$

(2) 确定稳态值：$u_0(\infty) = 0$

(3) 确定电路的时间常数：$\tau_2 = \dfrac{R}{2}C = \dfrac{1}{2} \times 50 \times 10^3 \times 4 \times 10^{-6} = 0.1\text{s}$

$$u_0 = u_0(\infty) + [u_0(0.1) - u_0(\infty)]e^{-\frac{t-0.1}{\tau_2}} = 0 + (12.14 - 0)e^{-\frac{t-0.1}{0.1}} = 12.14e^{-10(t-0.1)}\text{V}$$

【例5.3.3】 图 5-3-4 所示的电路中，求：(1) S 闭合瞬间，各支路电流及各元件两端电压的数值；(2) S 闭合后到达稳定状态时 (1) 中各量。

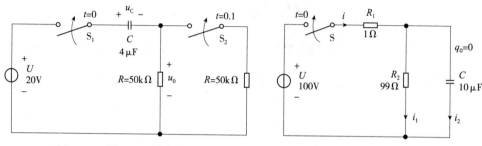

图 5-3-3 例 5.3.2 的电路图　　　图 5-3-4 例 5.3.3 的电路图

【解】 (1) 在 $t = 0_-$ 时，由于 $q_0 = 0$，$u_C(0_-) = 0$，$i(0_-) = i_1(0_-) = i_2(0_-) = 0$

在 $t = 0_+$ 时（电容元件相当于短路）

$$u_C(0_+) = u_C(0_-) = 0, \quad i_1(0_+) = 0$$

$$i(0_+) = i_2(0_+) = \dfrac{U}{R_1} = \dfrac{100}{1} = 100\text{A}, \quad u_{R_1}(0_+) = 100\text{V}, \quad u_{R_2}(0_+) = 0\text{V}$$

(2) S 闭合后到达稳定状态时（电容元件相当于开路）

$$i(\infty) = i_1(\infty) = \dfrac{U}{R_1 + R_2} = \dfrac{100}{1+99} = 1\text{A}, \quad i_2(\infty) = 0$$

$$u_C(\infty) = u_{R_2}(\infty) = 99\text{V}, \quad u_{R_1}(\infty) = 1\text{V}$$

【例5.3.4】 图 5-3-5(a) 所示的电路中，设 $u_C(0_-) = 1\text{V}$。u 为一阶跃电压，如图 5-3-5(b) 所示，求 i_3，u_C。

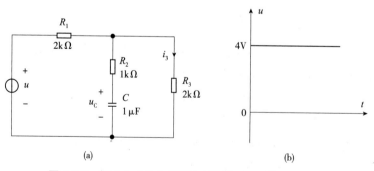

图 5-3-5 例 5.3.4 的电路图(a) 及例 5.3.4 的 u 图(b)

【解】 (1) 确定初始值：$u_C(0_+) = u_C(0_-) = 1\text{V}$

电容元件可看作一理想电压源，$i_3(0_+)$ 可采节点电压法求

$$i_3(0_+) = \frac{\left[\dfrac{u}{R_1}+\dfrac{u_C(0_+)}{R_2}\right]}{\dfrac{1}{R_1}+\dfrac{1}{R_2}+\dfrac{1}{R_3}} = \frac{\left[\dfrac{4}{2\times 10^3}+\dfrac{1}{1\times 10^3}\right]}{\dfrac{1}{2\times 10^3}+\dfrac{1}{1\times 10^3}+\dfrac{1}{2\times 10^3}} = \frac{\dfrac{3}{2}}{2\times 10^3} = \frac{3}{4}\times 10^{-3} = 0.75\text{mA}$$

（2）确定稳态值：在稳态时，电容元件相当于开路

$$i_3(\infty) = \frac{u}{R_1+R_3} = 1\text{mA}, \quad u_C(\infty) = i_3(\infty)R_3 = 2\text{V}$$

（3）确定电路的时间常数：从电容元件两端看进去的等效电阻为

$$R_0 = R_2 + R_1 /\!/ R_3 = 2\text{k}\Omega, \quad \tau = R_0 C = 2\times 10^{-3}\text{s}$$

$$i_3 = i_3(\infty) + [i_3(0_+) - i_3(\infty)]\text{e}^{-\frac{t}{\tau}} = 1 - 0.25\text{e}^{-500t}\text{mA}$$

$$u_C = u_C(\infty) + [u_C(0_+) - u_C(\infty)]\text{e}^{-\frac{t}{\tau}} = 2 - \text{e}^{-500t}\text{V}$$

【例5.3.5】 图5-3-6所示的电路中，求 $t\geq 0$ 时：电容电压的变化规律，换路前电路处于稳态。

【解】 $t=0_-$的电路如图5-3-7所示，在电路中，$u_C(0_-) = \dfrac{0-(-6)}{5+25}\times 5 = 1\text{V}$

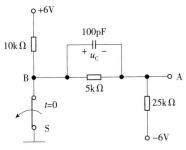

图5-3-6 例5.3.5的电路图

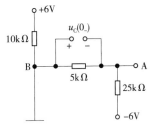

图5-3-7 例5.3.5 $t=0_-$的电路图

当电路到达稳态时：

$$u_C(\infty) = \frac{6-(-6)}{10+5+25}\times 5 = 1.5\text{V}$$

时间常数为：

$$\tau = [(10+25)/\!/5]\times 10^3 \times 100\times 10^{-12} \approx 4.4\times 10^{-7}\text{s}$$

故

$$u_C = u_C(\infty) + [u_C(0_+) - u_C(\infty)]\text{e}^{-\frac{t}{\tau}} \approx 1.5 - 0.5\text{e}^{-2.3\times 10^6 t}\text{V}$$

【例5.3.6】 图5-3-8所示的电路中，换路前已处于稳态，求换路后（$t\geq 0$）的 u_C。

【解】 在 $t=0_-$ 的电路中，电容元件相当于开路，$u_C(0_-) = 1\times 20 - 10 = 10\text{V}$

在 $t=\infty$ 的电路中，$u_C(\infty) = \dfrac{10}{10+20+10}\times 1\times 10^{-3}\times 20\times 10^3 - 10 = -5\text{V}$

时间常数为 $\tau = [20/\!/(10+10)]\times 10^3\times 10\times 10^{-6} = 0.1\text{s}$

$$u_C = u_C(\infty) + [u_C(0_+) - u_C(\infty)]\text{e}^{-\frac{t}{\tau}} = -5 + 15\text{e}^{-10t}\text{V}$$

【例5.3.7】 图5-3-9所示的电路中，开关S先合在位置1，电路处于稳态。$t=0$时，将开关从位置1合到位置2，试求$t=\tau$时u_C的值。在$t=\tau$时，又将开关合到位置1，试求$t=2\times10^{-2}$s时u_C的值。此时再将开关合到位置2，作出u_C的变化曲线。充电电路和放电电路的时间常数是否相等？

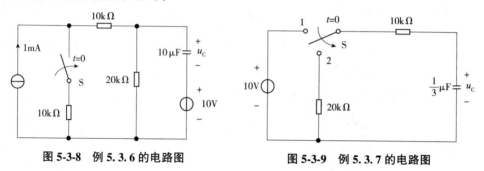

图5-3-8 例5.3.6的电路图　　　图5-3-9 例5.3.7的电路图

【解】 开关S先合在位置1，此时给电容器充电。电路到达稳态，故有
$$u_C(0_-) = 10\text{V}$$
$t=0$时换路，电容器通过电阻放电，此时
$$\tau = (10\times10^3+20\times10^3)\times\frac{1}{3}\times10^{-6} = 30\times10^3\times\frac{1}{3}\times10^{-6} = 10^{-2}\text{s}$$
达到新稳态时，$u_C(\infty)=0$，故
$$u_C = u_C(0_+)\text{e}^{-\frac{t}{\tau}} = 10\text{e}^{-100t}\text{V}$$
$t=\tau$时，
$$u_C(\tau) = 10\text{e}^{-1} \approx 3.68\text{V}$$
当$t=\tau$时，开关由2合到1，电容器又重新充电，此时

充电时间常数
$$\tau_1 = 10\times10^3\times\frac{1}{3}\times10^{-6} = \frac{1}{3}\times10^{-2}\text{s}$$
$$u_C(\tau_+)=3.68\text{V}, \quad u_C(\infty)=10\text{V}$$
$$u_C = u_C(\infty)+[u_C(\tau_+)-u_C(\infty)]\text{e}^{-\frac{t-\tau}{\tau_1}} = 10-6.32\text{e}^{-300(t-0.01)}\text{V}$$
当$t=2\times10^{-2}$s时，$t-\tau=0.01$s
$$u_C(0.02_+) = 10-6.32\text{e}^{-300\times0.01} \approx 9.685\text{V}$$
此时再将开关合到2，电容器又放电

时间常数为$\tau=0.01$s，$u_C = u_C(0.02_+)\text{e}^{-\frac{t-0.02}{\tau}} = 9.685\text{e}^{-\frac{t-0.02}{0.01}} = 9.685\text{e}^{-100(t-0.02)}\text{V}$

由上可见，充电电路和放电电路的时间常数是不相等的。

【例5.3.8】 电路如图5-3-10所示，开关S闭合前电路已处于稳态。在$t=0$时，将开关闭合，试求$t\geq0$时电压u_C和电流i_C，i_1，i_2。

【解】 $t=0_-$时，
$$u_C(0_-) = \frac{6}{1+2+3}\times3 = 3\text{V}$$
在$t\geq0$时，电源支路被开关短路，对右边电路不起作用。这时电容器经两电阻支路放电，时间常数为(电阻R为从电容两端望进去的等效电阻)

$$\tau = RC = \frac{2\times 3}{2+3}\times 5\times 10^{-6} = 6\times 10^{-6}\text{s}$$

$$U_0 = u_C(0_+) = u_C(0_-) = 3\text{V}$$

$$u_C(\infty) = 0$$

根据三要素法：
$$u_C(t) = U_0 e^{-\frac{t}{\tau}} = 3e^{-\frac{t}{6\times 10^{-6}}} \approx 3e^{-1.7\times 10^5 t}\text{V}$$

$$i_C = C\frac{du_C}{dt} \approx -2.5e^{-1.7\times 10^5 t}\text{A}$$

$$i_2 = \frac{u_C}{3} = e^{-1.7\times 10^5 t}\text{A}$$

$$i_1 = i_C + i_2 = -1.5e^{-1.7\times 10^5 t}\text{A}$$

【练习与思考】

5.3.1 试用三要素法写出图 5-3-11 所示指数曲线的表达式 U_C。

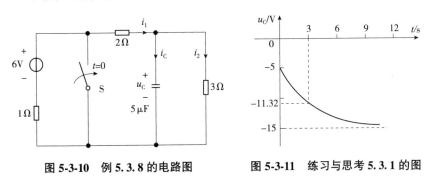

图 5-3-10 例 5.3.8 的电路图　　图 5-3-11 练习与思考 5.3.1 的图

5.4 RL 电路的过渡过程

5.4.1 RL 电路的零输入响应

所谓 RL 电路的零输入响应是指 RL 电路无电源激励，输入信号为零，由电感元件的初始状态 $i_L(0_+)$ 所产生的响应。电路的特点：输入信号为零；有初始储能。分析 RL 电路的零输入响应，实际上就是分析它的放电过程。图 5-4-1 是一 RL 串联电路。

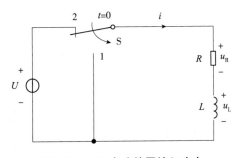

图 5-4-1 RL 电路的零输入响应

在换路前，开关S是合在位置2上的，电感元件中通有电流。在 $t=0$ 时将开关从位置2合到位置1，使电路脱离电源，RL电路被短路。此时，电感元件已储有能量，其中电流的初始值 $i(0_+) = I_0 = U/R$，根据基尔霍夫电压定律，列出 $t \geq 0$ 时的电路的微分方程

$$Ri + L\frac{di}{dt} = 0$$

可求得其通解为：$i = I_0 e^{-\frac{R}{L}t} = \frac{U}{R} e^{-\frac{t}{\tau}}$

其中，$\tau = \frac{L}{R}$ 也具有时间的量纲，是RL电路的时间常数。时间常数τ越小，暂态过程就进行得越快。因为L越小，则阻碍电流变化的作用也就越小 $\left(e_L = -L\frac{di}{dt}\right)$；R越大，则在同样电压下电流的稳态值或暂态分量的初始值 $\frac{U}{R}$ 越小。这都促使暂态过程加快，因此改变电路参数的大小，可以影响暂态过程的快慢。

同时，可得出 $t \geq 0$ 时电阻元件和电感元件上的电压，它们分别为

$$u_R = Ri = Ue^{-\frac{t}{\tau}}$$

$$u_L = L\frac{di}{dt} = -Ue^{-\frac{t}{\tau}}$$

所求 i，u_R 及 u_L 随时间而变化的曲线如图5-4-2所示。

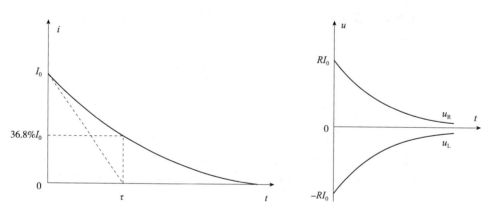

图 5-4-2　RL 电路的零输入响应中 i，u_R 及 u_L 的变化曲线如图

RL串联电路实为线圈的电路模型。如果在图5-4-1中，用开关S将线圈从电源断开而未加以短路，则由于这时电流的变化率 $\left(\frac{di}{dt}\right)$ 很大，致使自感电动势 $\left(e_L = -L\frac{di}{dt}\right)$ 很大。这个感应电动势可能使开关两触点之间的空气击穿而造成电弧以延缓电流的中断，开关触点因而会被烧坏。所以，往往在将线圈从电源断开的同时要将线圈加以短路，以便使电流（或磁能）逐渐减小。

5.4.2 RL 电路的零状态响应

所谓 RL 电路的零状态响应是指换路前电感元件未储存能量，$i_L(0_-) = 0A$，由电源激励所产生的电路的响应。RL 电路的零状态响应，过程实际上是一充电过程。图 5-4-3 是一 RL 串联电路的零状态响应电路图。

在 $t = 0$ 时将开关 S 合上，电路即与一恒压源 U 接通。此时实为输入一阶跃电压 U。

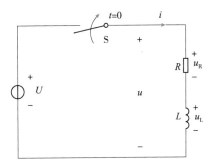

图 5-4-3 RL 零状态响应的电路图

在换路前电感元件未储有能量，$i(0_-) = i(0_+) = 0$，即电路处于零状态。根据基尔霍夫电压定律，列出 $t \geq 0$ 时的电路的微分方程为

$$U = Ri + L\frac{di}{dt}$$

上式的通解为

$$i = \frac{U}{R} - \frac{U}{R}e^{-\frac{R}{L}t} = \frac{U}{R}(1 - e^{-\frac{t}{\tau}})$$

也是由稳态分量和暂态分量相加而得，电路的时间常数为 $\tau = \frac{L}{R}$。

电流随时间的变化曲线如图 5-4-4 所示。它的初始值为 0，按指数规律增加而趋于 $\frac{U}{R}$。

根据 KVL 定律，列出 $t \geq 0$ 时的电路中电阻元件和电感元件上的电压的微分方程为

$$u_R = iR = U(1 - e^{-\frac{t}{\tau}})$$

$$u_L = L\frac{di}{dt} = Ue^{-\frac{t}{\tau}}$$

其随时间的变化曲线如图 5-4-5 所示。

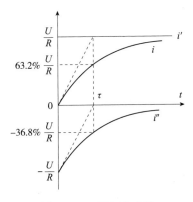

图 5-4-4 i 的变化曲线

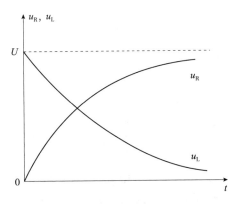

图 5-4-5 u_R，u_L 的变化曲线

5.4.3 RL 电路的全响应

所谓 RL 电路的全响应是指电源激励和电感元件的初始状态均不为零时电路的响应,为零输入响应与零状态响应的叠加。图 5-4-6 是一 RL 电路的全响应电路图。

图 5-4-6 所示的电路中,电源电压为 U,$i(0_-)=I_0$。当将开关 S 闭合时,即同图 5-4-3 一样,是一 RL 串联电路。

$t \geqslant 0$ 时的电路的微分方程为

$$U = Ri + u_L = L\frac{di}{dt} + iR$$

其解为

$$i = \frac{U}{R} + \left(I_0 - \frac{U}{R}\right)e^{-\frac{R}{L}t} = \frac{U}{R} + \left(I_0 - \frac{U}{R}\right)e^{-\frac{t}{\tau}}$$

式中,右边第一项为稳态分量,第二项为暂态分量,两者相加即为全响应 i。

可见,三要素法可以同样应用于一阶 RL 线性电路,由它直接得出上式。

上式可改写为

$$i = I_0 e^{-\frac{t}{\tau}} + \frac{U}{R}(1 - e^{-\frac{t}{\tau}})$$

式中,右边第一项是零输入响应,第二项即为零状态响应,两者叠加即为全响应 i。

【例 5.4.1】 图 5-4-7 中,如在稳定状态下 R_1 被短路,试问短路后经多少时间电流才达到 15A?

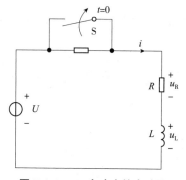
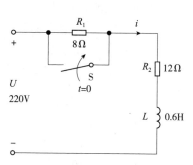

图 5-4-6 RL 全响应的电路图　　图 5-4-7 例 5.4.1 的电路图

【解】 先应用三要素法求 i,

(1) 确定 i 的初始值:$i(0_+) = \dfrac{U}{R_1 + R_2} = \dfrac{220}{8+12} = 11\text{A}$

(2) 确定 i 的稳态值:$i(\infty) = \dfrac{U}{R_2} = \dfrac{220}{12} \approx 18.3\text{A}$

(3) 确定电路的时间常数:$\tau = \dfrac{L}{R_2} = \dfrac{0.6}{12} = 0.05\text{s}$

$$i = 18.3 + (11 - 18.3)e^{-\frac{t}{0.05}} = 18.3 - 7.3e^{-20t}\text{A}$$

当电流到达 15A 时,$18.3 - 7.3e^{-\frac{t}{0.05}} = 15$ 所经过的时间为 $t = 0.039\text{s}$,电流 i 的变化曲线如图 5-4-8 所示。

【练习与思考】

5.4.1 由图 5-4-9 所示的 S 闭合后的 u_L 的变化规律是什么？设闭合前电路处于稳态。

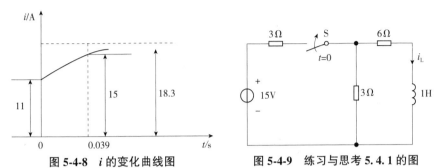

图 5-4-8 i 的变化曲线图   图 5-4-9 练习与思考 5.4.1 的图

5.4.2 有一台直流电动机，它的励磁线圈的电阻为 50Ω，当加上额定励磁电压经过 0.1s 后，励磁电流增长到稳态值的 63.2%。试求线圈的电感。

5.4.3 一个线圈的电感 $L=0.1H$，通有直流 $I=5A$，现将此线圈短路，经过 $t=0.01s$ 后，线圈中电流减小到初始值的 36.8%。试求线圈的电阻 R。

【综合例题解析】

【**综合例 5-1**】 求综合图 5-1 所示电路在开关 S 闭合瞬间（$t=0_+$）各元件中的电流及其两端电压；当电路达到稳态时又各等于多少？设在 $t=0_-$ 时，电路中的储能元件均未储能。

【**解**】 （1）$t=0_+$ 的电路如综合图 5-2 所示，在 $t=0_-$ 时，电路中的储能元件均未储能，故开关 S 闭合瞬间，由于电感元件中电流不能跃变，电容元件两端电压不能跃变，所以 $i_{L_1}(0_-)=i_{L_1}(0_+)=0$，$i_{L_2}(0_+)=i_{L_2}(0_-)=0$，$u_{C_1}(0_-)=u_{C_1}(0_+)=0$，$u_{C_2}(0_+)=u_{C_2}(0_-)=0$，即 L_1，L_2 可视为开路，C_1，C_2 可视为短路。

$$i_{C_1}(0_+)=i_{C_2}(0_+)=i_{R_2}(0_+)=\frac{U}{R_1+R_2}=\frac{10}{2+8}=1\text{A}$$

$$i_{L_1}(0_+)=i_{L_2}(0_+)=0$$

$$u_{C_1}(0_+)=u_{C_2}(0_+)=0$$

$$u_{L_1}(0_+)=u_{L_2}(0_+)=u_{R_2}(0_+)=i_{R_2}(0_+)R_2=1\times 8=8\text{V}$$

$$u_{R_1}(0_+)=i_{C_1}(0_+)R_1=2\text{V}$$

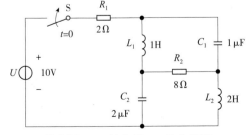
综合图 5-1 综合例 5-1 的电路图

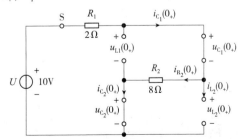
综合图 5-2 综合例 5-1 $t=0_+$ 时的电路图

(2) 当电路达到稳态时，C_1，C_2 充电完毕，可视为开路；L_1，L_2 则视作短路。如综合图 5-3 所示。

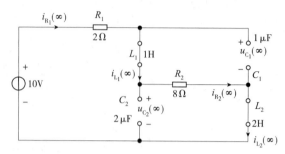

综合图 5-3 综合例 5-1 $t=\infty$ 时的电路图

图中，

$$i_{R_1}(\infty)=i_{L_1}(\infty)=i_{L_2}(\infty)=i_{R_2}(\infty)=1\text{A}$$

$$u_{L_1}(\infty)=u_{L_2}(\infty)=0$$

$$u_{C_1}(\infty)=u_{C_2}(\infty)=u_{R_2}(\infty)=8\text{V},\ u_{R_1}(\infty)=2\text{V}$$

注：(1)和(2)两种情况时，流过 R_2 的电流都为 1A，但二者的方向相反。

【综合例 5-2】 综合图 5-4 所示电路中，已知：$i_L(0_-)=0$，$u_C(0_-)=0$，试求：S 闭合瞬间，电路中各电压、电流的初始值。

【解】 $t=0_+$ 的电路如综合图 5-5 所示。

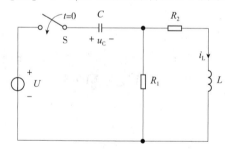
综合图 5-4 综合例 5-2 的电路图

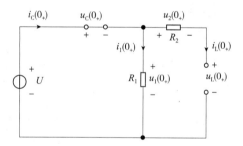
综合图 5-5 综合例 5-2 $t=0_+$ 时的电路图

根据换路定则，

$$u_C(0_+)=u_C(0_-)=0$$

$$i_L(0_+)=i_L(0_-)=0$$

$$i_C(0_+)=i_1(0_+)=\frac{U}{R_1}$$

$$u_2(0_+)=0$$

$$u_L(0_+)=u_1(0_+)=U$$

【综合例 5-3】 综合图 5-6 所示电路中，S 在 $t=0$ 时打开，求电容 C_1，C_2 及电阻 R 两端的电压、电流的初始值和稳态值。

【解】 (1) 求初始值

①画出 $t=0_-$ 的电路图，如综合图 5-7 所示。

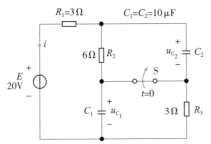 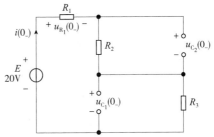

综合图 5-6　综合例 5-3 的电路图　　　综合图 5-7　综合例 5-3 $t=0_-$ 时的电路图

$$u_{C_1}(0_-) = \frac{R_3 E}{R_1+R_2+R_3} = \frac{3\times 20}{3+6+3} = 5\text{V}$$

$$u_{C_2}(0_-) = \frac{R_2 E}{R_1+R_2+R_3} = \frac{6\times 20}{3+6+3} = 10\text{V}$$

$$i(0_-) = \frac{E}{R_1+R_2+R_3} = \frac{20}{3+6+3} \approx 1.67\text{A}$$

$$u_{R_1}(0_-) = 5\text{V}$$

②画出 $t=0_+$ 的等效电路，如综合图 5-8 所示。

$$u_{C_1}(0_+) = u_{C_1}(0_-) = 5\text{V}$$

$$u_{C_2}(0_+) = u_{C_2}(0_-) = 10\text{V}$$

根据节点电位法：$(\frac{1}{3}+\frac{1}{6}+\frac{1}{3})V(0_+) = \frac{20}{3}+\frac{5}{6}+\frac{10}{3}$，求得

$V(0_+) = 13\text{V}$，$i_{C_1}(0_+) = \frac{V(0_+)-u_{C_1}(0_+)}{R_2} = \frac{13-5}{6} \approx 1.33\text{A}$，$i_{C_2}(0_+) = \frac{V(0_+)-u_{C_2}(0_+)}{R_3} = \frac{13-10}{3} = 1\text{A}$

$i(0_+) = \frac{E-V(0_+)}{R_1} = \frac{20-13}{3} = \frac{7}{3} \approx 2.33\text{A} \neq i(0_-)$，$u_{R_1}(0_+) = i(0_+)R_1 = \frac{7}{3}\times 3 = 7\text{V} \neq u_{R_1}(0_-)$

结论：非状态量不符合换路定律！

（2）求稳态值：画出 $t\rightarrow\infty$ 的等效电路，如综合图 5-9 所示。

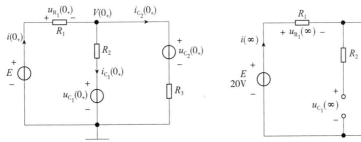 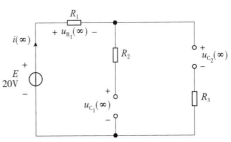

综合图 5-8　综合例 5-3 $t=0_+$ 时的电路图　　　综合图 5-9　综合例 5-3 $t=\infty$ 时的电路图

$$u_{C_1}(\infty) = E = 20\text{V}, \quad u_{C_2}(\infty) = E = 20\text{V}$$

$$u_{R_1}(\infty) = 0, \quad i(\infty) = 0$$

【综合例 5-4】　综合图 5-10 所示电路中，$t=0$ 时刻，开关 S 由 a 到 b，求初始值 $i_L(0_+)$，$u_L(0_+)$。

【解】 (1)换路前 L 短路,画出 $t=0_-$ 的等效电路,如综合图 5-11 所示。

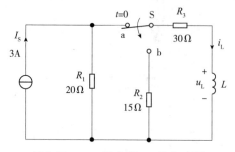
综合图 5-10 综合例 5-4 的电路图

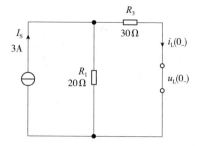
综合图 5-11 综合例 5-4 $t=0_-$ 时的电路图

$$i_L(0_-)=\frac{20}{20+30}\times 3=1.2\text{A},\quad u_L(0_-)=0\text{V}$$

(2) $t=0_+$ 时刻,电感可等效为一恒流源,画出 $t=0_+$ 的等效电路,如综合图 5-12 所示。

$i_L(0_+)=i_L(0_-)=1.2\text{A}$, $u_L(0_+)=-i_L(0_+)(R_2+R_3)=-54\text{V}$,电压跃变产生电弧!

【综合例 5-5】 电路如综合图 5-13 所示,用三要素法求 $t\geqslant 0$ 时的 $u_C(t)$。

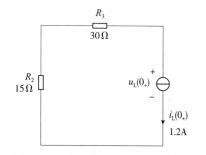
综合图 5-12 综合例 5-4 $t=0_+$ 时的电路图

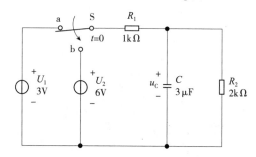
综合图 5-13 综合例 5-5 的电路图

【解】 (1) 求 u_C 的三要素

$$u_C(0_+)=u_C(0_-)=\frac{R_2 U_1}{R_2+R_1}=\frac{2}{2+1}\times 3=2\text{V}$$

$$u_C(\infty)=\frac{R_2}{R_1+R_2}U_2=\frac{2}{1+2}\times 6=4\text{V}$$

$$\tau=(R_1/\!/R_2)C=\frac{1\,000\times 2\,000}{1\,000+2\,000}\times 3\times 10^{-6}=2\times 10^{-3}\text{s}=2\text{ms}$$

(2)写出 $u_C(t)$ 的表达式

$$u_C(t)=u_C(\infty)+[u_C(0_+)-u_C(\infty)]e^{-\frac{t}{\tau}}=4+(2-4)e^{-\frac{t}{2\times 10^{-3}}}=4-2e^{-500t}\text{V}$$

【综合例 5-6】 电路如综合图 5-14 所示,(1) $C=10\mu\text{F}$,求 $t\geqslant 0$ 后,S 闭合后的 $u_C(t)$;(2)求 S 闭合后经 0.4ms 又打开的 $u_C(t)$。

【解】 (1) $u_C(0_+)=u_C(0_-)=E-\dfrac{r}{R+r}E=\dfrac{R}{R+r}E=\dfrac{60}{60+30}\times 90=60\text{V}$

$$u_C(\infty) = \frac{R-r}{R+r}E = \frac{60-30}{60+30} \times 90 = 30\text{V}$$

$$\tau = 2(R/\!/r)C = 40 \times 10 \times 10^{-6} = 0.4\text{ms}$$

$$u_C(t) = 30(1+\text{e}^{-2\,500t})\text{V}\,(0 \leq t \leq 0.4\text{ms})$$

(2) $$u_C(0.4\text{ms}) = 30(1+\text{e}^{-1}) \approx 41\text{V}$$

达到新稳态时,

$$u_C(\infty) = 60\text{V},\quad \tau_1 = (r+R/\!/30)C = (30+60/\!/30) \times 10 \times 10^{-6} = 0.5\text{ms}$$

$$u_C(t) = 60 + (41-60)\text{e}^{-2\,000(t-0.4 \times 10^{-3})} = 60 - 19\text{e}^{-2\,000t+0.8}\text{V}\,(t \geq 0.4\text{ms})$$

$$u_C(t) = \begin{cases} 30(1+\text{e}^{-2\,500t})\text{V}\,(0 \leq t \leq 0.4\text{ms}) \\ 60 - 19\text{e}^{-2\,000t+0.8}\text{V}\,(0.4\text{ms} \leq t \leq \infty) \end{cases}$$

其变化曲线如综合图 5-15 所示。

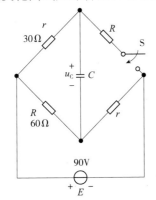

综合图 5-14 综合例 5-6 的电路图

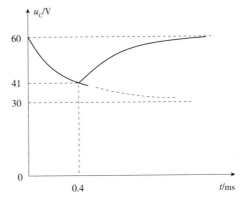

综合图 5-15 u_C 的变化曲线

【综合例 5-7】 电路如综合图 5-16 所示,试用三要素法求 $t \geq 0$ 时的 i_1,i_2 及 i_L。换路前电路处于稳态。

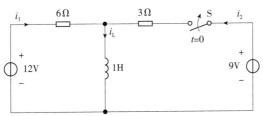

综合图 5-16 综合例 5-7 的电路图

【解】 用三要素法求:

① 根据换路定则,$i_L(0_+) = i_L(0_-) = \dfrac{12}{6} = 2\text{A}$

② 换路后,$6i_1(\infty) = 12$,$i_1(\infty) = 2\text{A}$,$3i_2(\infty) = 9$,$i_2(\infty) = 3\text{A}$

$$i_L(\infty) = i_1(\infty) + i_2(\infty) = 2+3 = 5\text{A}$$

③ 等效无源电阻 $R = 6/\!/3 = 2\Omega$

故时间常数 $\tau = \dfrac{L}{R} = \dfrac{1}{2} = 0.5\text{s}$

④换路后，$i_L(t) = i_L(\infty) + [i_L(0_+) - i_L(\infty)]e^{-\frac{t}{\tau}} = 5 - 3e^{-2t}$ A

根据 KVL 得

$$u_L(t) = 12 - 6i_1(t) = 1 \times \frac{di_L}{dt}, \quad i_1(t) = (2 - e^{-2t})\text{A}$$

$$u_L(t) = 9 - 3i_2(t) = 1 \times \frac{di_L}{dt} = 6e^{-2t}, \quad i_2(t) = (3 - 2e^{-2t})\text{A}$$

【综合例 5-8】 电路如综合图 5-17 所示，试用三要素法求 $t \geq 0$ 时的下图中的 u_C 和 i_1。换路前电路处于稳态。

【解】 用三要素法求：

①根据换路定则，$u_C(0_+) = u_C(0_-) = 12\text{V}$

②换路后的稳态电路如综合图 5-18 所示。

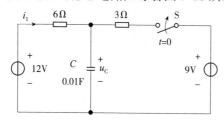

综合图 5-17 综合例 5-8 的电路图

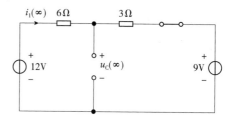

综合图 5-18 综合例 5-8 $t = \infty$ 的电路图

$$6i_1(\infty) + 3i_1(\infty) + 9 - 12 = 0$$

$$i_1(\infty) = \frac{1}{3}\text{A}, \quad 故 \ u_C(\infty) = 12 - 6i_1(\infty) = 12 - 2 = 10\text{V}$$

③等效无源电阻 $R = 6 /\!/ 3 = 2\Omega$

故时间常数 $\tau = RC = 2 \times 0.01 = 0.02$s

④换路后的电压：$u_C(t) = u_C(\infty) + [u_C(0_+) - u_C(\infty)]e^{-\frac{t}{\tau}} = (10 + 2e^{-50t})$V

根据 KVL 得：$u_C(t) = 12 - 6i_1(t), \quad i_1(t) = \left(\frac{1}{3} - \frac{1}{3}e^{-50t}\right)\text{A}$

【综合例 5-9】 电路如综合图 5-19 所示，试用三要素法求 $t \geq 0$ 时的 $i_L(t)$ 和 $u_L(t)$。换路前电路处于稳态。

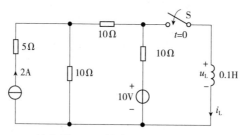

综合图 5-19 综合例 5-9 的电路图

【解】 用三要素法求：

①换路前电路已处于稳态，根据换路定则 $i_L(0_+) = i_L(0_-) = 0$A

②求稳态值，如综合图 5-20(a)所示，根据电源等值互换法变换为综合图 5-20(b)。

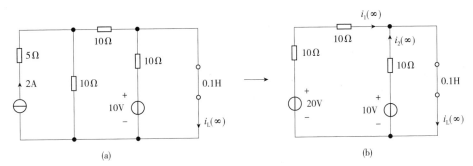

综合图 5-20　综合例 5-9 三要素法图
(a) 换路后的稳态电路　(b) 稳态电路的电源等值互换法变换图

在图 5-20(b)中，$10i_1(\infty)+10i_1(\infty)-20=0$　$i_1(\infty)=1\text{A}$
$$10i_2(\infty)-10=0 \quad i_2(\infty)=1\text{A}$$
$$i_L(\infty)=i_1(\infty)+i_2(\infty)=1+1=2\text{A}$$

③换路后对电感 L 的除源二端网络如综合图 5-21 所示，其等效无源电阻为
$$R=10\,/\!/\,(10+10)=\frac{20}{3}\Omega$$

故时间常数 $\tau=\dfrac{L}{R}=\dfrac{0.1}{\dfrac{20}{3}}=0.015\text{s}$

④$i_L(t)=i_L(\infty)+[i_L(0_+)-i_L(\infty)]\,\text{e}^{-\frac{t}{\tau}}=(2-2\text{e}^{-\frac{t}{0.015}})\text{A}$
$$u_L(t)=L\frac{\text{d}i_L}{\text{d}t}=0.1\times\frac{2}{0.015}\text{e}^{-\frac{t}{0.015}}=\frac{40}{3}\text{e}^{-\frac{t}{0.015}}\text{V}$$

【综合例 5-10】　电路如综合图 5-22 所示，电路原已稳定，当 $t=0$ 时开关 S 由 "1" 换接至 "2"。已知 $R_1=2\Omega$，$R_2=R_3=3\Omega$，$C=0.2\mu\text{F}$，$U_{S1}=U_{S2}=3\text{V}$。求换路后的电压 $u_C(t)$。

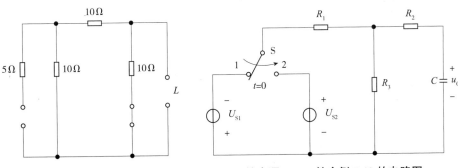

综合图 5-21　除源二端网络电路图　　综合图 5-22　综合例 5-10 的电路图

【解】　用三要素法求：
①根据换路定则，$u_C(0_+)=u_C(0_-)=-3\text{V}$
②$u_C(\infty)=3\text{V}$

③等效无源电阻 $R=R_2+R_3 /\!/ R_1 = 3+\dfrac{2\times 3}{2+3}=4.2\Omega$

故时间常数 $\tau = RC = 4.2\times 0.2\times 10^{-6} = 8.4\times 10^{-7}$ s

④换路后的电压：$u_C(t) = u_C(\infty) + [u_C(0_+) - u_C(\infty)]\mathrm{e}^{-\frac{t}{\tau}} \approx 3 - 6\mathrm{e}^{-1.2\times 10^6 t}$ V

习　题

5.1.1　图 5-1 所示各电路在换路前都处于稳态，试求换路后电流 i 的初始值 $i(0_+)$ 和稳态值 $i(\infty)$。

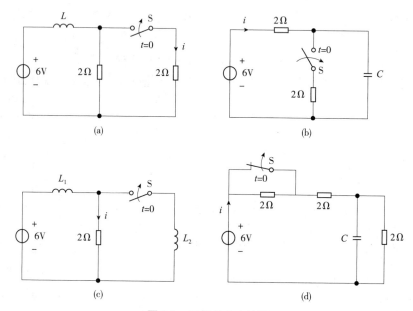

图 5-1　习题 5.1.1 的图

5.1.2　图 5-2 所示电路在换路前处于稳态，试求换路后其中 i_L、u_C 和 i_S 的初始值和稳态值。

5.2.1　图 5-3 中，$I=10\mathrm{mA}$，$R_1=3\mathrm{k}\Omega$，$R_2=3\mathrm{k}\Omega$，$R_3=6\mathrm{k}\Omega$，$C=2\mu\mathrm{F}$。在开关 S 闭合前电路已处于稳态。求在 $t\geqslant 0$ 时 u_C 和 i_1，并作出它们随时间变化的曲线。

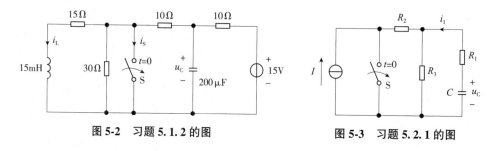

图 5-2　习题 5.1.2 的图　　　　　图 5-3　习题 5.2.1 的图

5.2.2 图 5-4 中，$U=20\text{V}$，$R_1=12\text{k}\Omega$，$R_2=6\text{k}\Omega$，$C_1=10\mu\text{F}$，$C_2=20\mu\text{F}$。电容元件原先均未储能。当开关闭合后，试求电容元两端的电压 u_C。

5.2.3 电路如图 5-5 所示，在开关闭合前电路已处于稳态，求开关闭合后的电压 u_C。

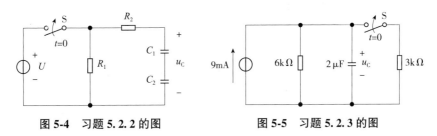

图 5-4 习题 5.2.2 的图　　　图 5-5 习题 5.2.3 的图

5.2.4 有一线性无源二端网络 N[图 5-6(a)]，其中储能元件未储有能量，当输入电流 i[其波形如图 5-6(b)所示]后，其两端电压 u 的波形如图 5-6(c)所示。(1)写出 u 的指数式；(2)画出该网络的电路，并确定元件的参数值。

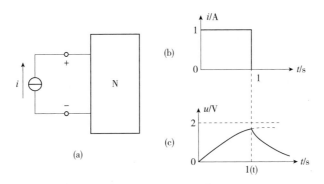

图 5-6 习题 5.2.4 的图

5.3.1 在图 5-7(a)的电路中，u 为一阶跃电压，如图 5-7(b)所示，试求 i_3 和 u_C。设 $u_C(0_-)=1\text{V}$。

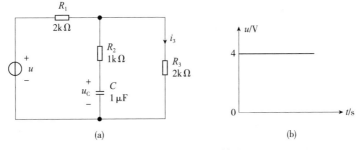

图 5-7 习题 5.3.1 的图

5.3.2 电路如图 5-8 所示，求 $t \geq 0$ 时电容电压 u_C 的变化规律。换路前电路处于稳态。

5.3.3 电路如图 5-9 所示，换路前已处于稳态，试求换路后($t \geq 0$)的 u_C。

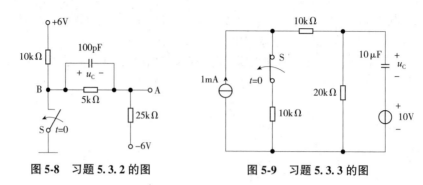

图 5-8 习题 5.3.2 的图　　　　图 5-9 习题 5.3.3 的图

5.3.4 有一 RC 电路[图 5-10(a)]，其输入电压如图 5-10(b)所示。设脉冲宽度 $T=RC$。试求负脉冲的幅度 U_- 等于多大才能在 $t=2T$ 时使 $u_C=0$。设 $u_C(0)=0$。

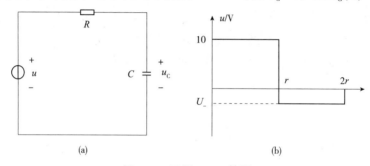

图 5-10 习题 5.3.4 的图

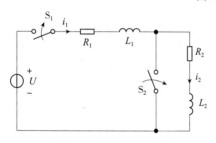

图 5-11 习题 5.4.1 的图

5.4.1 图 5-11 中，$R_1=2\Omega$，$R_2=1\Omega$，$L_1=0.01\text{H}$，$L_2=0.02\text{H}$，$U=6\text{V}$，(1)试求 S_1 闭合后电路中电流 i_1 和 i_2 的变化规律；(2)当 S_1 闭合后电路到达稳定状态时再闭合 S_2，试求 i_1 和 i_2 的变化规律。

5.4.2 电路如图 5-12 所示，在换路前已处于稳态。当将开关从 2 的位置合到 1 的位置后，试求 i_L 和 i，并作出它们的变化曲线。

5.4.3 电路如图 5-13 所示，试用三要素法求 $t\geq 0$ 时的 i_1，i_2 及 i_L。换路前电路处于稳态。

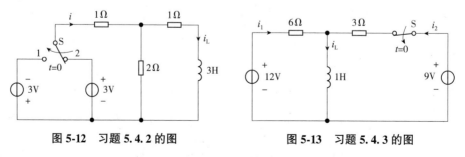

图 5-12 习题 5.4.2 的图　　　　图 5-13 习题 5.4.3 的图

第 6 章 磁路与铁心线圈电路

在很多电工设备(像变压器、电机、电磁铁等)中,不仅有电路的问题,同时还有磁路的问题。只有同时掌握了电路和磁路的基本理论,才能对上述各种电工设备作全面分析。

本章结合磁路和铁心线圈电路的分析,讨论变压器。

6.1 磁路基本物理量及交流铁心线圈电路

在上述的电工设备中常用磁性材料做成一定形状的铁心。铁心的磁导率比周围空气或其他物质的高得多,因此铁心线圈中电流产生的磁通绝大部分经过铁心而闭合。这种人为造成的磁通的闭合路径,称为磁路。铁心线圈分为两种:①直流铁心线圈:励磁电流为直流,产生的磁通恒定,在线圈和铁心中不会产生感应电动势,U 一定时,I 与线圈电阻 R 有关;功率损耗也只有 RI^2。②交流铁心线圈:励磁电流为交流,产生的磁通随时间而变,在线圈和铁心中产生感应电动势,功率损耗与直流铁心线圈不同。

图 6-1-1 和图 6-1-2 分别表示四极直流电机和交流接触器的磁路。磁通经过铁心(磁路的主要部分)和空气隙(有的磁路中没有空气隙)而闭合。

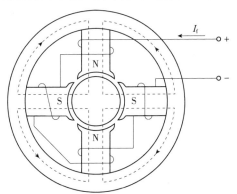 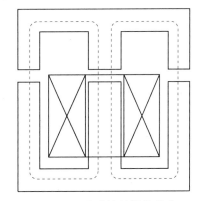

图 6-1-1 四极直流电机的磁路　　图 6-1-2 交流接触器的磁路

6.1.1 磁场的基本物理量

磁路问题也是局限于一定路径内的磁场问题。磁场的特性可用下列几个基本物理量来表示。

(1) 磁感应强度

磁感应强度 B 是表示磁场内某点的磁场强弱和方向的物理量,它是一个矢量,它与电流(电流产生磁场)之间的方向关系可用右手螺旋定则来确定。如果磁场内各点的磁感应强度的大小相等,方向相同,这样的磁场则称为均匀磁场。

(2) 磁通

磁感应强度 B（如果不是均匀磁场，则取 B 的平均值）与垂直于磁场方向的面积 S 的乘积，称为通过该面积的磁通 Φ，即

$$\Phi = BS \quad \text{或} \quad B = \frac{\Phi}{S}$$

由上式可见，磁感应强度在数值上可以看成与磁场方向相垂直的单位面积所通过的磁通，故又称为磁通密度。

根据电磁感应定律的公式 $e = -N\dfrac{\mathrm{d}\Phi}{\mathrm{d}t}$，可知，磁通的单位是伏·秒（V·s），通常称为韦［伯］（Wb）。

磁感应强度的单位是特［斯拉］（T），特［斯拉］也就是韦［伯］每平方米（Wb/m²）。

(3) 磁场强度

磁场强度 H 是计算磁场时所引用的一个物理量，也是矢量，通过它来确定磁场与电流之间的关系。磁场强度的单位是安［培］每米（A/m）。

(4) 磁导率

磁导率 μ 是一个用来表示磁场媒质磁性的物理量，用来衡量物质的导磁能力。它与磁场强度的乘积就等于磁感应强度，即

$$B = \mu H$$

磁导率 μ 的单位是亨［利］每米（H/m），即

$$\mu \text{ 的单位} = \frac{B \text{ 的单位}}{H \text{ 的单位}} = \frac{\text{Wb/m}^2}{\text{A/m}} = \frac{\text{V·s}}{\text{A·m}} = \frac{\Omega \cdot \text{s}}{\text{m}} = \frac{\text{H}}{\text{m}}$$

式中，欧·秒（Ω·s）又称亨［利］（H），是电感的单位。

6.1.2 磁性材料的磁性能

分析磁路首先要了解磁性材料的磁性能。磁性材料主要是指铁、镍、钴及其合金，它们具有下列磁性能。

(1) 高导磁性

磁性材料的磁导率很高，可达数百、数千乃至数万之值，这就使它们具有被强烈磁化（呈现磁性）的特性。由于高导磁性，在具有铁心的线圈中通入不大的励磁电流，便可产生足够大的磁通和磁感应强度。这就解决了既要磁通大，又要励磁电流小的矛盾。利用优质的磁性材料可使同一容量的电机的质量和体积大大减轻和减小。

(2) 磁饱和性

将磁性材料放入磁场强度为 H 的磁场（常是线圈的励磁电流产生的）内，会受到强烈的磁化，其磁化曲线（B-H 曲线）如图 6-1-3 所示。

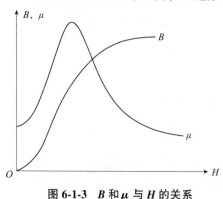

图 6-1-3 B 和 μ 与 H 的关系

开始时，B 与 H 近于成正比地增加。而后，随着 H 的增加，B 的增加缓慢下来，最后趋于磁饱和。

磁性物质的磁导率 $\mu = \dfrac{B}{H}$，由于 B 与 H 不成正比，所以 μ 不是常数，随 H 而变（图 6-1-3）。

（3）磁滞性

当铁心线圈中通有交流时，铁心就受到交变磁化。在电流变化一次时，磁感应强度 B 随磁场强度 H 而变化的关系如图 6-1-4 所示。

由图可见，当 H 已减到零值时，B 并未回到零值。这种磁感应强度滞后于磁场强度变化的性质称

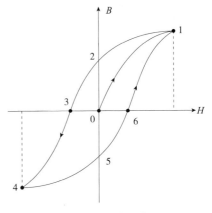

图 6-1-4 磁滞回线

为磁性物质的磁滞性。图 6-1-4 所示的曲线称为磁滞回线。当线圈中电流减到零值（$H=0$）时，铁心在磁化时所获得的磁性还未完全消失。这时铁心中所保留的磁感应强度称为剩磁感应强度 B_r（剩磁），如图 6-1-4 中的纵坐标 0-2 和 0-5，永久磁铁的磁性就是由剩磁产生的。但剩磁有时是有害的。例如，当工件在平面磨床上加工完毕后，由于电磁吸盘有剩磁，还将工件吸住。为此，要通入反向去磁电流，去掉剩磁，才能将工件取下。再如有些工件（如轴承）在平面磨床上加工后得到的剩磁也必须去掉。如果要使铁心的剩磁消失，通常改变线圈中励磁电流的方向，也就是改变磁场强度 H 的方向来进行反向磁化。$B=0$ 的 H 值，如图 6-1-4 中的横坐标 0-3 和 0-6，称为矫顽磁力 H_C。磁性物质不同，其磁滞回线和磁化曲线也不同（由实验得出）。

按磁性物质的磁性能，磁性材料可以分成 3 种类型：

① 软磁材料 具有较小的矫顽磁力，磁滞回线较窄。一般用来制造电机、电器及变压器等的铁心。常用的有铸铁、硅钢、坡莫合金及铁氧体等。铁氧体在电子技术中应用也很广泛，如可做计算机的磁心、磁鼓以及录音机的磁带、磁头等。

② 永磁材料 具有较大的矫顽磁力，磁滞回线较宽。一般用来制造永久磁铁。常用的有碳钢及铁镍铝钴合金等。近年来稀土永磁材料发展很快，如稀土钴、稀土钕铁硼等，其矫顽磁力更大。

③ 矩磁材料 具有较小的矫顽磁力和较大的剩磁，磁滞回线接近矩形，稳定性也良好。在计算机和控制系统中可用作记忆元件、开关元件和逻辑元件。常用的有镁锰铁氧体及 1J51 型铁镍合金等。

6.1.3 交流铁心线圈电路

铁心线圈根据励磁电流是直流还是交流分为两种。直流铁心线圈通直流来励磁（如直流电机的励磁线圈、电磁吸盘及各种直流电器的线圈），交流铁心线圈通交流来励磁（如交流电机、变压器及各种交流电器的线圈）。分析直流铁心线圈比较简单些。因为励磁电流是直流，产生的磁通是恒定的，在线圈和铁心中不会感应出电动势来；在一定电压 U 下，线圈中的电流 I 只和线圈本身的电阻 R 有关；功率损耗也只有 RI^2。而交流

铁心线圈在电磁关系、电压电流关系及功率损耗等几个方面和直流铁心线圈不同。

(1) 电磁关系

图 6-1-5 所示的交流线圈是具有铁心的，我们先来讨论其中的电磁关系。

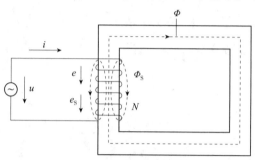

图 6-1-5　铁心线圈的交流电路

图 6-1-5 所示的电路中，在交流电压 u 的作用下产生交变电流 i，即磁通势 Ni，产生的磁通绝大部分通过铁心而闭合，这部分磁通称为主磁通或工作磁通 Φ。此外还有很少的一部分磁通主要经过空气或其他非导磁媒质而闭合，这部分磁通称为漏磁通 Φ_S。线圈匝数为 N，这两个磁通在线圈中产生两个感应电动势：主磁电动势 $e=-N\dfrac{\mathrm{d}\Phi}{\mathrm{d}t}$ 和漏磁电动势 $e_S=-N\dfrac{\mathrm{d}\Phi_S}{\mathrm{d}t}$，且它们的正方向可用右手螺旋定则确定。

(2) 电流电压关系

设线圈的电阻为 r，匝数为 N，则铁心线圈交流电路(图 6-1-5)的电压和电流之间的关系也可由基尔霍夫电压定律得出：

$$u = ir - e_S - e$$

$$e_S = -N\frac{\mathrm{d}\Phi_S}{\mathrm{d}t} = -\frac{\mathrm{d}\Psi_S}{\mathrm{d}t} = -\frac{\mathrm{d}\Psi_S}{\mathrm{d}i} \cdot \frac{\mathrm{d}i}{\mathrm{d}t} = -L_S \frac{\mathrm{d}i}{\mathrm{d}t}$$

因 $\Psi_S = N\Phi_S = L_S i$，$\qquad \Phi = \Phi_m \sin\omega t$

$$e = -N\frac{\mathrm{d}\Phi}{\mathrm{d}t} = -N\Phi_m \cdot \omega \cdot \cos\omega t = 2\pi f N\Phi_m \sin(\omega t - 90°) = E_m \sin(\omega t - 90°)$$

$$\dot{U} = \dot{I} r + \mathrm{j}\dot{I} X_{LS} - \dot{E} \approx -\dot{E}$$

(因线圈电阻 r 和感抗 X_L 或漏磁通 Φ_S 较小，故其上的电压降也较小，与主电动势比较起来可忽略不计)

$$\dot{E} = -\mathrm{j}4.44 f N \Phi_m \left(因 E = \frac{E_m}{\sqrt{2}} = \frac{2\pi f N \Phi_m}{\sqrt{2}}\right)$$

$$U \approx E = 4.44 f N \Phi_m$$

(3) 公式 $U = 4.44 f N \Phi_m$ 的意义

①若额定电压 U_N 一定，则磁通幅值 Φ_m 一定；若电源电压 $U > U_N$，则 Φ_m 增大，进而得到 I_m 急剧增大(因磁路饱和所致)。

②U_N 一定，$f \downarrow \rightarrow \Phi_m \uparrow \rightarrow I_m \uparrow \uparrow$，如日本所产电器在我国使用时，因 f 由 60Hz 降

为 50Hz，使电器空载电流增大，发热增加。

③U_N 一定，$N\downarrow \to \Phi_m\uparrow \to I_m\uparrow\uparrow$。

④U_N 一定，Φ_m 一定时，$S\downarrow \to B_m\uparrow \to H_m\uparrow\uparrow \to I_m\uparrow\uparrow$，要减小空载磁化电流必须增大铁心截面积。($B$ 为磁感应强度，S 为面积，H 为磁场强度，$Hl=IN$，l 为线圈的平均长度，N 为线圈匝数)

(4) 电路中的功率损耗

交流铁心线圈中，除线圈电阻 R 上有功率损耗 RI^2 外，处于交变磁化下的铁心中也有功率损耗。线圈中的功率实际是指有功功率，因此它主要有两大部分组成：由铜线(因铜电阻率小，且不易氧化等特性常用作导线)线圈的线路电阻消耗的功率，称为铜损。$P_{Cu}=I^2r$，r 为线圈电阻。另外一个是由磁滞和涡流产生的铁损。由磁滞所产生的铁损称为磁滞损耗 ΔP_h。由涡流所产生的铁损称为涡流损耗 ΔP_e。在交变磁通的作用下，铁心内的这两种损耗合称铁损 P_{Fe}。$P_{Fe}=\Delta P_h+\Delta P_e$。磁滞损耗会引起铁心发热。为了减小磁滞损耗，制造铁心时应选用磁滞回线狭小的磁性材料。硅钢就是变压器和电机中常用的铁心材料，其磁滞损耗较小。

在图 6-1-6 中，当线圈中通有交流时，它所产生的磁通也是交变的。因此，不仅会在线圈中产生感应电动势，而且在铁心内也会产生感应电动势和感应电流，这种感应电流称为涡流，它在垂直于磁通方向的平面内环流着。

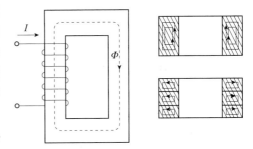

图 6-1-6 铁心中的涡流

涡流有有害的一面，涡流损耗也会引起铁心发热。为了减小涡流损耗，在顺磁场方向铁心常由彼此绝缘的钢片叠成(图 6-1-6)，这样就可以限制涡流只能在较小的截面内流通。此外，通常所用的硅钢片中含有少量的硅(0.8%~4.8%)，其电阻率较大，可以减小涡流。

但涡流在另外一些场合下也有有利的一面。例如，利用涡流的热效应来冶炼金属，利用涡流与磁场相互作用而产生电磁力的原理来制造感应式仪器及涡流测矩器等。

铁损差不多与铁心内磁感应强度的最大值 B_m 的平方成正比，故不宜选得过大，一般取 0.8~1.2T。

从上述可知，铁心线圈交流电路的总有功功率为：$P=UI\cos\varphi=P_{Cu}+P_{Fe}$，功率因数 $\cos\varphi=\dfrac{P}{UI}<1$，感性。

【例 6.1.1】 将一铁心线圈接在电压 $U=150$V，频率 $f=50$Hz 的正弦电源上，其电流 $I_1=5$A，$\cos\varphi_1=0.8$。若将此线圈中的铁心抽出，再接入上述电源上，则线圈中电流 $I_2=10$A，$\cos\varphi_2=0.08$。试求此线圈在具有铁心时的铜损和铁损。

【解】 抽出铁心前后，线圈的电阻不变。抽出铁心后只有铜损。即

$$P_2=UI_2\cos\varphi_2=150\times10\times0.08=120\text{W}$$

又
$$P_2 = I_2^2 r = 10^2 \times r = 120W$$
故
$$r = 1.2\Omega$$
此线圈在具有铁心时的铜损为
$$P_{Cu} = I_1^2 r = 25 \times 1.2 = 30W$$
此线圈在具有铁心时的铁损为
$$P_{Fe} = P_1 - P_{Cu} = UI_1\cos\varphi_1 - I_1^2 r = 150 \times 5 \times 0.8 - 25 \times 1.2 = 570W$$

【例 6.1.2】 有一交流铁心线圈，电源电压 $U=220V$，电路中电流 $I=4A$，功率表读数 $P=100W$，频率 $f=50Hz$，漏磁通和线圈电阻上的电压降可忽略不计，试求：(1)铁心线圈的功率因数；(2)铁心线圈的等效电阻和感抗。

【解】 (1) $\cos\varphi = \dfrac{P}{UI} = \dfrac{100}{220 \times 4} \approx 0.114$

(2) 铁心线圈的等效阻抗模为
$$|Z'| = \frac{U}{I} = \frac{220}{4} = 55\Omega$$
等效电阻和等效感抗分别为
$$R' = \frac{P}{I^2} = \frac{100}{16} = 6.25\Omega, \quad X' = \sqrt{|Z'|^2 - R'^2} = \sqrt{55^2 - 6.25^2} \approx 54.6\Omega$$

【练习与思考】

6.1.1 空心线圈的电感是常数，而铁心线圈的电感不是常数，为什么？如果线圈的尺寸、形状和匝数相同，有铁心和没有铁心时，哪个电感大？铁心线圈的铁心在达到磁饱和和尚未达到磁饱和状态时，哪个电感大？

6.1.2 分别举例说明剩磁和涡流的有利一面和有害一面。

6.1.3 铁心线圈中通过直流，是否有铁损？

6.2 变压器

变压器是变换各种交流电压的电器，它是利用电磁感应定律并通过磁路的耦合作用，把某一个数量级的交流电压，变换成同频率的另一个数量级的交流电压的能量变换装置。变压器是一种常见的电气设备，在电力系统和电子线路中应用广泛。

在输电方面，当输送功率 $P=UI\cos\varphi$ 及负载功率因数 $\cos\varphi$ 一定时，电压 U 越高，则线路电流 I 越小，这不仅可以减小输电线的截面积，节省材料，同时还可减小输电线路的功率损耗。因此，在输电时必须利用变压器将电压升高。在用电方面，为了保证用电的安全和合乎用电设备的电压要求，还要利用变压器将电压降低。

在电子线路中，除电源变压器外，变压器还用于耦合电路、传递信号并实现阻抗匹配等。

6.2.1 变压器的类别

按不同的分类方法,相同的变压器种类不同。

按用途分:可分为电力变压器和特种用途变压器两种。

按相数分:可分为单相、三相和多相变压器等。

按绕组数分:可分为双绕组、多绕组及自耦变压器等。

此外,还有自耦变压器、互感器及各种专用变压器(用于电焊、电炉及整流等)。变压器的种类很多,但是它们的基本构造和工作原理是相同的。

6.2.2 结构与工作原理

一个变压器一般由硅钢片叠压而成的变压器铁心、高强度漆包线绕制而成的变压器绕组和诸如油箱、冷却装置、保护装置等部件构成。其一般结构如图 6-2-1 所示,可见主要部件有闭合铁心和高压、低压绕组等。

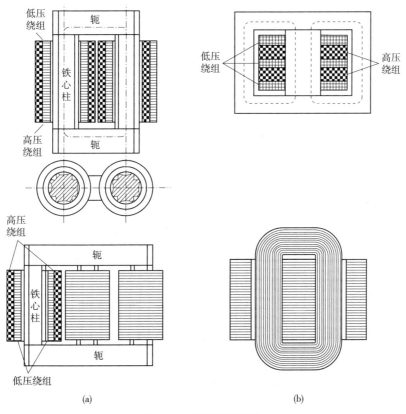

图 6-2-1 变压器的结构
(a)变压器的结构图 (b)变压器中的绕组

图 6-2-2 所示的是变压器的原理图。为了便于分析,将高压绕组和低压绕组分别画在两边。其中与电源相连的称为一次绕组(或称初级绕组、原绕组),与负载相连的称为二次绕组(或称次级绕组、副绕组)。一、二次绕组的匝数分别为 N_1 和 N_2。

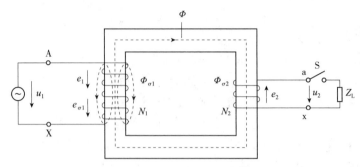

图 6-2-2 变压器的原理图

其表示符号为图 6-2-3。

当一次绕组接上交流电压 u_1 时,一次绕组中便有电流 i_1 通过。一次绕组的磁通势为 $N_1 i_1$,产生的磁通绝大部分通过铁心而闭合,从而在二次绕组中感应出电动势。如果二次绕组接有负载,那么二次绕组中就有电流 i_2 通过。二次绕组的磁通势 $N_2 i_2$ 也产生磁通,其绝大部分也通过铁心而闭合。因此,铁心中的磁通是一个由一、二次绕组的磁通势共同产生的合成磁通,称其为主磁通,用 Φ 表示。主磁通穿过一次绕组和二次绕组而在其中感应出的电动势分别为 e_1 和 e_2。此外,一、二次绕组的磁通势还分别产生漏磁通 $\Phi_{\sigma 1}$ 和 $\Phi_{\sigma 2}$,从而在各自的绕组中分别产生漏磁电动势 $e_{\sigma 1}$ 和 $e_{\sigma 2}$。电磁关系如图 6-2-4 所示。

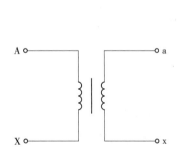

图 6-2-3 变压器的符号图

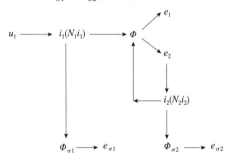

图 6-2-4 变压器一、二次绕组中的电磁关系图

6.2.3 电压电流的基本关系

原绕组中:

$$u_1 = i_1 r_1 - e_{\sigma 1} - e_1$$

$$e_{\sigma 1} = -N_1 \frac{\mathrm{d}\Phi_{\sigma 1}}{\mathrm{d}t} = -L_{\sigma 1}\frac{\mathrm{d}i_1}{\mathrm{d}t}$$

$$e_1 = -N_1 \frac{\mathrm{d}\Phi}{\mathrm{d}t} = 2\pi f N_1 \Phi_m \sin(\omega t - 90°)$$

$$\dot{E}_1 = -\mathrm{j}4.44 f N_1 \Phi_m$$

$$\dot{U}_1 = \dot{I}_1 r_1 + \mathrm{j}\dot{I}_1 X_{L\sigma 1} - \dot{E}_1 \approx -\dot{E}_1 = \mathrm{j}4.44 f N_1 \Phi_m$$

副绕组中:

$$u_2 = e_2 + e_{\sigma 2} - i_2 r_2$$

$$e_{\sigma 2} = -N_2 \frac{\mathrm{d}\Phi_{\sigma 2}}{\mathrm{d}t} = -L_{\sigma 2}\frac{\mathrm{d}i_2}{\mathrm{d}t}$$

$$e_2 = -N_2\frac{\mathrm{d}\varPhi}{\mathrm{d}t} = 2\pi fN_2\varPhi_\mathrm{m}\sin(\omega t - 90°)$$

$$\dot{E}_2 = -\mathrm{j}4.44fN_2\varPhi_\mathrm{m}$$

$$\dot{U}_2 = \dot{E}_2 - \dot{I}_2 r_2 - \mathrm{j}\dot{I}_2 X_{\mathrm{L}\sigma2} \approx \dot{E}_2 = -\mathrm{j}4.44fN_2\varPhi_\mathrm{m}$$

注：在变压器中，下标为 1 表示一次(原)绕组，下标 2 表示二次(副)绕组，r_2 为副绕组的电阻。

6.2.4 基本变换关系

(1) 电压变换

图 6-2-5 中，根据交流铁心线圈的电压公式：

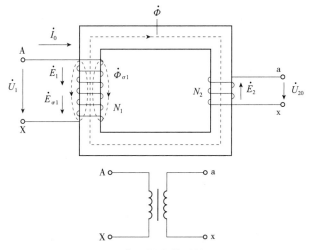

图 6-2-5 变压器空载时的原理图

$$\dot{U}_1 \approx \dot{E}_1 = -\mathrm{j}4.44fN_1\varPhi_\mathrm{m} \quad \dot{U}_{20} \approx -\dot{E}_2 = \mathrm{j}4.44fN_2\varPhi_\mathrm{m} \quad \dot{U}_{20} \approx \dot{E}_2 = -\mathrm{j}4.44fN_2\varPhi_\mathrm{m}$$

可得 $\quad \dfrac{\dot{U}_1}{\dot{U}_{20}} \approx -\dfrac{\dot{E}_1}{\dot{E}_2} = \dfrac{N_1}{N_2} = -k$ 或 $\dfrac{U_1}{U_{20}} \approx \dfrac{E_1}{E_2} = \dfrac{N_1}{N_2} = k$

式中，U_{20} 为变压器的副绕组的空载电压；k 称为变压器的变比，即一、二次绕组的匝数比。可见，当电源电压 U_1 一定时，只要改变匝数比，就可得出不同的输出电压 U_2。

变比常在变压器的铭牌上注明，它表示一、二次绕组的额定电压之比，如"6 000/400V"(k=15)。这表示一次绕组的额定电压(即一次绕组上应加的电源电压)U_{1N}=6 000V，二次绕组的额定电压 U_{2N}=400V，变比为 15。所谓二次绕组的额定电压是指一次绕组加上额定电压时二次绕组的空载电压。由于变压器有内阻抗压降，所以二次绕组的空载电压一般应较满载时的电压高 5%~10%。

要变换三相电压可采用三相变压器(图 6-2-6)。

图 6-2-6 中，各相高压绕组的始端和末端分别用 U_1，V_1，W_1 和 U_2，V_2，W_2 表示，低压绕组则用 u_1，v_1，w_1 和 u_2，v_2，w_2 表示。

图 6-2-7 所举的是三相变压器的两种连接方法，并标示出了电压的变换关系。

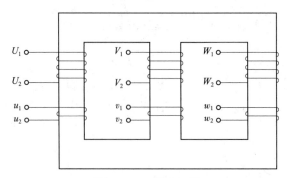

图 6-2-6 三相变压器

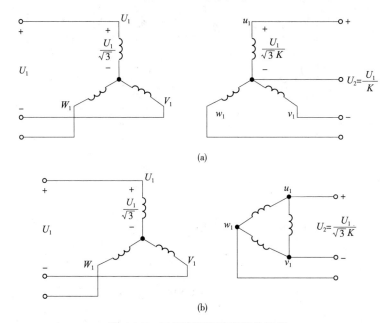

图 6-2-7 三相变压器的连接法示例
(a) Y/Y₀连接 (b) Y/△连接

Y/Y₀ 连接的三相变压器是供动力负载和照明负载共用的，低压一般是 400V，高压不超过 35kV；Y/△连接的变压器，低压一般是 10kV，高压不超过 60kV。

高压侧接成 Y 形，相电压只有线电压的 $1/\sqrt{3}$，可以降低每相绕组的绝缘要求；低压侧接成 △形，相电流只有线电流的 $1/\sqrt{3}$，可以减少每相绕组导线的横截面。

SL_7-500/10 是三相变压器型号的一例，其中 S 为三相，L 为铝线，7 为设计序号，500 为变压器的容量为 500kV·A，10 为一次电压，即高压侧电压为 10kV。

(2) 电流变换

图 6-2-8 的电磁关系如下：

设 $\Phi = \Phi_m \sin\omega t$

则 $e_1 = -N_1 \dfrac{d\Phi}{dt}$ $e_2 = -N_2 \dfrac{d\Phi}{dt}$ $e = -\omega N \Phi_m \cos\omega t = E_m \sin(\omega t - 90°)$

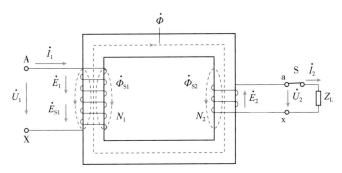

图 6-2-8 变压器电流变换的原理图

$$u_1 \begin{cases} i_1 N_1 \begin{cases} \Phi \text{(主磁通)} \longrightarrow e_1, e_2 \xrightarrow{Z_L} i_2 \longrightarrow i_2 N_2 \\ \Phi_{S1} \text{(漏磁通)} \longrightarrow e_{S1} \end{cases} \\ i_1 R_1 \\ i_2 N_2 \begin{cases} \Phi_2 \text{(对}\Phi\text{起阻碍作用)} \longrightarrow \text{为保持主磁通}\Phi\text{不变,只有增大电流}i_1 (>\text{空载电流}i_0) \\ \Phi_{S2} \text{(漏磁通)} \longrightarrow e_{S2} \end{cases} \end{cases}$$

当 $Z_L = R_L$ 时,i_2 与 e_2 同相位,$\Phi_2 = \Phi_m \sin(\omega t - 90°)$ 各量的变化曲线如图 6-2-9 所示。

由 $U_1 = E_1 = 4.44 f N_1 \Phi_m$ 可知,当电源电压 U_1 和频率 f 不变时,E_1 和 Φ_m 也都近于常数。即铁心中主磁通的最大值在变压器空载或有负载时差不多恒定。因此,有负载时产生主磁通的一、二次绕组的合成磁通势 $(N_2 i_1 + N_2 i_2)$ 应该和空载时产生主磁通的一次绕组的磁通势 $N_0 i_0$ 差不多相等,即

$N_1 \dot{I}_1 + N_2 \dot{I}_2 = N_1 \dot{I}_0 \rightarrow N_1 \dot{I}_1 + N_2 \dot{I}_2 = 0$ $\dot{I}_0$ 很小, $I_0 = I_N (2.5 \sim 5)\%$

得到

$$N_1 \dot{I}_1 = -N_2 \dot{I}_2, \text{有效值 } N_1 I_1 = N_2 I_2$$

$$\frac{\dot{I}_1}{\dot{I}_2} \approx -\frac{N_2}{N_1} = -\frac{1}{k} \text{ 或 } \frac{I_1}{I_2} \approx \frac{N_2}{N_1} = \frac{1}{k}$$

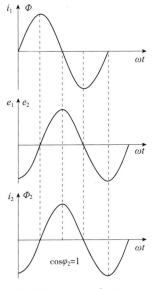

图 6-2-9 i_1, e_1 和 Φ_2 变化曲线图

上式表明变压器一、二次绕组的电流之比近似等于它们的匝数比的倒数。可见,变压器中的电流虽然由负载的大小确定,但是一、二次绕组中电流的比值是差不多不变的;因为当负载增加时,I_2 和 $N_2 I_2$ 随之增大,而 I_1 和 $N_1 I_1$ 也必须相应增大以抵偿二次绕组的电流和磁通势对主磁通的影响,从而维持主磁通的最大值近乎不变。

变压器的额定电流 I_{1N} 和 I_{2N} 是指按规定工作方式(长时连续工作或短时工作或间歇工作)运行时一、二次绕组允许通过的最大电流,它们是根据绝缘材料允许的温度确定的。二次绕组的额定电压与额定电流的乘积称为变压器的额定容量,即 $S_N \approx U_{2N} I_{2N} \approx U_{1N} I_{1N}$(单相),它是视在功率(单位是 V·A),与输出功率(单位是 W)不同。

(3) 阻抗变换(图 6-2-10)

由 $\dot{U}_1 = -k \dot{U}_2$ 和 $\dot{I}_1 = -\frac{1}{k} \dot{I}_2$ 有:

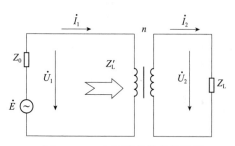

图 6-2-10 变压器的等效阻抗图

$$Z'_L = \frac{\dot{U}_1}{\dot{I}_1} = \frac{-k\dot{U}_2}{-\frac{1}{k}\dot{I}_2} = k^2 Z_L$$

$Z'_L = R'_L + jX'_L = k^2(R_L + jX_L)$, $R'_L = k^2 R_L$, $X'_L = k^2 X_L$

注：这里 X_L 不一定是感抗，也可以是容抗。匝数比不同，负载阻抗 Z_L 折算到（反映到）一次侧的等效阻抗 Z'_L 也不同。可以采用不同的匝数比，把负载阻抗变换为需要的、比较合适的数值，这种做法通常称为阻抗匹配。

(4) 变压器的损耗、效率（功率损失）及额定值

与交流铁心线圈一样，变压器的功率损耗包括铁心中的铁损 ΔP_{Fe} 和绕组上的铜损 ΔP_{Cu} 两部分。铁损的大小与铁心内磁感应强度的最大值 B_m 有关，与负载大小无关，而铜损则与负载大小（正比于电流平方）有关。

变压器的铜损：包括原、副绕组上的铜损，即 $\Delta P_{Cu} = I_1^2 r_1 + I_2^2 r_2$

变压器的铁损：包括磁滞损失 ΔP_h 和涡流损失 ΔP_e，$\Delta P_{Fe} = \Delta P_h + \Delta P_e$

变压器的变换效率为：$\eta = \dfrac{P_2}{P_1} = \dfrac{P_2}{P_2 + \Delta P_{Cu} + \Delta P_{Fe}} \times 100\%$

式中，P_2 为变压器的输出功率，P_1 为输入功率。变压器的功率损耗很小，所以效率很高，通常在 95% 以上。在一般电力变压器中，当负载为额定负载的 50%~75% 时，效率达到最大值。不做特殊说明的情况下，认为变压器的变换效率为 100%。

额定值：

U_{1N}/U_{2N} 为原/副绕组额定电压，U_{2N} 为副绕组空载（即开路）电压 U_{20}；

I_{1N}/I_{2N} 为原/副绕组额定电流；

$S_N = U_{2N} I_{2N} \approx U_{1N} I_{1N}$ 为容量，即额定视在功率；

$P_N = S_N \cos\varphi_L$ 为额定输出功率，其中 $\cos\varphi_L$ 为负载的功率因数，可见 $\cos\varphi_L$ 越低，P_N 越小，利用率越差，故必须对用户的 $\cos\varphi_L$ 提出要求。

(5) 变压器绕组的极性

变压器原、副绕组的绕向直接影响电压及电流的相位关系，从而影响绕组间串、并联法的正确性。在相同的磁通正方向下，由右手螺旋定则确定的各绕组电流流入（或流出）端，或各绕组中感应电势的同极性端称同名端或同极性端，用"·"或"*"标注在各绕组相应端，如图 6-2-11 所示。

左图中电流从 A 端和 a 端流入（或流出）时，产生的磁通的方向相同，两个绕组中的感应电动势的极性也相同，A 和 a 两端称为同极性端（即同名端），标以记号"·"。当然，X 和 x 两端也是同极性端。而右图中 A 和 x 两端为同名端，X 和 a 两端为同名端。

【例 6.2.1】 在图 6-2-12 中，交流信号源的电动势 $E = 120\text{V}$，内阻 $R_0 = 800\Omega$，负载电阻 $R_L = 8\Omega$。(1) 当 R_L 折算到一次侧的等效电阻 $R'_L = R_0$ 时，求变压器的匝数比和信号源输出的功率；(2) 当将负载直接与信号源连接时，信号源输出多大功率？

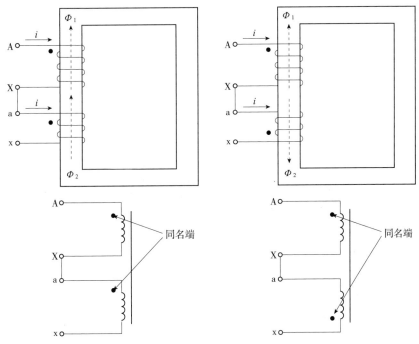

图 6-2-11 变压器的极性图

【解】 (1)变压器的匝数比应为

$$\frac{N_1}{N_2}=\sqrt{\frac{R'_L}{R_L}}=\sqrt{\frac{800}{8}}=10$$

信号源的输出功率为

$$P=\left(\frac{E}{R_0+R'_L}\right)^2 R'_L=\left(\frac{120}{800+800}\right)^2\times 800=4.5\text{W}$$

(2)当将负载直接接在信号源上时

$$P=\left(\frac{120}{800+8}\right)^2\times 8\approx 0.176\text{W}$$

【例 6.2.2】 图 6-2-13 所示的是一电源变压器,原绕组有 550 匝,接 220V 电压。副绕组有两个:一边电压 22V,负载 44W;一个电压 6V,负载 24W。两个都是纯电阻负载。试求原边电流 i_1 和两个副绕组的匝数。

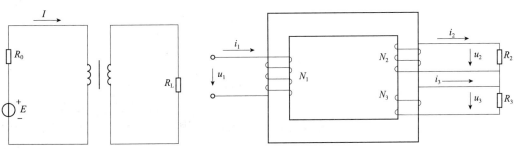

图 6-2-12 例 6.2.1 的电路图　　　图 6-2-13 例 6.2.2 的电路图

【解】 因 $P_2 = 44\text{W}$，$P_3 = 24\text{W}$，$P_1 = P_2 + P_3 = 68\text{W}$，$P_1 = U_1 I_1 = 220 I_1 = 68\text{W}$

故
$$I_1 = \frac{68}{220} \approx 0.31\text{A}$$

又 $\dfrac{U_1}{U_2} = \dfrac{N_1}{N_2}$，即 $\dfrac{220}{22} = \dfrac{550}{N_2}$，则 $N_2 = 55$ 匝

$\dfrac{U_1}{U_3} = \dfrac{N_1}{N_3}$，即 $\dfrac{220}{6} = \dfrac{550}{N_3}$，则 $N_3 = 15$ 匝

【练习与思考】

6.2.1　有一空载变压器，一次侧加额定电压 220V，并测得一次绕组电阻 $R_1 = 10\Omega$，试问一次侧电流是否等于 22A？

6.2.2　如果变压器一次绕组的匝数增加一倍，而所加电压不变，试问励磁电流将有何变化？

6.2.3　有一台电压为 220/100V 的变压器，$N_1 = 2\,000$，$N_2 = 1\,000$。有人想省些铜线，将匝数减为 400 和 200，是否也可以？

6.2.4　变压器的额定电压为 220/110V，如果不慎将低压绕组接到 220V 电源上，试问励磁电流有何变化？后果如何？

6.2.5　变压器铭牌上标出的额定容量是"千伏·安"，而不是"千瓦"，为什么？额定容量是指什么？

6.2.6　某变压器的额定频率为 50Hz，用于 25Hz 的交流电路中，能否正常工作？

6.3　特殊变压器

下面简单介绍几种特殊用途的变压器。

6.3.1　自耦变压器

图 6-3-1 所示的是一种自耦变压器，其结构特点为二次绕组是一次绕组的一部分。至于一、二次绕组电压之比和电流之比也是

$$\frac{U_1}{U_2} = \frac{N_1}{N_2} = K, \quad \frac{I_1}{I_2} = \frac{N_2}{N_1} = \frac{1}{K}$$

实验室中常用的调压器就是一种可改变二次绕组匝数的自耦变压器，其外形和电路如图 6-3-2 所示。

6.3.2　电流互感器

电流互感器是根据变压器的原理制成的，它主要是用来扩大测量交流电流的量程。因为要测量交流电路的大电流时（如测量容量较大的电动机、工频炉、焊机等的电流），通常电流表的量程是不够的。此外，使用电流互感器也是为了

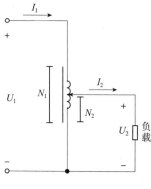

图 6-3-1　自耦变压器

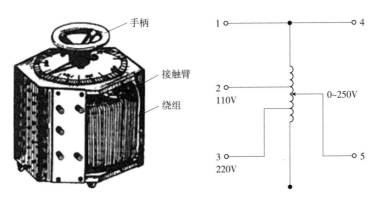

图 6-3-2 调压器的外形和电路符号

使测量仪表与高压电路隔开,以保证人身与设备的安全。

一次绕组的匝数很少(只有一匝或几匝),它串联在被测电路中。二次绕组的匝数较多,它与电流表或其他仪表及继电器的电流线圈相连接。电流互感器的接线图及其符号见图 6-3-3。

根据变压器原理,可认为

$$\frac{I_1}{I_2} = \frac{N_2}{N_1} = K_i$$

式中,K_i 是电流互感器的变换系数。

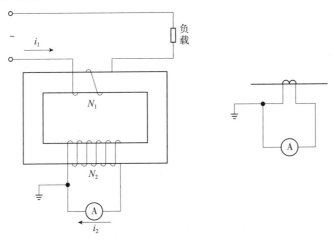

图 6-3-3 电流互感器的接线图及其符号

利用电流互感器可将大电流变换为小电流。电流表的读数 I_2 乘上变换系数 K_i 即为被测的大电流 I_1(在电流表的刻度上可直接标出被测电流值)。通常电流互感器二次绕组的额定电流都规定为 5A 或 1A。

测流钳是电流互感器的一种变形,它的铁心如同一个钳子,用弹簧压紧。测量时将钳压开而引入被测导线。这时该导线就是一次绕组,二次绕组绕在铁心上并与电流表接通。利用测流钳可以随时随地测量线路中的电流,不必像普通电流互感器那样必须固定在一处或者在测量时要断开电路而将一次绕组串接进去。测流钳的原

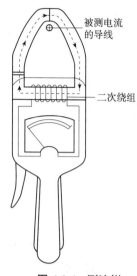

图 6-3-4 测流钳

理图如图 6-3-4 所示。

在使用电流互感器时，二次绕组电路是不允许断开的，这点和普通变压器不一样。因为它的一次绕组是与负载串联的，其中电流 I_1 的大小取决于负载的大小，不是决定于二次绕组电流 I_2。所以当二次绕组电路断开时（譬如在拆下仪表时未将二次绕组短接），二次绕组的电流和磁通势（或称为磁动势）立即消失，但是一次绕组的电流 I_1 未变。这时铁心内的磁通全由一次绕组的磁通势 $N_1 I_1$ 产生，结果造成铁心内很大的磁通（因为这时二次绕组的磁通势为零，不能对一次绕组的磁通势起去磁作用了）。这一方面使铁损大大增加，导致铁心发热到不能容许的程度；另一方面又会使二次绕组的感应电动势增高到危险的程度。

此外，为了使用安全起见，电流互感器的铁心及二次绕组的一端应该接地。

【练习与思考】

6.3.1 用测流钳测量单相电流时，如把两根线同时钳入，测流钳上的电流表有何读数？

6.3.2 用测流钳测量三相对称电流（有效值为 5A）。当钳入一根线、两根线及三根线时，试问电流表的读数分别为多少？

6.3.3 如错误地把电源电压 220V 接到调压器的两端（图 6-3-2），试分析会出现什么问题？

6.3.4 调压器用毕后为什么必须转到零位？

习　题

6.1.1 为了求出铁心线圈的铁损，先将它接在直流电源上，从而测得线圈的电阻为 1.75Ω；然后接在交流电源上，测的电压 $U=120$V，功率 $P=70$W，电流 $I=2$A，试求铁损和线圈的功率因数。

6.1.2 有一交流铁心线圈，接在 $f=50$Hz 的正弦电源上，在铁心中得到的磁通最大值为 $\Phi_m = 2.25 \times 10^{-3}$Wb。现在在此铁心上再绕一个线圈，其匝数为 200。当此线圈开路时，求其两端电压。

6.1.3 将一铁心线圈接于电压 $U=100$V，频率 $f=50$Hz 的正弦电源上，其电流 $I_1 = 5$A，$\cos\varphi_1 = 0.7$。若将此线圈的铁心抽出，再接于上述电源上，则线圈中电流 $I_2 = 10$A，$\cos\varphi_2 = 0.05$。试求此线圈在具有铁心时的铜损和铁损。

6.2.1 有一单相照明变压器，容量为 10kV·A，电压为 $3\,300/220$V。今欲在二次绕组接上 60W 220V 的白炽灯，如果要变压器在额定情况下运行，这种电灯可接多少个？并求一、二次绕组的额定电流。

6.2.2 SJL 型三相变压器的铭牌数据如下：$S_N = 180\text{kV}$，$U_{1N} = 10\text{kV}$，$U_{2N} = 400\text{V}$，$f = 50\text{Hz}$，Y/Y_0 连接。试求：(1) 一、二次绕组每相匝数；(2) 变压比；(3) 一、二次绕组的额定电流。

6.2.3 在图 6-1 中，输出变压器的二次绕组有中间抽头，以便接 8Ω 或 3.5Ω 的扬声器，两者都能达到阻抗匹配。试求二次绕组两部分匝数之比 $\dfrac{N_2}{N_3}$。

6.2.4 图 6-2 所示的变压器有两个相同的一次绕组，每个绕组的额定电压为 110V。二次绕组的电压为 6.3V。(1) 试问当电源电压在 220V 和 110V 两种情况下，一次绕组的四个接线端应如何正确连接？在这两种情况下，二次绕组两端电压及其中电流有无改变？每个一次绕组中的电流有无改变？(设负载一定) (2) 在图中，如果把接线端 2 和 4 相连，而把 1 和 3 接在 220V 的电源上，试分析这时将发生什么情况？

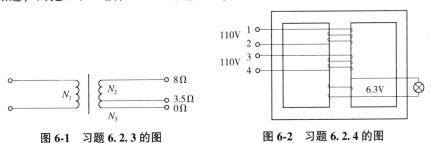

图 6-1 习题 6.2.3 的图　　图 6-2 习题 6.2.4 的图

6.2.5 图 6-3 是一个有三个二次绕组的电源变压器，试问能得出多少种输出电压？

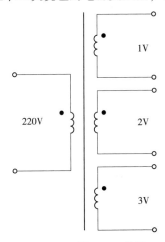

图 6-3 习题 6.2.5 的图

第7章 工业企业供电与安全用电

本章概述发电、输电、工业企业供配电、安全用电和节约用电等内容,作为本课程的基本知识,学生可以自学。

7.1 发电和输电概述

发电厂按照所利用的能源种类可分为水力、火力、风力、核能、太阳能、沼气等几种。现在世界各国建造得最多的,主要是水力发电厂和火力发电厂。近二十多年来,核电站也发展很快。

各种发电厂中的发电机几乎都是三相同步发电机,它也分为定子和转子两个基本组成部分。定子由机座、铁心和三相绕组等组成,与三相异步电动机或三相同步电动机的定子基本一样。同步发电机的定子常称为电枢。

同步发电机的转子是磁极,有显极和隐极两种。显极式转子具有凸出的磁极,显而易见,励磁绕组绕在磁极上,如图7-1-1所示。隐极式转子呈圆柱形,励磁绕组分布在转子大半个表面的槽中,如图7-1-2所示。与同步电动机一样,励磁电流也是经电刷和滑环流入励磁绕组的。目前多采用半导体励磁系统,即将交流励磁机(也是一台三相发电机)的三相交流经三相半导体整流器变换为直流,供励磁用。

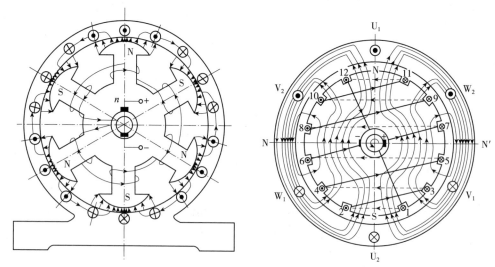

图 7-1-1 显极式同步发电机的示意图   图 7-1-2 隐极式同步发电机的示意图

显极式同步发电机的结构较为简单,但是机械强度较低,宜用于低速($n=1\,000\text{r/min}$以下)。水轮发电机(原动机为水轮机)和柴油发电机(原动机为柴油机)皆为显极式,如安装在三峡电站的国产700MW水轮发电机的转速75r/min(极数为80),其单机容量是目前世界上最大的。隐极式同步发电机的制造工艺较为复杂，但是机械强度较高，宜用于高速（$n=3\,000$r/min 或 $1\,500$r/min）。汽轮发电机（原动机为汽轮机）多半是隐极式的。

国产三相同步发电机的电压等级有 400/230V，3.15kV，6.3kV，10.5kV，13.8kV，15.75kV，18kV 及 20kV 等多种。至于为什么能产生三相对称电压，已在第 4 章 4.1 节讲述过。

大中型发电厂大多建在产煤地区或水力资源丰富的地区附近，距离用电地区往往是几十千米、几百千米以至一千千米以上。所以发电厂生产的电能要用高压输电线输送到用电地区，然后再降压分配给各用户。电能从发电厂传输到用户要通过导线系统，此系统称为电力网。

现在常常将同一地区的各种发电厂联合起来而组成一个强大的电力系统。这样可以提高各个电厂的设备利用率，合理调配各发电厂的负载以提高供电的可靠性和经济性。送电距离越远，要求输电线的电压越高。我国国家标准中规定输电线的额定电压为 35kV，110kV，220kV，330kV，500kV，750kV 等。图 7-1-3 所示的是输电线路的一例。

除交流输电外，还有直流输电，其结构原理如图 7-1-4 所示。整流是将交流变换为直流，逆变则反之。

直流输电的能耗较小，无线电干扰较小，输电线路造价也较低，但逆变和整流部分较为复杂。从三峡到华东地区已建有 50×10^4V 的直流输电线路。

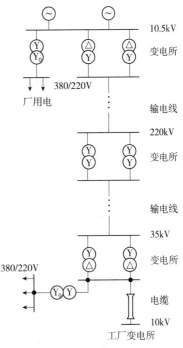

图 7-1-3　输电线路一例

图 7-1-4　直流输电结构原理图

7.2　工业企业配电

从输电线末端的变电所将电能分配给各工业企业和城市。工业企业往往要设中央变电所和车间变电所（小规模的企业往往只有一个变电所）。中央变电所接受送来的电能，然后分配到各车间，再由车间变电所或配电箱（配电屏）将电能分配给各用电设备。高压配电线的额定电压有 3kV，6kV 和 10kV 三种。低压配电线的额定电压是 380/220V。用电设备的额定电压大多是 220V 和 380V，大功率电动机的电压是 3 000V 和 6 000V，机床局部照明的电压是 36V。

从车间变电所或配电箱（配电屏）到用电设备的线路属于低压配电线路。低压配电线路的连接方式主要有放射式和树干式两种。

放射式配电线路如图 7-2-1 所示。当负载点比较分散且各个负载点又具有相当大的集中负载时，采用这种线路比较合适。

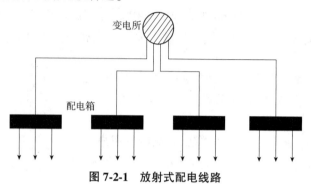

图 7-2-1　放射式配电线路

在下述情况采用树干式配电线路：

① 负载集中，同时各个负载点位于变电所或配电箱的同一侧，其间距离较短，如图 7-2-2(a)所示。

② 负载比较均匀地分布在一条线上，如图 7-2-2(b)所示。

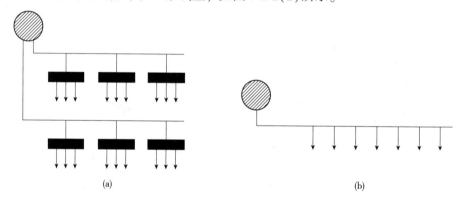

图 7-2-2　树干式配电线路

采用放射式或图 7-2-2(a)的树干式配电线路时，各组用电设备常通过总配电箱或分配电箱连接。用电设备既可独立地接到配电箱上，也可连成链状接到配电箱上，如图 7-2-3 所示。距配电箱较远，但彼此距离近的小型用电设备宜接成链状，这样节省导线。但是，同一链条上的用电设备一般不得超过 3 个。

车间配电箱是放在地面上(靠墙或靠柱)的一个金属柜，其中装有闸刀开关(现多用空气开关)和管状熔断器。配出线路有 4~8 个不等。

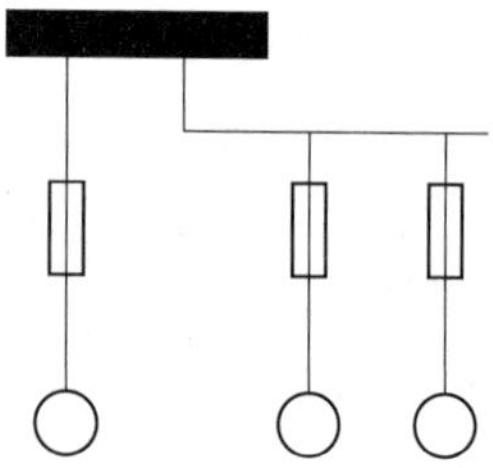

采用图 7-2-2(b)的树干式配电线路时，干线一般采用母线槽。这种母线槽直接从变电所经开关引到车间，不经配电箱。支线再从干线经出线盒引到用电设备。

放射式和树干式这两种配电线路现在都被采用。放射式供电可靠，但敷设投资较高。树干式供电可靠性较低，因为一旦干线损坏或需要修理时，就会影响连在同一干线上的负载；但其灵活性较大。另外，放射式与树干式比较，前者导线细，但

图 7-2-3　用电设备连接在配电箱上

总线路长，而后者则相反。

7.3 安全用电

当今社会，无论是家庭生活还是工农业生产都离不开电，如果不懂得安全用电知识，用电不当，将会给人们带来灾难。下面介绍有关安全用电的几个问题。

7.3.1 电流对人体的危害

由于不慎触及带电体，产生触电事故，会使人体受到各种不同的伤害。电流对人体的伤害可分为电伤和电击两种。

电伤是指在电弧作用下或熔断丝熔断时，对人体外部的伤害，如电弧灼伤、与带电体接触后的皮肤红肿以及在大电流下融化飞溅的金属(包括熔丝)对皮肤的烧伤等。

电击是指人体内部器官受伤。电击是由电流流过人体而引起的，大部分的触电死亡事故都是电击引起的，因此电击是最危险的触电事故。电击伤人的程度，由流过人体电流的频率、大小、途径和持续时间的长短，以及触电者本身的情况而定。

(1) 人体电阻的大小

通过人体电流的大小与触电电压和人体电阻有关，人体的电阻越大，流过人体的电流越小，伤害程度就越轻。研究表明人体电阻与触电部分皮肤表面的干湿情况、接触面积的大小及身体素质有关。通常人体电阻为几百欧姆到几万欧姆不等，个别人的电阻低至 600Ω。当皮肤出汗、有导电液或导电尘埃时，人体电阻会变小。

(2) 电流通过时间的长短

电流通过人体的时间越长，则伤害越严重。

(3) 电流的大小

人体对电流的反应见表 7-3-1。

表 7-3-1 人体对电流的反应

电流	人体对电流的反应
100~200μA	对人体无害反而能治病
1mA 左右	引起人体麻的感觉
不超过 10mA 时	人尚可摆脱电源
超过 30mA 时	人体感到剧痛、神经麻痹、呼吸困难，有生命危险
达到 100mA 时	很短时间内使人心跳停止

如果通过人体的电流在 0.05A 以上时，就有生命危险。一般地，接触 36V 以下的电压时，通过人体的电流不致于超过 0.05A，故把 36V 的电压作为安全电压。如果在潮湿的场所，安全电压还要规定得低一些，通常是 24V 和 12V。

(4) 电流的频率

直流及工频为 50Hz 左右的交流对人体的伤害最大，而 20kHz 以上的交流对人体无危害，高频电流还可以治疗某种疾病。

此外，电击后的伤害程度还与电流通过人体的路径以及与带电体接触的面积和压力等有关。其中头部触电及左手到右脚触电最为危险。

7.3.2 常见的触电

(1) 常见的触电原因

常见的触电原因有三种：

①违章冒险 明知在某种情况下不允许带电操作，但仍冒险带电操作，结果造成触电伤亡或死亡。

②缺乏电气知识 如把普通220V台灯移到浴室照明，并用湿手去开关电灯；又如发现有人触电时，不是及时切断电源或用绝缘物使触电者脱离电源，而是直接用手去拉触电者等。

③输电线或用电设备的绝缘损坏 当人体无意触摸因绝缘而损坏的通电导线或带电金属体时发生的触电。

(2) 常见的触电方式

常见的触电主要是低压触电，有接触正常带电体和接触正常不带电的金属体两类。

①接触正常带电体 这种触电方式又称为直接触电，分为单相触电和两相触电两种。

单相触电：人体的一部分接触带电体时，另一部分与大地或中性线相接，电流从带电体流经人体到大地形成回路，这种触电称为单相触电。人体的电阻一般为 $0.6 \sim 2 \mathrm{k}\Omega$，若加 220V 电压将产生大于 100mA 的电流，远大于安全电流 30mA，因此单相触电时很危险。它又有中性点接地和不接地两种情况。

电源中性点接地系统的单相触电，如图 7-3-1 所示。此时相电压加在人体上，危险性较大。如果人体与地面的绝缘较好，危险性可以大大减小。

电源中性点不接地系统的单相触电，如图 7-3-2 所示。电源中性点不接地时，一般不能构成电流通过人体的回路。但当导线与地面间的绝缘不良甚至有一相接地时，人体中就有电流通过。在交流的情况下，导线与地面间存在的电容也可构成电流的通路。

两相触电：当人体的不同部位同时接触两相电源带电体所引起的触电称为两相触电，此时人体所承受的电压是线电压 380V，比单相触电时的 220V 电压要高，两相触电最为危险，危害更大，但这种情况不常见。

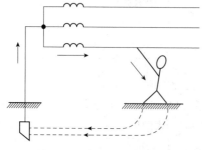

图 7-3-1 电源中性点接地的单相触电

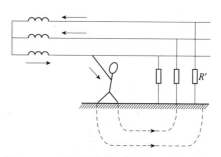

图 7-3-2 电源中性点不接触地的单相触电

②接触正常不带电的金属体　触电的另一种情形是接触了正常不带电的部分。如电机的外壳本来是不带电的，但由于绕组绝缘损坏而与外壳相接触，使它也带电。人手触及带电的电机(或其他电气设备)外壳，相当于单相触电。大多数触电事故属于这一种。为了防止这种触电事故，对电气设备常采用保护接地和保护接零(接中性线)的保护装置。

7.3.3　常用安全用电措施

人体触电常是由于人体靠近或接触电气设备带电部分，或人体触及了不带电但绝缘面损坏了的外壳、金属内架带电部分。安全用电的原则是不接触低压带电体，不靠近高压带电体。

(1) 直接触电的防护措施

基本防护原则是不要有意或无意地接触危险的带电体。基本防护措施是：绝缘、屏护、间距、安全电压、电气隔离。

①绝缘　是指利用绝缘材料对带电体进行封闭和电位隔离。绝缘是防止直接触电的最基本措施。任何电气设备和装置都应根据其使用环境和条件，对带电部分进行绝缘防护，绝缘性能必须满足该设备国家现行的绝缘标准。应注意的是很多绝缘材料受潮后会丧失绝缘性能。

②屏护　是指采用遮栏、护罩或围栏等将危险的带电体同外界隔离开来，屏护主要用于电气设备不便于绝缘或绝缘不足以保证安全的场合。屏护的安全条件：足够的尺寸和强度；足够的安装距离；金属屏护应可靠接地；采用信号或连锁装置；安全用电标志。

③间距　是指带电体与地面之间、带电体与其他设备和设施之间、带电体与带电体之间必要的安全距离。安全距离的大小取决于电压的高低、设备类型和安装方式等因素。

④安全电压　是为防止触电事故而采取的由特定电源提供的电压系列的上限值，是属于兼有直接接触电击和间接接触电击防护的安全措施。在任何情况下两导体间或任一导体与地之间均不得超过交流(50~500Hz)有效值50V。安全电压额定值的等级为42V，36V，24V，12V和6V。但必须注意的是42V或36V等电压并非绝对安全，在充满导电粉末或相对湿度较高或酸碱蒸气浓度高等情况下，也曾发生触电及36V电压触电死亡的事故。选用时根据使用环境、人员和使用方式等因素确定；采用超过24V的安全电压时，必须采取防止直接触及带电体的保护措施。根据国际电工委员会相关的原则中有关慎用"安全"一词的原则，上述安全电压的说法仅作为特低电压保护形式的表示，即不能认为仅采用了"安全"特低电压电源就能防止电击事故的发生。

(2) 间接触电的防护措施

①加强绝缘措施　采用具有双重绝缘或加强绝缘的电气设备以防止工作绝缘损坏后在易接近的部分出现危险的对地电压。

②电气隔离　实质上是将一次侧接地的电网转换为二次侧范围很小的不接地电网，从而阻断在二次侧工作的人员单相触电时电击电流的通路。例如，采用隔离变压器使电器线路和设备的带电部分处于悬浮状态，这样即使人站在地面上接触线路，也不易触电。

③自动断电措施　是指使用漏电开关、漏电保护断路器等电器设备进行自动保护。

当发生触电事故时，在规定时间内，这些保护开关能自动切断电源从而起到保护作用，漏电保护又称为剩余电流保护装置，漏电保护仅供作附加保护用，不应单独使用，其动作电流最大不宜超过30mA。

(3) 使用保护工具

保护工具是保证工作人员安全操作的工具，主要有绝缘手套、绝缘鞋、绝缘钳、棒、垫等。家庭中干燥的木制桌凳、玻璃等也可用作保护用具。

初学者在用电设备或线路上带电作业时，应由有经验的电工监护，穿长袖工作服，佩戴安全工作帽、绝缘手套、绝缘靴和相关防护用品，同时还要使用绝缘用具操作。在接线时，应先接负载，然后接电源；拆线时，则应先断开电源，然后拆负载。

7.3.4 保护接地和保护接零

正常情况下电气设备的金属外壳是不带电的，但是在绝缘损坏而漏电的情况下外壳就会带电。为了人身安全和电力系统工作的需要，要求电气设备采取接地措施。按接地目的的不同，主要可分为工作接地、保护接地和保护接零三种，如图7-3-3所示。图中的接地体是埋入地中并且直接与大地接触的金属导体。

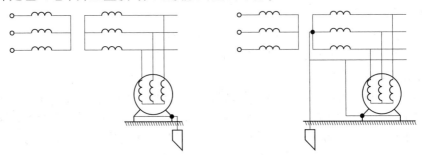

图 7-3-3 工作接地、保护接地和保护接零

(1) 工作接地

电力系统由于运行和安全的需要，常将中性点接地，这种接地方式称为工作接地。具有三个用途：

①降低触电电压　在中性点不接地的系统中，当一相接地而人体触及另外两相之一时，触电电压将为相电压的$\sqrt{3}$倍，即为线电压。而在中性点接地的系统中，在此种情况下，触电电压就降低到等于或接近相电压。

②迅速切断故障设备　在中性点不接地的系统中，当一相接地时，接地电流很小(因为导线和地面间存在电容和绝缘电阻，也可构成电流的通路)，不足以使保护装置动作而切断电源，接地故障不易被发现，将长时间持续下去，对人身不安全。而在中性点接地的系统中，一相接地后的接地电流较大(接近单相短路)，保护装置迅速动作，断开故障点。

③降低电气设备对地的绝缘水平　在中性点不接地的系统中，一相接地时将导致另外两相的对地电压升高到线电压。而在中性点接地的系统中，则接近于相电压，故可降低电气设备和输电线的绝缘水平，节省投资。

但是,中性点不接地也有好处。第一,一相接地往往是瞬时的,能自动消除,在中性点不接地的系统中,就不会跳闸而发生停电事故;第二,一相接地故障可以允许短时存在,这样便于寻找故障并进行修复。

(2)保护接地

保护接地指的是在电源中性点不接地的低压系统中,将电气设备的金属外壳(正常情况下是不带电的)与埋入地下并且与大地接触良好的接地装置进行可靠的电气连接,且对地电阻很小,而人体电阻一般远远大于接地电阻。当人体触及金属外壳时,人体电阻与接地电阻相并联,漏电流会全部经接地电阻流入大地,从而保证了人身安全。如果多台设备同时进行保护接地,需要将多个接地用导体连接在一起,连接线组成接地网即等电位连接,宜用于中性点不接地的低压系统中。保护接地注意事项:

①接地电阻一定要符合要求,接地一定要可靠。

②保护接地的目的是降低外壳电压,但由于工作性质的要求,并不需要立即停电。所以危险一直存在。

从防止人身触电角度考虑,既然保护接地不能完全保证安全,应当配漏电保护器;但从安全生产角度考虑,不允许一漏电就断电。因此存在矛盾,应根据现场的实际情况决定漏电时是否需要断电,如果允许断电则安装跳闸线圈,如采用选择性漏电保护装置。

图 7-3-4(a)所示的是电动机的保护接地,可分两种情况来分析:

①当出现电动机某一相绕组的绝缘损坏使外壳带电而外壳未接地的情况时,人体触及外壳,相当于单相触电。这时接地电流 I_e(经过故障点流入地中的电流)的大小取决于人体电阻 R_b 和绝缘电阻 R'。当系统的绝缘性能下降时,就有触电的危险。

②当电动机某一相绕组的绝缘损坏使外壳带电而外壳接地的情况下,人体触及外壳时,由于人体的电阻 R_b 与接地电阻 R_0 并联,而通常 $R_b > R_0$,所以通过人体的电流很小,不会有危险。这就是保护接地保证人身安全的作用。

(3)保护接零

保护接零就是将电气设备的金属外壳接到零线(或称中性线)上,宜用于中性点接地的低压系统中。电动机的保护接零如图 7-3-4(b)所示。

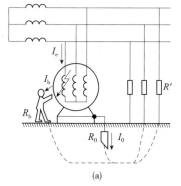
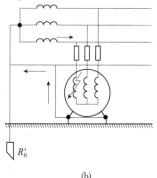

(a)   (b)

图 7-3-4 电动机的保护接地

(a)保护接地 (b)保护接零

保护接零适用于三相四线制中性线直接接地系统中的电气设备。对三相四线制，如果不采用保护接零，设备漏电时人体的接触电压为火线电压，十分危险。人体触及外壳后便造成单相触电事故。对三相四线制，如果采用保护接零，当设备漏电时，将变成单相短路，造成熔断器熔断或者开关跳闸，可及时切除电源，消除人体的触电危险。因此，采用保护接零是防止人体触电的有效手段。

保护接零的基本作用是当某相带电部分碰连设备外壳或当电动机某一相绕组的绝缘损坏而与外壳相接时，通过设备外壳形成该相对零线的单相短路，短路电流促使线路上过电流保护装置迅速动作，迅速将这一相中的保险丝熔断，断开了故障部分，外壳便不再带电，消除了触电危险。即使在保险丝熔断前人体触及到外壳，也由于人体电阻远大于线路电阻，通过人体的电流也是极为微小的。这种保护接零方式称为 TN 系统。保护接零的实质是提高动作电流，而保护接地的实质是降低人体触电电压。

为什么在中性点接地的系统中不采用保护接地呢？因为采用保护接地时，当电气设备的绝缘损坏时，接地电流为

$$I_e = \frac{U_P}{R_0 - R'_0}$$

式中，U_P 是系统的相电压；R_0 和 R'_0 分别是保护接地和工作接地的接地电阻。

如果系统电压为 380/220V，$R_0 = R'_0 = 4\Omega$，则接地电流为

$$I_e = \frac{220}{4+4} = 27.5\text{A}$$

为了保证保护装置能可靠地动作，接地电流不应小于继电保护装置动作电流的 1.5 倍或保险丝额定电流的 3 倍。因此，27.5A 的接地电流只能保证断开动作电流不超过 $\frac{27.5}{1.5}=18.3$A 的继电保护装置或额定电流不超过 $\frac{27.5}{3}\approx 9.2$A 的保险丝。如果电气设备容量较大，就得不到保护，接地电流长期存在，外壳也将长期带电，其对地电压为

$$U_e = \frac{U_P}{R_0 + R'_0} R_0$$

如果 $U_P = 220$V，$R_0 = R'_0 = 4\Omega$，则 $U_e = 110$V，此电压对人体不安全。

(4) 保护接零与重复接地

在中性点接地系统中，除采用保护接零外，还要采用重复接地，就是将零线相隔一定距离多处进行接地，如图 7-3-5 所示。这样，在图中当零线在"×"处断开而电动机的一相碰壳时：

① 如无重复接地，人体触及外壳，相当于单相触电，是有危险的，如图 7-3-1 所示。

② 如有重复接地，由于多处重复接地的接地电阻并联，使外壳对地电压大大降低，减小了危险程度。

为了确保安全，零(干)线必须连接牢固，开关和熔断器不允许装在零(干)线上。但引入住宅和办公场所的一根相线和一根零线上一般都装有双极开关，并都装有熔断器(图 7-3-6)以增加短路时熔断的机会。

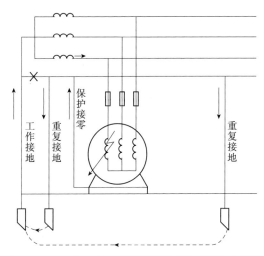

图 7-3-5 工作接地、保护接零和重复接地示意图

(5) 工作零线与保护零线

在三相四线制系统中,由于负载往往不对称,零线中有电流,因而零线对地电压不为零,距电源越远,电压越高,但一般在安全值以下,无危险性。为了确保设备外壳对地电压为零,专设保护零线 PE,如图 7-3-6 所示。工作零线在进建筑物入口处要接地,进户后再另设一保护零线。这样就成为三相五线制。所有的接零设备都要通过三孔插座位(L,N,E)接到保护零线上。在正常工作时,工作零线中有电流,保护零线中不应有电流。

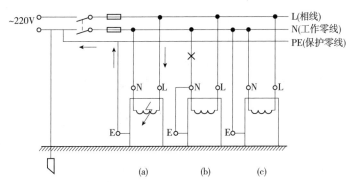

图 7-3-6 接零正确(a)、接零不正确(b)和忽视接零(c)示意图

图 7-3-6 中(a)的连接正确。当绝缘损坏,外壳带电时,短路电流经过保护零线,将熔断器熔断,切断电源,消除触电事故。图 7-3-6(b)的连接不正确,因为如果在×处断开,绝缘损坏后外壳便带电,将会发生触电事故。有的用户在使用日常电器(如电钻、电冰箱、洗衣机、台式电扇等)时,忽视外壳的接零保护,插上单相电源就用,如图 7-3-6(c)的接线所示,这是十分不安全的。一旦绝缘损坏,外壳就会带电。

在图 7-3-6 中,从靠近用户处的某点开始,工作零线 N 和保护零线 PE 分为两条,而在前面从电源中性点处开始两者是合一的。也可以在电源中性点处,两者就已分为两条而共同接地,此后不再有任何电气连接,这种保护接零方式称为 TN-S 系统。

7.3.5 触电急救

凡遇到有人触电时必须用最快的方法使触电者脱离电源。若救护人离控制电源的开关或插座较近，则应立即切断电源。或者，用干燥的竹竿或木棒等绝缘物强迫触电者脱离电源，也可用绝缘钳切断电源或带上绝缘手套、穿上绝缘鞋将触电者拉离电源，千万不可直接去拉尚未脱离电源的触电者。在剪断电线时应一根一根地剪，切不可两根电线一起剪。

当触电者脱离电源后，应立即进行现场紧急救护并及时报告医院。当触电者还未失去知觉时，应将他抬到空气流通、温度适宜的地方休息，不让其走动。当触电者出现心脏停搏、无法呼吸等假死现象时，要立即在现场对其进行人工呼吸或胸外按压。在送往医院的救护车上也不可中断抢救，不可盲目地给触电者注射强心针。

7.4 节约用电

随着我国社会主义建设事业的发展，各方面的用电需要日益增长。为了满足这种需要，除了增加发电量外，还必须注意节约用电，使每一度电都能发挥它的最大效用，从而降低生产成本，节省对发电设备和用电设备的投资。

节约用电的具体措施主要可以从以下五点开展：

①发挥用电设备的效能　如前所述，电动机和变压器通常在接近额定负载时运行效率最高，轻载时效率较低。因此，必须正确选用它们的功率。

②提高线路和用电设备的功率因数　提高功率因数的目的是为了发挥发电设备的潜力和减少输电线路的损失。对于工矿企业功率因数一般要达到 0.9 以上。关于提高功率因数的方法，请参阅本书第 3 章。

③降低线路损失　要减低线路损失，除提高功率因数外，还必须合理选择导线的截面，适当缩短大电流负载（如电焊机）的连接，保持连接点的紧接，安排三相负载接近对称等。

④技术革新　例如，电车上采用晶闸管调速比电阻调速可节约用电 20% 左右；电阻炉上采用硅酸铝纤维代替耐火砖作保温材料，可节电 30% 左右；采用精密铸造后，可使铸件的耗电量大大减小；采用节能灯后，耗电大、寿命短的白炽灯也将被淘汰。

⑤加强用电管理，特别是注意照明用电的节约。

习　题

7.1.1　为什么远距离输电要采用高电压？

7.4.1　在同一供电系统中为什么不能同时采用保护接地和保护接零？

7.4.2　为什么中性点不接地的系统中不采用保护接零？

7.4.3　区别工作接地、保护接地和保护接零。为什么在中性点接地系统中，除采用保护接零外，还要采用重复接地？

第8章 电工测量

本章可结合实验进行教学(不计入学时内),让读者了解常用的几种电工测量仪表的基本构造、工作原理和正确使用方法,并学会常见的几种电路物理量的测量方法。

8.1 电工测量仪表的分类

常用的直读式电工测量仪表有下列几种分类方法。

(1)按照被测量的种类分类

电工测量仪表若按照被测量的种类来分,可见表8-1-1所列。

表8-1-1 电工测量仪表按被测量的种类分类

序号	被测量的种类	仪表名称	符号
1	电流	电流表	A
		毫安表	mA
2	电压	电压表	V
		千伏表	kV
3	功率	功率表	W
		千瓦表	kW
4	电能	瓦时表	kWh
5	相位差	相位表	φ
6	频率	频率表	f
7	电阻	电阻表	Ω
		兆欧表	MΩ

(2)按照工作原理分类

电工测量仪表若按照工作原理来分类,主要的几种见表8-1-2所列。

表 8-1-2　电工测量仪表按工作原理分类

型式	符号	被测量的种类	电流的种类与频率
磁电式		电流、电压、电阻	直流
整流式		电流、电压	工频及较高频率的交流
电磁式		电流、电压	直流及工频交流
电动式		电流、电压、电功率、功率因数、电能量	直流及工频与较高频率的交流

①按照电流的种类分类　电工测量仪表可分为直流仪表、交流仪表和交直流两用仪表，见表 8-1-2 所列。

②按照准确度分类　准确度是电工测量仪表的主要特性之一。仪表的准确度与其误差有关。不管仪表制造得如何精确，仪表的读数和被测量的实际值之间总是有误差的。一种是基本误差，它是由仪表本身结构的不精确所产生的，如刻度的不准确、弹簧的永久变形、轴和轴承之间的摩擦、零件位置安装不正确等。另一种是附加误差，它是由于外界因素对仪表读数的影响所产生的，如没有在正常工作条件下进行测量、测量方法不完善、读数不准确等。

仪表的准确度是根据仪表的相对额定误差来分级的。所谓相对额定误差，就是指仪表在正常工作条件下进行测量可能产生的最大基本误差 ΔA_m 与仪表的最大量程（满标值）A_m 之比，如以百分数表示，则为

$$\gamma = \frac{\Delta A_m}{A_m} \times 100\% \tag{8-1-1}$$

目前我国直读式电工测量仪表按照准确度分为 0.1、0.2、0.5、1.0、1.5、2.5 和 5.0 七级。这些数字就是表示仪表的相对额定误差的百分数。

例如，有一准确度为 2.5 级的电压表，其最大量程为 50V，则可能产生的最大基本误差为

$$\Delta A_m = \gamma U_m = \pm 2.5\% \times 50 = \pm 1.25 \text{V}$$

在正常工作条件下，可以认为最大基本误差是不变的，所以被测量较满刻度值越小，则相对测量误差就越大。例如用上述电压表来测量实际值为 10V 的电压时，则相对测量误差为

$$\gamma_{10} = \frac{\pm 1.25}{10} \times 100\% = 12.5\%$$

而用它来测量实际值为 40V 的电压时，则相对测量误差为

$$\gamma_{40} = \frac{\pm 1.25}{40} \times 100\% \approx \pm 3.1\%$$

因此，在选用仪表的量程时，应使被测量的值越接近满标值越好。一般应使被测量的值超过仪表刻度值的一半以上。

准确度等级较高(0.1、0.2、0.5 级)的仪表常用来进行精密测量或校正其他仪表。

在仪表上，通常都标有仪表的型式、准确度的等级、电流的种类以及仪表的绝缘耐压强度和放置位置等符号(表 8-1-3)。

表 8-1-3 电工测量仪表上的几种符号

符号	意义	符号	意义
—	直流	⚡2kV	仪器绝缘试验电压 2 000V
~	交流	↑	仪表直立放置
≃	交直流	→	仪表水平放置
3~或≈	三相交流	∠60°	仪表倾斜 60°放置

8.2 电工测量仪表型式及电流、电压的测量

8.2.1 电工测量仪表的型式

按照工作原理可将常用的直读式仪表主要分为磁电式、电磁式和电动式等几种，见表 8-1-2 所列。

直读式仪表之所以能测量各种电量，主要是利用仪表中通入电流后产生电磁作用，使可动部分受到转矩而发生转动。转动转矩与通入的电流之间存在着一定的关系：

$$T = f(I)$$

为了使仪表可动部分的偏转角 α 与被测量成一定比例，必须有一个与偏转角成比例的阻转矩 T_c 来与转动转矩 T 相平衡，即

$$T = T_c$$

这样就能使仪表的可动部分平衡在一定位置，从而反映出被测量的大小。

此外，仪表的可动部分由于惯性的关系，当仪表开始通电或被测量发生变化时，不能马上达到平衡，而要在平衡位置附近经过一定时间的振荡才能静止下来。为了使仪表的可动部分迅速静止在平衡位置，以缩短测量时间，还需要有一个能产生制动力(阻尼力)的装置，它称为阻尼器。阻尼器只在指针转动过程中才起作用。

在通常的直读式仪表中主要是由上述三个部分——产生转动转矩的部分、产生阻转矩的部分和阻尼器组成的。

现在基本不用这些传统的机械式仪表，因为采用指针式仪表测量极易出现误差，所

以基本用数字仪表，采用集成芯片和电路板来实现。

8.2.2 磁电式仪表

磁电式仪表的构造如图 8-2-1 所示。它的固定部分包括马蹄形永久磁铁、极掌 NS 及圆柱形铁心等。极掌与铁心之间的空气隙的长度是均匀的，其中产生均匀的辐射方向的磁场，如图 8-2-2 所示。仪表的可动部分包括铝框及线圈，前后两根半轴 O 和 O'。螺旋弹簧(或用张丝)及指针等。铝框套在铁心上，铝框上绕有线圈，线圈的两头与联在半轴 O 上的两个螺旋弹簧的一端相接，弹簧的另一端固定，以便将电流通入线圈。指针也固定在半轴 O 上。

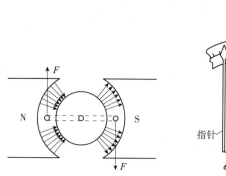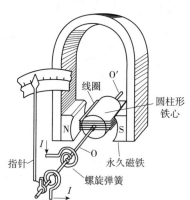

图 8-2-1 磁电式仪表　　图 8-2-2 磁电式仪表的转矩

当线圈通有电流 I 时，由于与空气隙中磁场的相互作用，线圈的两有效边受到大小相等、方向相反的力，其方向(图 8-2-2)由左手定则确定，其大小为

$$F = BlNI$$

式中，B 是空气隙中的磁感应强度；l 是线圈在磁场内的有效长度；N 是线圈的匝数。如果线圈的宽度为 b，则线圈所受的转矩为

$$T = Fb = BlbNI = k_1 I \tag{8-2-1}$$

式中，$k_1 = BlbN$，是一个比例常数。

在这转矩的作用下，线圈和指针便转动起来，同时螺旋弹簧被扭紧而产生阻转矩。弹簧的阻转矩与指针的偏转角成正比，即

$$T_c = k_2 a \tag{8-2-2}$$

当弹簧的阻转矩与转动转矩达到平衡时，可动部分便停止转动。此时

$$T = T_c \tag{8-2-3}$$

即

$$a = \frac{k_1}{k_2} I = KI \tag{8-2-4}$$

即指针偏转的角度与流经线圈的电流成正比，从而可在标度尺上做均匀刻度。当线圈中无电流时，指针应在零的位置。如果不在零的位置，可用校正器进行调整。

磁电式仪表阻尼作用的产生原理：当线圈通入电流并发生偏转时，铝框切割永久磁铁的磁通，在框内感应出电流，此电流再与永久磁铁的磁场相互作用，产生了与

转动方向相反的制动力，于是仪表的可动部分就受到阻尼作用，迅速静止在平衡位置。

这种仪表只能用来测量直流，若通入交流电流，则可动部分由于惯性较大，将赶不上电流和转矩的迅速交变而静止不动。也就是说，可动部分的偏转取决于平均转矩，而并不取决于瞬时转矩。在交流的情况下，这种仪表的转动转矩的平均值为零。

8.2.3 电动式仪表

电动式仪表的构造如图 8-2-3 所示。它有两个线圈：固定线圈和可动线圈。后者与指针及空气阻尼器的活塞都固定在转轴上。同磁电式仪表一样，可动线圈中的电流也是通过螺旋弹簧引入的。

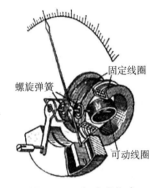

图 8-2-3 电动式仪表

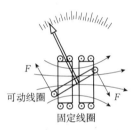

图 8-2-4 电动式仪表的转矩

当固定线圈通有电流 I_1 时，在其内部产生磁场（磁感应强度为 B_1），可动线圈中的电流 I_2 与此磁场相互作用，产生大小相等、方向相反的两个力（图 8-2-4），其大小与磁感应强度 B_1 和电流 I_2 的乘积成正比。而 B_1 可以认为是与电流 I_1 成正比的，所以作用在可动线圈上的力或仪表的转动转矩与两线圈中的电流 I_1 和 I_2 的乘积成正比，即

$$T = k_1 I_1 I_2 \tag{8-2-5}$$

在此转矩的作用下，可动线圈和指针发生偏转。改变任何一个线圈中的电流的方向改变，指针偏转的方向就随着改变。两个线圈中的电流的方向同时改变，但偏转的方向不变。因此，电动式仪表也可用于交流电路。

当线圈中通入交流电流 $i_1 = I_{1m}\sin\omega t$ 和 $i_2 = I_{2m}\sin(\omega t + \varphi)$ 时，转动转矩的瞬时值即与两个电流的瞬时值的乘积成正比。但仪表可动部分的偏转是决定于平均转矩的，即

$$T = k_1' I_1 I_2 \cos\varphi \tag{8-2-6}$$

式中，I_1 和 I_2 是交流电流切和以的有效值；φ 是 I_1 和 I_2 之间的相位差。

当螺旋弹簧产生的阻转矩 $T_c = k_2 a$，与转动转矩达到平衡时，可动部分停止转动。这时

$$T = T_c$$

即

$$a = k_1 I_1 I_2 \text{（直流）} \tag{8-2-7}$$

或

$$a = k_1 I_1 I_2 \cos\varphi \text{（交流）} \tag{8-2-8}$$

电动式仪表的优点是适用于交直流，同时由于没有铁心，所以准确度较高。其缺点是受外界磁场的影响大(本身的磁场很弱)，不能承受较大过载(理由见磁电式仪表)。

电动式仪表可用在交流或直流电路中测量电流、电压及功率等。

8.2.4 电流的测量

测量直流电流传统上采用磁电式电流表，测量交流电流主要采用电磁式电流表。电流表应串联在电路中(图 8-2-5)。为了不因接入电流表而影响电路的工作，电流表的内阻必须很小。因此，如果不慎将电流表并联在电路的两端，则电流表将被烧毁，在使用时必须注意。

8.2.5 电压的测量

测量直流电压常用磁电式电压表，测量交流电压常用电磁式电压表。电压表是用来测量电源、负载或某段电路两端的电压的，所以必须和它们并联(图 8-2-6)。为了不因接入电压表而影响电路的工作，电压表的内阻必须很高。

图 8-2-5 电流表测电流连接图　　图 8-2-6 电压表测电压连接图

8.3 万用表

万用表可测量多种电量，虽然准确度不高，但是使用简单，携带方便，特别适用于检查线路和修理电气设备。万用表有磁电式和数字式两种。

8.3.1 磁电式万用表

磁电式万用表由磁电式微安表、若干分流器和倍压器、二极管及转换开关等组成，可以用来测量直流电流、直流电压、交流电压和电阻等。图 8-3-1 是常用的 MF-30 型万用表的面板图。现将各项测量电路分述如下。

(1) 直流电流的测量

测量直流电流的原理电路如图 8-3-1 所示。被测电流从"+""−"两端进出。$R_{A1} \sim R_{A5}$ 是分流器电阻，它们

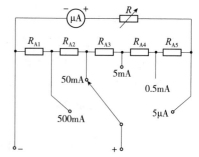

图 8-3-1 测量直流电流的原理电路

和微安表连成一闭合电路。改变转换开关的位置，就改变了分流器的电阻，从而也就改变了电流的量程。例如，放在 50mA 档时，分流器电阻为 $R_{A1}+R_{A2}$，其余则与微安表串联。量程越大，分流器电阻越小。图中的 R 为直流调整电位器。

(2) 直流电压的测量

测量直流电压的原理电路如图 8-3-2 所示。被测电压加在"+""-"两端。R_{V1}，R_{V2}，…是倍压器电阻。量程越大，倍压器电阻也越大。

电压表的内阻越高，从被测电路取用的电流越小，被测电路受到的影响也就越小。可以用仪表的灵敏度。即用仪表的总内阻除以电压量程来表明这一特征。MF-30 型万用表在直流电压 25V 档上仪表的总内阻为 500kΩ，则这档的灵敏度为 $\dfrac{500\text{k}\Omega}{25\text{V}} = 20\text{k}\Omega/\text{V}$。

(3) 交流电压的测量

测量交流电压的原理电路如图 8-3-3 所示。磁电式仪表只能测量直流，如果要测量交流，则必须附有整流元件，即图中的半导体二极管 D_1 和 D_2。二极管只允许一个方向的电流通过，反方向的电流不能通过。被测交流电压加在"+"和"-"两端。在正半周时，设电流从"+"端流进，经二极管 D_1，部分电流经微安表流出。在负半周时，电流直接经 D_2 从"+"端流出。可见，通过微安表的是半波电流，读数应为该电流的平均值。为此，表中有一交流调整电位器（图中的 600Ω 电阻），用来改变表盘刻度；于是，指示读数便被折换为正弦电压的有效值。至于量程的改变，则与测量直流电压时相同。R'_{V1}，R'_{V2}，…是倍压器电阻。

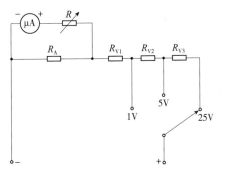

图 8-3-2 测量直流电压的原理电路

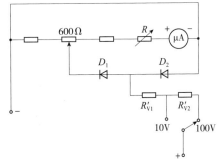

图 8-3-3 测量交流电压的原理电路

万用表交流电压档的灵敏度一般比直流电压档的低。MF-30 型万用表交流电压档的灵敏度为 5kΩ/V。

普通万用表只适于测量频率为 45~1 000Hz 的交流电压。

(4) 电阻的测量

测量电阻的原理电路如图 8-3-4 所示。测量电阻时要接入电池，被测电阻也是接在"+""-"两端。被测电阻越小，即电流越大，因此指针的偏转角越大。测量前应先将"+""-"两端短接，看指针是否偏转最

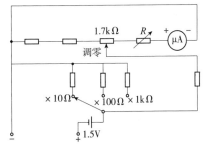

图 8-3-4 测量电阻的原理电路

大而指在零（刻度的最右处），否则应转动零欧姆调节电位器（图中的 1.7kΩ 电阻）进行校正。

使用万用表时应注意转换开关的位置和量程，绝对不能在带电线路上测量电阻，用

毕应将转换开关转到高电压档。

此外，由图 8-3-4 可知，面板上的"+"端接在电池的负极，而"-"端接在电池的正极。

8.3.2 数字式万用表

现以 DT-830 型数字万用表（图 8-3-5）为例来说明它的测量范围和使用方法。

（1）测量范围

①直流电压分五档 200mV，2V，20V，200V，1000V，输入电阻为 10MΩ。

②交流电压分五档 200mV，2V，20V，200V，750V，输入阻抗为 10MΩ，频率范围为 40~500Hz。

③直流电流分五档 200μA，2mA，20mA，200mA 和 10A。

④交流电流分五档 200mA，2mA，20mA，200mA 和 10A。

⑤电阻分六档 200Ω，2kΩ，20kΩ，200kΩ，2MΩ 和 20MΩ。

此外，还可检查半导体二极管的导电性能，并能测量晶体管的电流放大系数 h_{FE} 和检查线路通断。

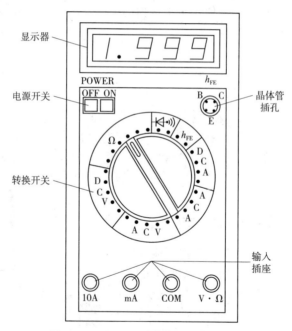

图 8-3-5　DT-830 型数字万用表的面板

（2）面板说明

①显示器　显示 4 位数字，最高位只能显示 1 或不显示数字，算半位，故称三位半$\left(3\frac{1}{2}位\right)$。最大指示值为 1999 或 -1999。当被测量超过最大指示值时，显示"1"或"-1"。

②电源开关　使用时将电源开关置于"ON"位置；使用完毕置于"OFF"位置。

③转换开关　用以选择功能和量程。根据被测的电量（电压、电流、电阻等）选择相应的功能位，按被测量的大小选择适当的量程。

④输入插座 将黑色测试笔插入"COM"插座。红色测试笔有如下三种插法：测量电压和电阻时插入"V·Ω"插座；测量小于200mA的电流时插入"mA"插座；测量大于200mA的电流时插入"10A"插座。

DT-830型数字万用表的采样时间为0.4s，电源为直流9V。

【例8.3.1】 用数字式万用表测量一个10kΩ的电阻，请问分别用万用表的"×200"档、"×2K"档、"×20K"档、"×200K"档和"×20M"档测量，万用表的显示数字分别为多少？

【解】 "×200"档：1；
　　　　"×2k"档：10.0；
　　　　"×20k"档：10.0；
　　　　"×200k"档：0.10；
　　　　"×20M"档：0.01。

8.4 功率的测量

电路中的功率与电压和电流的乘积有关，因此用来测量功率的仪表必须具有两个线圈：一个用来反映负载电压，与负载并联，称为并联线圈或电压线圈；另一个用来反映负载电流，与负载串联，称为串联线圈或电流线圈。这样，电动式仪表可以用来测量功率，通常用的就是电动式功率表。

8.4.1 单相交流和直流功率的测量

图8-4-1是功率表的接线图。固定线圈的匝数较少，导线较粗，与负载串联，作为电流线圈。可动线圈的匝数较多，导线较细，与负载并联，作为电压线圈。

由于并联线圈串有高阻值的倍压器，它的感抗与其电阻相比可以忽略不计，所以可以认为其中电流 i_2 与两端的电压 u 同相。这样，I_2 即为负载电流的有效值 I，I_2 与负载电压的有效值 U 成正比，φ 即为负载电流与电压之间的相位差，而 $\cos\varphi$ 即为电路的功率因数。因此，式(8-2-8)也可写成

$$\alpha = k'UI\cos\varphi = k'P \qquad (8-4-1)$$

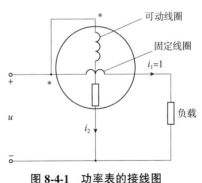

可见，电动式功率表中指针的偏转角 α 与电路的平均功率 P 成正比。

图8-4-1 功率表的接线图

如果将电动式功率表的两个线圈中的一个反接，指针就反向偏转，这样便不能读出功率的数值。因此，为了保证功率表正确连接，在两个线圈的始端标以"±"或"∗"号，这两端均应连在电源的同一端(图8-4-1)。

功率表的电压线圈和电流线圈各有其量程。改变电压量程的方法和电压表一样，即改变倍压器的电阻值。电流线圈常常是由两个相同的线圈组成，当两个线圈并联时，电流量程要比串联时大一倍。

同理,电动式功率表也可测量直流功率。

8.4.2 三相功率的测量

在三相三线制电路中,不论负载为星形连接或三角形连接,也不论负载对称与否,都广泛采用两功率表法来测量三相功率。图 8-4-2 所示的是负载为星形连接的三相三线制电路,其三相瞬时功率:$p = p_1 + p_2 + p_3 = u_1 i_1 + u_2 i_2 + u_3 i_3$。

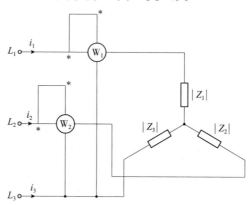

图 8-4-2 用两功率表法测量三相功率

因为 $i_1 + i_2 + i_3 = 0$

所以 $p = u_1 i_1 + u_2 i_2 + u_3(-i_1 - i_2) = (u_1 - u_3) i_1 + (u_2 - u_3) i_2 = u_{13} i_1 + u_{23} i_3 = p_1 + p_2$ (8-4-2)

由式(8-4-2)可知,三相功率可用两个功率表来测量。每个功率表的电流线圈中通过的是线电流,而电压线圈上所加的电压是线电压。两个电压线圈的一端都连在未串联电流线圈的一线上(图 8-4-2)。应注意,两个功率表的电流线圈可以串联在任意两线中。

在图 8-4-2 中,第一个功率表的读数为

$$P_1 = \frac{1}{T} \int_0^T u_{13} i_1 \mathrm{d}t = U_{13} I_1 \cos\alpha \quad (8\text{-}4\text{-}3)$$

式中,α 为 u_{13} 和 i_1 之间的相位差。而第二个功率表 W_2 的读数为

$$P_2 = \frac{1}{T} \int_0^T u_{23} i_2 \mathrm{d}t = U_{23} I_2 \cos\beta \quad (8\text{-}4\text{-}4)$$

式中,β 为 u_{23} 和 i_2 之间的相位差。

$$P = P_1 + P_2 = U_{13} I_1 \cos\alpha + U_{13} I_1 \cos\alpha$$

两功率表的读数 P_1 与 P_2 之和即为三相功率。

当负载对称时,由图 8-4-3 的相量图可知,两功率表的读数分别为

$$P_1 = U_{13} I_1 \cos\alpha = U_1 I_1 \cos(30°-\varphi) \quad (8\text{-}4\text{-}5)$$

$$P_2 = U_{23} I_2 \cos\alpha = U_1 I_1 \cos(30°+\varphi) \quad (8\text{-}4\text{-}6)$$

因此,两功率表读数之和为

$$P = P_1 + P_2 = U_1 I_1 \cos(30°-\varphi) + U_1 I_1 \cos(30°+\varphi) = \sqrt{3} U_1 I_1 \cos\varphi \quad (8\text{-}4\text{-}7)$$

由式(8-4-7)可知,当相电流与相电压同相时,即 $\varphi = 0$,则 $P_1 = P_2$,即两个功率表的读数相等。当相电流比相电压滞后的角度 $\varphi > 60°$ 时,则 P_2 为负值,即第二个功率表

的指针反向偏转,这样便不能读出功率的数值。因此,必须将该功率表的电流线圈反接。这时三相功率便等于第一个功率表的读数减去第二个功率表的读数,即 $P = P_1 + (-P_2) = P_1 - P_2$。

由此可知,三相功率应是两个功率表读数的代数和,其中任意一个功率表的读数是没有意义的。

在实用上,常用一个三相功率表(或称二元功率表)代替两个单相功率表来测量三相功率,其原理与两功率表法相同,接线图如图 8-4-4 所示。

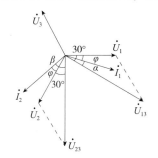

图 8-4-3 对称负载星形连接时的相量

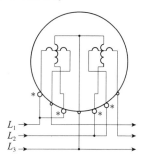

图 8-4-4 三相功率表的接线图

习 题

8.1.1 什么是电工测量?

8.1.2 数字式仪表有何特点?与模拟式仪表有何区别?

8.1.3 电工指示仪表按使用方法分类,可分为安装式和便携两种仪表,对吗?

8.2.1 什么叫电压、电流灵敏度?

8.2.2 磁电系电流表又称为直流电流表,对吗?

8.2.3 指示仪表的指针通常采用铝合金材料制成,对吗?

8.2.4 由电源突变引起的误差叫作什么误差?

8.2.5 选择仪表内阻时,要求电压表内阻尽量大,电流表内阻尽量小,这种说法对不对?

8.2.6 仪表的标度尺刻度不准造成的误差叫基本误差,对不对?

8.2.7 表示仪表标度尺位置为垂直的符号是⊥,表示与水平面倾斜成 60°符号是∠60°。

8.2.7 电工仪表的测量结果与被测量实际值之间的差值叫误差。

8.2.8 电工仪表的基本误差指的是什么?. 附加误差又指的是什么?

8.3.1 如何使用数字式万用表验证一根电线是否正常及如何测量电阻和直流、交流电压和电流?

8.3.2 欧姆表测电阻属于直接测量法吗?

8.3.3 选择仪表的准确度时,要求是什么?

第9章 交流电机

电动机的作用是将电能转换为机械能。现代各种生产机械都广泛应用电动机来驱动。有的生产机械只装配着一台电动机，如单轴钻床；有的需要好几台电动机，如某些机床的主轴、刀架、横梁以及润滑油泵和冷却油泵等都是由单独的电动机来驱动的。

生产机械由电动机驱动有很多优点：简化生产机械的结构；提高生产效率和产品质量；能实现自动控制和远距离操纵；减轻繁重的体力劳动。

电动机可分为交流电动机和直流电动机两大类。交流电动机又分为异步电动机(或称感应电动机)和同步电动机。直流电动机按照励磁方式的不同分为他励、并励、串励和复励四种。

在生产上主要用的是交流电动机，特别是三相异步电动机，它被广泛地用于驱动各种金属切削机床、起重机、锻压机、传送带、铸造机械、功率不大的通风机及水泵等。仅在需要均匀调速的生产机械上，如龙门刨床、轧钢机及某些重型机床的主传动机构，以及在某些电力牵引和起重设备中才采用直流电动机。同步电动机主要用于功率较大、不需调速、长期工作的各种生产机械，如压缩机、水泵、通风机等。单相异步电动机常用于功率不大的电动工具和某些家用电器中。除上述动力用电动机外，在自动控制系统和计算装置中还会用到各种控制电机。

本章主要讨论三相异步电动机下列几个方面：①基本构造；②工作原理；③定子和转子电路；④表示转速与转矩之间关系的机械特性；⑤起动、反转、调速及制动的基本原理和基本方法；⑥应用场合和如何正确连接。

9.1 三相异步电动机的构造

三相异步电动机由定子(固定部分)和转子(旋转部分)两个基本部分构成。图 9-1-1 所示的是三相异步电动机的构造图。

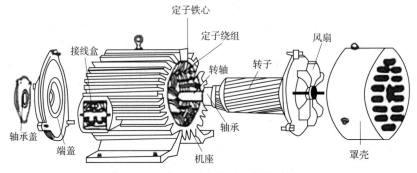

图 9-1-1　三相异步电动机的构造图

三相异步电动机的定子是电动机的不动部分，它由定子铁心、定子绕组和机座等组成。为了减少铁心的涡流损失，定子铁心由厚为 0.5mm、内圆周上均匀地冲有槽孔的环形硅钢片叠压而成（图 9-1-2），因此在铁心内圆周上形成了均匀的轴向线槽，用来放置定子绕组。定子绕组是用带有绝缘包皮的电磁导线（如漆包铜线等）绕成匝数相同的线圈，再按一定的规律将全部线圈连接成三组匝数相同、对称分布于铁心内圆周上的绕组，有的接成星形，有的接成三角形，这就构成了三相对称绕组。其中每一组称为一相绕组：U_1U_2，V_1V_2，W_1W_2。

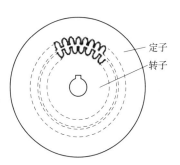

图 9-1-2　定子和转子的铁心片

机座是用铸铁或铸钢制成的，机座是用来安装定子铁心和固定整个电动机的，机座两端各装有端盖一个，端盖上有轴承孔，用来安放轴承。转子被轴承支撑着，可在定子铁心内圆中旋转。机座和端盖组成电动机外壳，可制成封闭式、防滴式等型式，封闭式外壳可防止灰尘杂物进入电动机内部，使电动机能在尘土飞扬的环境中工作，但同时防碍了散热。为克服此缺点，在机座绝缘上铸有散热筋，以增加散热面积。此外，还在端盖外部的轴端上加装了外风扇以加强通风散热作用。外风扇用风罩盖着以保安全，并使风沿轴向流通。

转子是电动机的转动部分，它由转轴、转子铁心、转子绕组、风扇等部分组成。三相异步电动机的转子根据构造上的不同分为两种型式：鼠笼型和绕线型，转子铁心是圆柱状，也用硅钢片叠成，表面冲有槽（图 9-1-2）。铁心装在转轴上，轴上加机械负载。

鼠笼型的转子绕组做成鼠笼状，就是在转子铁心的槽中放铜条，其两端用端环连接（图 9-1-3）或者在槽中浇铸铝液，铸成一鼠笼（图 9-1-4），这样便可以用比较便宜的铝来代替铜，同时制造也快。目前中小型鼠笼型电动机的转子很多是铸铝的。鼠笼型异步电动机的"鼠笼"是它的构造特点，易于识别。

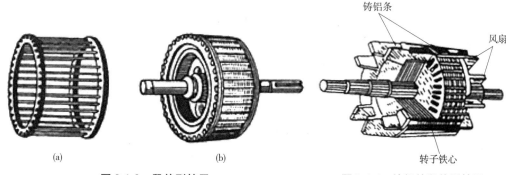

图 9-1-3　鼠笼型转子
（a）鼠笼型绕组　（b）转子外形

图 9-1-4　铸铝的鼠笼型转子

绕线型异步电动机的构造如图 9-1-5 所示，它的转子绕组同定子绕组一样，也是三相的，为星形连接。它每相的始端连接在一个铜制的滑环上，滑环固定在转轴上，环与环、环与转轴都互相绝缘。在环上用弹簧压着碳质电刷，起动电阻和调速电阻借助电刷同滑环

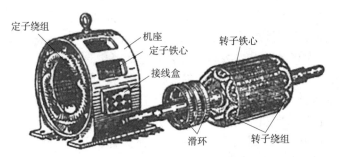

图 9-1-5 绕线型异步电动机的构造

和转子绕组连接。通常根据绕线型异步电动机具有三个滑环的构造特点来辨认它。

鼠笼型与绕线型只是在转子的构造上不同,它们的工作原理是一样的。鼠笼型电动机由于构造简单、价格低廉、工作可靠等优点,广泛应用在生产上。

9.2 三相异步电动机的转动原理

三相异步电动机接上电源就会转动。为了说明这个转动原理,先来做个演示。图 9-2-1 所示的是一个装有手柄的蹄形磁铁,磁极间放有一个可以自由转动的、由铜条组成的转子。铜条两端分别用铜环连接起来,形似鼠笼,作为鼠笼型转子。磁极和转子之间无机械联系。当摇动磁极时,发现转子跟着磁极一起转动。摇得快,转子转得也快;摇得慢,转得也慢;反摇,转子马上反转。

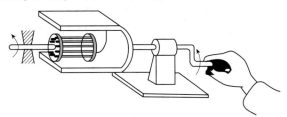

图 9-2-1 异步电动机转子转动的演示

从演示中得到两点启示:第一,有一个旋转的磁场;第二,转子跟着磁场转动。异步电动机转子转动的原理与上述演示相似。那么,在三相异步电动机中,磁场从何而来,又怎么还会旋转呢?下面来讨论这个问题。

9.2.1 旋转磁场

(1) 旋转磁场的产生

三相异步电动机的定子铁心中放有三相对称绕组 U_1U_2,V_1V_2,W_1W_2。设将三相绕组接成星形[图 9-2-2(a)],接在三相电源上,绕组中便通入三相对称电流,即

$$i_1 = I_m \sin\omega t \quad \text{A}$$
$$i_2 = I_m \sin(\omega t - 120°) \quad \text{A}$$
$$i_3 = I_m \sin(\omega t + 120°) \quad \text{A}$$

其波形如图 9-2-2(b) 所示。取每相绕组始端到末端的方向作为电流的参考方向。在电流的正半周时,其值为正,其实际方向与参考方向一致;在负半周时,其值为负,其实际方向与参考方向相反。

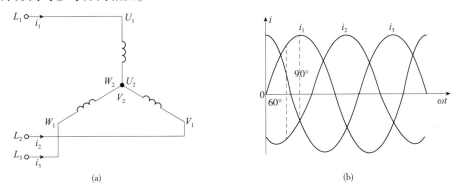

图 9-2-2　三相对称电流

在 $\omega t=0$ 的瞬间,定子绕组中的电流方向如图 9-2-3(a) 所示。这时 $i_1=0$;i_2 是负的,其方向与参考方向相反,即自 V_2 到 V_1;i_3 是正的,其方向与参考方向相同,即自 W_1 到 W_2。将每相电流所产生的磁场相加,便得出三相电流的合成磁场。在图 9-2-3(a) 中,合成磁场轴线的方向是自上而下。

图 9-2-3(b) 所示的是 $\omega t=60°$ 时定子绕组中电流的方向和三相电流的合成磁场的方向。这时的合成磁场已在空间转过了 $60°$。

同理可得在 $\omega t=90°$ 时的三相电流的合成磁场,它比 $\omega t=60°$ 时的合成磁场在空间又转过了 $30°$,如图 9-2-3(c) 所示。

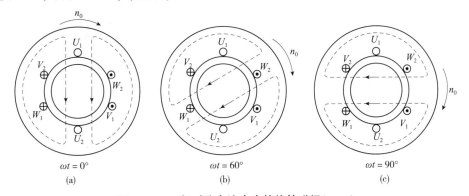

图 9-2-3　三相对称电流产生的旋转磁场($p=1$)
(a) $\omega t=0$ 时定子绕组中的电流和合成磁场的方向　(b) $\omega t=60°$ 时定子绕组中合成磁场的方向
(c) $\omega t=90°$ 时定子绕组中合成磁场的方向

由上可知,当定子绕组中通入三相对称电流后,它们共同产生的合成磁场是随电流的交变而在空间不断地旋转,这就是旋转磁场。此旋转磁场同磁极在空间旋转(图 9-2-1)所起的作用是一样的。

(2) 旋转磁场的转向

旋转磁场的旋转方向与通入绕组的三相电流的相序有关。只要将同三相电源连接的三根导线中的任意两根的一端对调位置，如将电动机三相定子绕组的 V_1 端与电源 L_3 相连或 W_1 与 L_2 相连，则旋转磁场就反转了（图 9-2-4）。

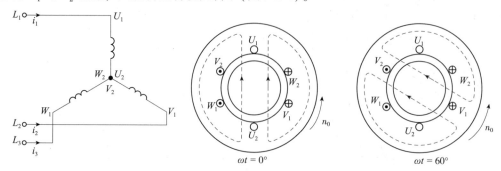

图 9-2-4　旋转磁场的反转

(3) 旋转磁场的极数

三相异步电动机的极数就是旋转磁场的极数。旋转磁场的极数和三相绕组的安排有关。由流过定子三相绕组的电流波形图可知，当 $\omega t=0$ 时，i_1 为零，这时 U_1U_2 这一相（即 U 相）绕组无电流通过；i_2 为负值，即 V 相绕组电流由 V_1 端流入，V_2 端流出；i_3 为正值，即 W 相绕组电流由 W_1 端流入，W_2 端流出。根据右手螺旋法则，可确定此时三相电流所产生的合成磁场是两极磁场（即只有一对磁极），$i_1=0$，i_2 为负，i_3 为正。同理，当 $\omega t=\pi/2$ 时，i_1 为正最大值，i_2 与 i_3 均为负值，这时流过各相绕组的电流方向如图 9-2-3(c) 所示，合成磁场也是两极的，跟前一时刻相比，其磁极沿顺时针方向转过了 $\pi/2$。用同样的方法可确定其他时刻的合成磁场的极数和磁极位置，如图 9-2-3(b) 所示。由图可见，合成磁场是两极磁场，当电流变化一周时，合成磁场也沿顺时针方向转过一周。若三相电流周期性地连续变化，它所产生的合磁场的磁极将沿顺时针方向连续旋转下去。在上述图 9-2-3 的情况下，每相绕组只有一个线圈，绕组的始端之间相差 $120°$ 空间角，则产生的旋转磁场具有一对极，即 $p=1$（p 是磁极对数）。如将定子绕组安排得如图 9-2-5 那样，即每相绕组有两个线圈串联，绕组的始端之间相差 $60°$ 空间角，则产生的旋转磁场具有两对极，即 $p=2$，如图 9-2-6 所示。

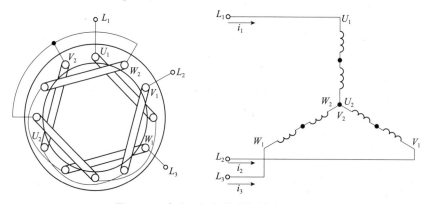

图 9-2-5　产生四极旋转磁场的定子绕组

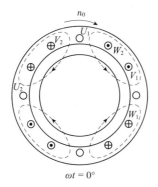
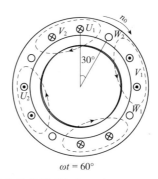

图 9-2-6 三相对称电流产生的旋转磁场($p=2$)

同理，如果要产生三对极，即 $p=3$ 的旋转磁场，则每相绕组必须在空间上均匀安排串联的三个线圈，绕组的始端之间相差 $40°=\dfrac{120°}{p}$ 空间角。

(4) 旋转磁场的转速

旋转磁场的转速通常称为同步转速。三相异步电动机的转速与旋转磁场的转速有关，而旋转磁场的转速取决于磁场的极数。在一对极的情况下，由图 9-2-3 可见，当电流从 $\omega t=0$ 到 $\omega t=60°$ 时，磁场在空间也旋转了 $60°$。当电流交变了一次（一个周期）时，磁场恰好在空间旋转了一圈。设电流的频率为 $n_0=60f_1$。即电流每秒钟交变 f_1 次或每分钟交变 $60f_1$ 次，则旋转磁场的转速为 $n_0=60f_1$。转速的单位为转每分 (r/min)。

在旋转磁场具有两对极的情况下，由图 9-2-6 可见，当电流也从 $\omega t=0$ 到 $\omega t=60°$ 经历了 $60°$ 时，而磁场在空间仅旋转了 $30°$。就是说，当电流交变了一个周期时，磁场仅旋转了半圈，比 $p=1$ 的情况下转速慢了一半，即 $n_0=\dfrac{60f_1}{2}$。

同理，在三对极的情况下，电流交变一个周期，磁场在空间仅旋转了 1/3 转，只是 $p=1$ 情况下的转速的 1/3，即 $n_0=\dfrac{60f_1}{3}$。

由此推知，当旋转磁场具有 p 对极时，磁场的转速为

$$n_0=\dfrac{60f_1}{p} \tag{9-2-1}$$

式 (9-2-1) 即是旋转磁场转速的一般表示式。由此式可知，旋转磁场的转速 n_0 取决于电源的频率 f_1 和磁极对数 p。我国规定工业用电的电源频率为 50Hz，而旋转磁场的磁极对数 p 则由电机的绕组结构来决定。对某一异步电动机而言，f_1 和 p 通常是一定的，所以磁场转速 n_0 是个常数。由式 (9-2-1) 可得出对应于不同极对数 p 的旋转磁场转速 n_0 (r/min)，见表 9-2-1。

表 9-2-1 不同极对数 p 的旋转磁场转速 n_0

p	1	2	3	4	5	6
$n_0/$(r/min)	3 000	1 500	1 000	750	600	500

9.2.2 电动机的转动原理

图 9-2-7 是三相异步电动机转子转动的原理图,图中 N,S 表示两极旋转磁场,转子中只显示了两根导条(铜或铝)。当旋转磁场向顺时针方向旋转时,其磁通切割转子导条,导条中就感应出电动势。电动势的方向由右手定则确定。在此应用右手定则时,可假设磁极不动,而转子导条向逆时针方向旋转切割磁通,这与实际上磁极顺时针方向旋转时磁通切割转子导条是相当的。

在电动势的作用下,闭合的导条中就有电流,此电流与旋转磁场相互作用,而使转子导条受到电磁力。电磁力的方向可应用左手定则来确定。由电磁力产生电磁转矩,转子就转动起来。由图 9-2-7 可见,转子转动的方向和磁极旋转的方向相同。这就是图 9-2-1 的演示中转子跟着磁场转动。当旋转磁场反转时,电动机也跟着反转。

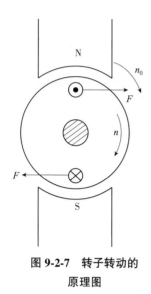

图 9-2-7 转子转动的原理图

9.2.3 转差率

若在某一瞬间绕组的电流方向和合成磁场的分布如图 9-2-7 所示,此磁场以同步转速 n_0 沿顺时针方向旋转。此时转子和磁场之间有相对运动,这相当于磁场不动,而转子导体逆时针方向切割磁通,根据右手定则,可得出转子上半部导体中的感应电动势方向为垂直于纸面向外,而下半部导体的感应电动势的方向则垂直于纸面向内。若略去转子导体的漏电抗,则转子的感应电流的方向与感应电动势的方向相同。此转子感应电流与旋转磁场的相互作用,在转子导体上产生电磁作用力 F,由左手定则可知,全部导体所受的力形成顺时针方向的电磁转矩 T,使转子沿顺时针方向转动起来。可见,电动机转子转动的方向与磁场旋转的方向相同,但转子的转速 n 不可能达到与旋转磁场的转速 n_0 相等,即 $n<n_0$。因为如果转子的转速达到了同步转速,则转子导体与旋转磁场之间就没有相对运动,因而转子导体将不切割磁通,也就不可能产生转子感应电动势和感应电流,转子不会受到电磁力矩的作用,也就不能运转下去。可见,这种电动机的转子转速 n 永远低于同步转速 n_0,这就是异步电动机名称的由来,故称异步电动机;又因其转子电流是由电磁感应而产生的,故又称感应电动机。而旋转磁场的转速 n_0 常称为同步转速。

用转差率 s 来表示转子转速 n 与磁场转速 n_0 相差的程度,即

$$s = \frac{n_0 - n}{n_0} \tag{9-2-2}$$

转差率这个物理量,在分析异步电动机的运行情况时有非常重要的意义。由于它体现了转子和旋转磁场之间的相对运动速度,因此它和异步电动机的主要参数(如转子感应电动势、转子电流和转矩等)之间,有着密切的关系。由于三相异步电动机的额定转速与同步转速相近,所以它的转差率很小。通常异步电动机在额定负载时的转差率为 1%~9%。

当 $n=0$ 时(起动初始瞬间)，$s=1$，这时转差率最大。

式(9-2-2)也可写为

$$n=(1-s)n_0 \tag{9-2-3}$$

【例 9.2.1】 有一台三相异步电动机，其额定转速 $n=975\text{r}/\min$。试求电动机的极数和额定负载时的转差率。电源频率 $f_1=50\text{Hz}$。

【解】 由于电动机的额定转速接近而略小于同步转速，而同步转速对应于不同的磁极对数有一系列固定的数值(表 9-2-1)。显然，与 975r/min 最相近的同步转速为 $n_0=1\,000\text{r}/\min$，与此相应的磁极对数 $p=3$。因此，额定负载时的转差率为

$$s=\frac{n_0-n}{n_0}=\frac{1\,000-975}{1\,000}\times 100\%=2.5\%$$

【练习与思考】

9.2.1 在图 9-2-3(c)中，$\omega t=90°$，$i_1=I_m$，旋转磁场轴线的方向恰好与 U_1 相绕组的轴线一致。继续画出 $\omega t=210°$ 和 $\omega t=330°$ 的旋转磁场，这时旋转磁场轴线的方向是否分别恰好与 V_1 相绕组和 W_1 相绕组的轴线一致？

9.2.2 什么是三相电源的相序？就三相异步电动机本身而言，有无相序？

*9.3 三相异步电动机的电路分析

异步电动机的定子、转子绕组，相当于变压器的原、副绕组，两个绕组通过磁场发生联系。因此可依照分析变压器运行的方法来分析电动机的运行情况，即分别写出定子、转子电路的电压平衡方程，然后找出两个方程之间的联系，从而求得电路各项参数。

当定子三相绕组通对称的三相交流电时，会产生旋转磁场。此旋转磁场的磁通通过定子铁心、定子和转子间的气隙及转子铁心而闭合，这部分磁通与定子和转子绕组相交链，称为主磁通 Φ_0。主磁通沿径向穿过空隙，由于空气隙很小，所以可以认为主磁通的磁路主要是由铁磁物质组成，因而磁通与电流不成正比例。此外，定子电流产生的磁通有很小的部分只与定子绕组相交链，如图 9-3-1 所示，这部分磁通称为漏磁通。漏磁通主要在绕组导体周围的空间通过，其磁路的主要部分不是由铁磁物质组成，所以，漏磁通是与电流成正比的。同理，转子绕组有电流时，也会产生一部分漏磁通，图 9-3-1 是三相异步电动机的每相电路图。

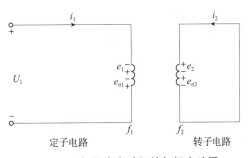

图 9-3-1 三相异步电动机的每相电路图

三相异步电动机中的电磁关系同变压器类似。当定子绕组接上三相电源电压(相电压为 u_1)时，则有三相电流(相电流为 i_1)通过。定子三相电流产生旋转磁场，其磁通通过定子和转子铁心而闭合。此旋转磁场不仅在转子每相绕组中要感应出电动势 e_2(由此

产生电流 i_2），而且在定子每相绕组中也要感应出电动势 e_1（实际上三相异步电动机中的旋转磁场是由定子电流和转子电流共同产生的）。此外，还有漏磁通，在定子绕组和转子绕组中产生漏磁电动势 $e_{\sigma1}$ 和 $e_{\sigma2}$。

定子和转子每相绕组的匝数分别为 N_1 和 N_2。

9.3.1 定子电路

定子每相电路的电压方程和变压器一次绕组电路的一样，即

$$u_1 = R_1 i_1 + (-e_{\sigma1}) + (-e_1) = R_1 i_1 + L_{\sigma1}\frac{di_1}{dt} + (-e_1) \tag{9-3-1}$$

如用相量表示，则为

$$\dot{U}_1 = R_1 \dot{I}_1 + (-\dot{E}_{\sigma1}) + (-\dot{E}_1) = R_1 \dot{I}_1 + jX_1 \dot{I}_1 + (-\dot{E}_1) \tag{9-3-2}$$

式中，R_1 和 X_1 分别是定子每相绕组的电阻和感抗（漏磁感抗）。

同变压器一样，也可得出

$$\dot{U}_1 \approx \dot{E}_1$$

和

$$E_1 = 4.44 f_1 N_1 \varPhi_m \approx U_1 \tag{9-3-3}$$

式中，$\varPhi_m$ 是通过每相绕组的磁通最大值，在数值上它等于旋转磁场的每极磁通；f_1 是 e_1 的频率。因为旋转磁场和定子间的相对转速为 n_0，所以

$$f_1 = \frac{pn_0}{60} \tag{9-3-4}$$

即等于电源或定子电流的频率[见式(9-2-1)]。

9.3.2 转子电路

转子每相电路的电压方程为

$$e_2 = R_2 i_2 + (-e_{\sigma2}) = R_2 i_2 + L_{\sigma2}\frac{di_2}{dt} \tag{9-3-5}$$

如用相量表示，则为

$$\dot{E}_2 = R_2 \dot{I}_2 + (-\dot{E}_{\sigma2}) = R_2 \dot{I}_2 + jX_2 \dot{I}_2 \tag{9-3-6}$$

式中，R_2 和 X_2 分别是转子每相绕组的电阻和感抗（漏磁感抗）。

上式中转子电路的各个物理量对电动机的性能都有影响，现分述如下。

（1）转子频率 f_2

因为旋转磁场和转子间的相对转速为 n_0-n，所以转子频率

$$f_2 = \frac{p(n_0-n)}{60}$$

上式也可写成

$$f_2 = \frac{n_0-n}{n_0} \cdot \frac{pn_0}{60} = sf_1 \tag{9-3-7}$$

可见，转子频率 f_2 与转差率 s 有关，也就是与转速 n 有关。

在 $n=0$，即 $s=1$ 时（电动机起动初始瞬间），转子与旋转磁场间的相对转速最大，转子导条被旋转磁通切割得最快。所以这时 f_2 最高，即 $f_2=f_1$。异步电动机在额定负载时，$s=1\%\sim9\%$，则 $f_2=0.5\sim4.5\text{Hz}(f_1=50\text{Hz})$。

(2) 转子电动势 E_2

转子电动势 e_2 的有效值为

$$E_2 = 4.44 f_2 N_2 \Phi_m = 4.44 s f_1 N_2 \Phi_m \tag{9-3-8}$$

在 $n=0$，即 $s=1$ 时，转子电动势为

$$E_{20} = 4.44 f_1 N_2 \Phi_m \tag{9-3-9}$$

这时 $f_2=f_1$，转子电动势最大。

由上两式可得出

$$E_2 = sE_{20} \tag{9-3-10}$$

可见，转子电动势 E_2 与转差率 s 有关。

(3) 转子感抗 X_2

转子感抗 X_2 与转子频率 f_2 有关，即

$$X_2 = 2\pi f_2 L_{\sigma 2} = 2\pi s f_1 L_{\sigma 2} \tag{9-3-11}$$

在 $n=0$，即 $s=1$ 时，转子感抗为

$$X_{20} = 2\pi f_1 L_{\sigma 2} \tag{9-3-12}$$

这时 $f_2=f_1$，转子感抗最大。

由以上两式得出

$$X_2 = sX_{20} \tag{9-3-13}$$

可见，转子感抗 X_2 与转差率 s 有关。

(4) 转子电流 I_2

转子每相电路的电流可由式(9-3-6)得出，即

$$I_2 = \frac{E_2}{\sqrt{R_2^2 + X_2^2}} = \frac{sE_{20}}{\sqrt{R_2^2 + (sX_{20})^2}} \tag{9-3-14}$$

可见，转子电流 I_2 也与转差率 s 有关。当 s 增大，即转速 n 降低时，转子与旋转磁场间的相对旋速 (n_0-n) 增加，转子导体切割磁通的速度提高，于是 E_2 增加，I_2 也增加。I_2 随 s 变换的关系可用图9-3-2的曲线表示。当 $s=0$，即 $n_0-n=0$ 时，$I_2=0$；当 s 很小时，$R_2 \geqslant sX_{20}$，$I_2 \approx \frac{sE_{20}}{R_2}$，即与 s 近似地成正比；当 s 接近 1 时，$sX_{20} \gg R_2$，$I_2 \approx \frac{E_{20}}{X_{20}} =$ 常数。

(5) 转子电路的功率因数 $\cos\varphi_2$

由于转子有漏磁通，相应的感抗为 X_2，因此 $\dot{I}_2$ 比 $\dot{E}_2$ 滞后 φ_2 角。因而转子电路的功率因数为

$$\cos\varphi_2 = \frac{R_2}{\sqrt{R_2^2 + X_2^2}} = \frac{R_2}{\sqrt{R_2^2 + (sX_{20})^2}} \tag{9-3-15}$$

它也与转差率 s 有关。当 s 增大时，X_2 也增大，于是 φ_2 增大，即 $\cos\varphi_2$ 减小。

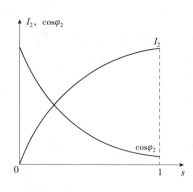

图 9-3-2 I_2 和 $\cos\varphi_2$ 与转差率 s 的关系

$\cos\varphi_2$ 随 s 的变化关系表示在图 9-3-2 中。当 s 很小时，$R_2 \gg sX_{20}$，$\cos\varphi_2 \approx 1$；当 s 接近 1 时，$\cos\varphi_2 \approx \dfrac{R_2}{sX_{20}}$，即两者之间近似地有双曲线的关系。

由上述可知，转子电路的各个物理量，如电动势、电流、频率、感抗及功率因数等都与转差率有关，亦即与转速有关。

【**例 9.3.1**】 有一台四极、50Hz、1 425r/min 的三相异步电动机，转子电阻 $R_2 = 0.02\Omega$，感抗 $X_{20} = 0.08\Omega$，$E_1/E_{20} = 10$，当 $E_1 = 150$V 时，试求：(1) 电动机起始瞬间的转差率 s，转子每相电路的电动势 E_{20}、电流 I_{20}；(2) 额定转速时的 s，E_2 和 I_2。

【**解**】 (1) 因三相异步电动机是四极即两对极，$f = 50$Hz，$n = 1\,425$r/min，根据转速公式可求得此电机的同步转速 $n_0 = \dfrac{60f}{p} = \dfrac{60 \times 50}{2} = 1\,500$r/min

电动机起始瞬间的转速 $n = 0$r/min，故转差率 $s = \dfrac{n_0 - n}{n_0} = \dfrac{1\,500 - 0}{1\,500} = 1$

因为 $E_1/E_{20} = 10$，又 $E_1 = 150$V，故电动机起始瞬间转子每相电路的电动势 $E_{20} = 15$V，

电流 $I_{20} = \dfrac{E_{20}}{\sqrt{R_2^2 + X_{20}^2}} = \dfrac{15}{\sqrt{0.02^2 + 0.08^2}} \approx 181.9$A

(2) 额定转速时的 $s_N = \dfrac{n_0 - n_N}{n_0} = \dfrac{1\,500 - 1\,425}{1\,500} = 0.05$，$E_2 = s_N E_{20} = 0.05 \times 15 = 0.75$V

$I_2 = \dfrac{s_N E_{20}}{\sqrt{R_2^2 + (s_N X_{20})^2}} = \dfrac{15 \times 0.05}{\sqrt{0.02^2 + (0.05 \times 0.08)^2}} = 36.8$ A

【**练习与思考**】

9.3.1 比较变压器的一、二次电路和三相异步电动机的定子、转子电路的各个物理量及电压方程。

9.3.2 在三相异步电动机起动初始瞬间，即 $s = 1$ 时，为什么转子电流 I_2 大，而转子电路的功率因数 $\cos\varphi_2$ 小？

9.3.3 Y280M-型三相异步电动机的额定数据如下：90kW, 2 970r/min, 50Hz。试求额定转差率和转子电流的频率。

9.3.4 某人在检修三相异步电动机时，将转子抽掉，而在定子绕组上加三相额定电压，这会产生什么后果？

9.3.5 频率为 60Hz 的三相异步电动机，若接在 50Hz 的电源上使用，将会发生何种现象？

9.4 三相异步电动机的转矩与机械特性

异步电动机的电磁转矩 T(以下简称转矩)是三相异步电动机的最重要的物理量之一,它表征一台电动机拖动生产机械能力的大小。机械特性是它的主要特性。对电动机进行分析往往离不开它们。

9.4.1 转矩公式

异步电动机的转矩是由旋转磁场的每极磁通 Φ 与转子电流 I_2 相互作用而产生的。但因转子电路是电感性的,转子电流 $\dot{I}_2$ 比转子电动势 $\dot{E}_2$ 滞后 φ_2 角;又因

$$T = \frac{P_\psi}{\Omega_0} = \frac{P_\psi}{\frac{2\pi n_0}{60}}$$

电磁转矩与电磁功率 P_ψ 成正比,同讨论有功功率一样,也要引入 $\cos\varphi_2$。于是得出

$$T = K_T \Phi_m I_2 \cos\varphi_2 \tag{9-4-1}$$

式中,K_T 是一常数,它与电动机的结构有关。

由式(9-4-1)可见,转矩除与 Φ 成正比外,还与 $I_2\cos\varphi_2$ 成正比。

再根据式(9-3-3)、式(9-3-9)、式(9-3-14)及式(9-3-15)可知

$$\Phi_m = \frac{E_1}{4.44 f_1 N_1} \approx \frac{U_1}{4.44 f_1 N_1} \propto U_1$$

$$I_2 = \frac{sE_{20}}{\sqrt{R_2^2 + (sX_{20})^2}} = \frac{s(4.44 f_1 N_2 \Phi_m)}{\sqrt{R_2^2 + (sX_{20})^2}}$$

$$\cos\varphi_2 = \frac{R_2}{\sqrt{R_2^2 + (sX_{20})^2}}$$

由于 I_2 和 $\cos\varphi_2$ 与转差率 s 有关,所以转矩 T 也与 s 有关。

如果将上列三式代入式(9-4-1),则得出转矩的另一个表示式

$$T = K \frac{sR_2 U_1^2}{R_2^2 + (sX_{20})^2} \tag{9-4-2}$$

式中,K 是一常数。

由上式可见,转矩 T 与定子每相电压 U_1 的平方成正比,所以当电源电压有所变动时,对转矩的影响很大。此外,转矩 T 还受转子电阻 R_2 的影响。

电磁转矩的方向与旋转磁场的转向一致,因此转子是沿着旋转磁场的旋转方向转动的。如果通入绕组的电流的相序改变了,则旋转磁场的转向也改变,转子的转向也随着改变。因此,在使用电动机时,如发现转子转向不合要求,只要把电动机接至电源的三根电源线中任意两根对调后接至电源,便可改变电动机的转向。

9.4.2 机械特性曲线

在一定的电源电压 U_1 和转子电阻 R_2 之下，转矩与转差率的关系曲线 $T=f(s)$ 或转速与转矩的关系曲线 $n=f(T)$，称为电动机的机械特性曲线。它可根据式(9-4-2)并参照图9-3-2得出，如图9-4-1所示。图9-4-2的 $n=f(T)$ 曲线可从图9-4-1得出。只需将 $T=f(s)$ 曲线顺时针方向旋转90°，再将表示 T 的横轴下移即可。

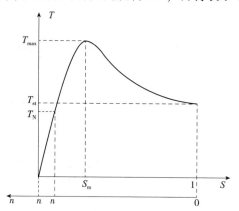

图 9-4-1　三相异步电动机的 $T=f(s)$ 曲线　　图 9-4-2　三相异步电动机的 $n=f(T)$ 曲线

研究机械特性的目的是为了分析电动机的运行性能。在机械特性曲线上，要讨论三个转矩。

(1) 额定转矩 T_N

在等速转动时，电动机的转矩 T 必须与阻转矩 T_C 相平衡，即

$$T = T_C$$

阻转矩主要是机械负载转矩 T_2。此外，还包括空载损耗起动转矩（主要是机械损耗转矩）T_0。由于 T_0 很小，常可忽略，所以

$$T = T_2 + T_0 \approx T_2 \tag{9-4-3}$$

并由此得

$$T \approx T_2 = \frac{P_2}{\frac{2\pi n}{60}}$$

式中，P_2 是电动机轴上输出的机械功率，转矩的单位是牛·米(N·m)；功率的单位是瓦(W)；转速的单位是转每分(r/min)。功率若以千瓦为单位，则得出

$$T = 9\,550 \frac{P_2}{n} \tag{9-4-4}$$

额定转矩是电动机在额定负载时的转矩，它可根据电动机铭牌上的额定功率（输出机械功率）和额定转速应用式(9-4-4)求得。

例如，某普通车床的主轴电动机（Y132M-4型）的额定功率为7.5kW，额定转速为1 440r/min，则额定转矩为

$$T_N = 9\,550\frac{P_{2N}}{n_N} = 9\,550 \times \frac{7.5}{1\,440} = 49.7\,\text{N}\cdot\text{m}$$

通常三相异步电动机都工作在图 9-4-2 所示特性曲线的 ab 段。当负载转矩增大（如车床切削时的吃刀量加大，起重机的起重量加大）时，在最初瞬间电动机的转矩 $T<T_C$，所以它的转速 n 开始下降。随着转速的下降，由图 9-4-2 可见，电动机的转矩增加了，因为这时 I_2 增加的影响超过 $\cos\varphi_2$ 减小的影响（参见图 9-3-2 和图 9-4-1）。当转矩增加到 $T=T_C$ 时，电动机在新的稳定状态下运行，这时转速较前面低。但是 ab 段比较平坦，当负载在空载与额定值之间变化时，电动机的转速变化不大。这种特性称为硬的机械特性。三相异步电动机的这种硬特性非常适用于一般金属切削机床。

(2) 最大转矩 $T_{\max}$

从机械特性曲线上看，转矩有一个最大值，称为最大转矩或临界转矩。对应于最大转矩的转差率为 s_m，它由 $\dfrac{\mathrm{d}T}{\mathrm{d}s}$ 求得，即

$$s_m = \frac{R_2}{X_{20}} \tag{9-4-5}$$

再将 s_m 带入式(9-4-2)，则得

$$T_{\max} = K\frac{U_1^2}{2X_{20}} \tag{9-4-6}$$

由上两式可见 $T_{\max}$ 与 U_1^2 成正比，而与转子电阻 R_2 无关；s_m 与 R_2 有关，R_2 越大，s_m 也越大。这种关系表示在图 9-4-3 和图 9-4-4 中。

当负载转矩超过最大转矩时，电动机就带不动负载了，发生所谓闷车现象。闷车后，电动机的电流马上升高 6~7 倍，电动机严重过热，以致烧坏。

另外，也说明电动机的最大过载可以接近最大转矩。如果过载时间较短，电动机不至于立即过热，是容许的。因此，最大转矩也表示电动机短时容许过载的能力。电动机的额定转矩 T_N 比 $T_{\max}$ 要小，两者之比称为过载系数 λ，即

$$\lambda = \frac{T_{\max}}{T_N} \tag{9-4-7}$$

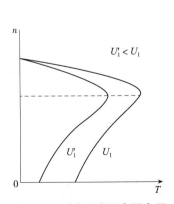

图 9-4-3 对应于不同电源电压 U_1 的 $n=f(T)$ 曲线

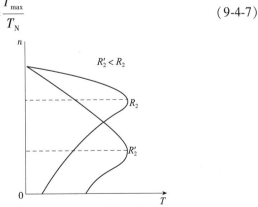

图 9-4-4 对应于不同转子电阻 R_2 的 $n=f(T)$ 曲线（R_2=常数）（U_1=常数）

一般三相异步电动机的过载系数为 1.8~2.2。

在选用电动机时，必须考虑可能出现的最大负载转矩，而后根据所选电动机的过载系数算出电动机的最大转矩，它必须大于最大负载转矩。否则，就要重新选择电动机。

(3) 起动转矩 T_{st}

电动机刚起动 ($n=0$，$s=1$) 时的转矩称为起动转矩。将 $s=1$ 带入式 (9-4-2) 即可得出

$$T_{st} = K \frac{R_2 U_1^2}{R_2^2 + X_{20}^2} \tag{9-4-8}$$

由上式可见，T_{st} 与 R_2 及 U_1^2 有关。当电源电压 U_1 降低时，起动转矩会减小 (图 9-4-3)。当转子电阻适当增大时，起动转矩会增大 (图 9-4-4)。由式 (9-4-5)、式 (9-4-6) 及式 (9-4-8) 可推出：当 $R_2 = X_{20}$ 时，$T_{st} = T_{max}$，$s_m = 1$。但继续增大 R_2 时，T_{st} 就要随着减少，这时 $s_m > 1$。关于起动问题，将在下节中讨论。

【练习与思考】

9.4.1 三相异步电动机在一定的负载转矩下运行时，如电源电压降低，电动机的转矩、电流及转速有无变化？

9.4.2 三相异步电动机在正常运行时，如果转子突然被卡住而不能转动，试问这时电动机的电流有何改变？对电动机有何影响？

9.4.3 为什么三相异步电动机不在最大转矩 T_{max} 处或接近最大转矩处运行？

9.4.4 某三相异步电动机的额定转速为 1 460r/min。当负载转矩为额定转矩的一半时，电动机的转速约为多少？

9.4.5 三相鼠笼型异步电动机在额定状态附近运行，当(1)负载增大；(2)电压升高；(3)转差率增高时，试分别说明其转速和电流作何变化？

9.5 三相异步电动机的起动

9.5.1 起动性能

电动机的起动就是把它开动起来。在起动初始瞬间，$n=0$，$s=1$。从起动时的电流和转矩来分析电动机的起动性能。

首先讨论起动电流 I_{st}。在刚起动时，由于旋转磁场对静止的转子有着很大的相对转速，磁通切割转子导条的速度很快，此时转子绕组中感应的电动势和产生的转子电流都很大。转子电流增大，定子电流必然相应增大。一般中小型鼠笼型电动机的定子起动电流 (指线电流) 与额定电流之比值为 5~7。例如，Y132M-4 型电动机的额定电流为 15.4A，起动电流与额定电流之比值为 7，因此起动电流为 7×15.4 = 107.8A。

电动机不是频繁起动时，起动电流对电动机本身影响不大。因为起动电流虽大，但起动时间一般很短 (小型电动机只有 1~3s)，从发热角度考虑没有问题；并且一经起动后，转速很快升高，电流便很快减小了。但当起动频繁时，由于热量的累积，导致电动机过热。因此，在实际操作时应尽可能不让电动机频繁起动。例如，在切削加工时，一

般只是用摩擦离合器或电磁离合器将主轴与电机轴脱开,而不将电动机停下来。但是电动机的起动电流对线路是有影响的。过大的起动电流在短时间内会在线路上造成较大的电压降落,致使负载端的电压降低,影响邻近负载的正常工作。例如,对邻近的异步电动机,电压的降低不仅会影响它们的转速(下降)和电流(增大),甚至可能使它们的最大转矩 T_{max} 降到小于负载转矩,以致让电动机停下来。

其次讨论起动转矩 T_{st}。刚起动时,虽然转子电流较大,但转子的功率因数 $\cos\varphi_2$ 很低。由式(9-4-1)可知,起动转矩实际上不大,它与额定转矩之比值为 1.0~2.2。如果起动转矩过小,就不能在满载下起动,应设法提高。但起动转矩如果过大,会使传动机构(如齿轮)受到冲击而损坏,所以又应设法减小。一般机床的主电动机都是空载起动(起动后再切削),对起动转矩没有什么要求。但对移动床鞍、横梁以及起重用的电动机应采用较大一点的起动转矩。

由上述可知,异步电动机起动时的主要缺点是起动电流较大。为了减小起动电流(有时也为了提高或减小起动转矩),必须采用适当的起动方法。

9.5.2 起动方法

鼠笼型电动机的起动有直接起动和降压起动两种。

(1)直接起动

直接起动就是利用闸刀开关或接触器将电动机直接接到具有额定电压的电源上。这种起动方法虽然简单,但由于起动电流较大,将使线路电压下降,影响负载正常工作。

一台电动机能否直接起动,有一定的规定。有的地区规定:用电单位要有独立的变压器,则在电动机起动频繁时,电动机容量小于变压器容量的 20% 时允许直接起动;如果电动机不经常起动,它的容量小于变压器容量的 30% 时允许直接起动。如果没有独立的变压器(与照明共用),电动机直接起动时所产生的电压降不应超过 5%。

二三十千瓦以下的异步电动机一般都是采用直接起动的。

注:能否直接起动,一般可按此经验公式 $\dfrac{I_{st}}{I_N} \leq \dfrac{3}{4} + \dfrac{电源总容量(kV \cdot A)}{4 \times 起动电动机功率(kW)}$ 判定。

(2)降压起动

如果电动机直接起动时所引起的线路电压降较大,必须采用降压起动,就是在起动时降低加在电动机定子绕组上的电压,以减小起动电流。鼠笼型电动机的降压起动常用下面两种方法:

①星形-三角形(Y-△)换接起动 如果电动机在工作时其定子绕组连接成三角形,那么在起动时可把它接成星形,等到转速接近额定值时再换接成三角形连接。这样,在起动时就可把定子每相绕组上的电压降到正常工作电压的 $\dfrac{1}{\sqrt{3}}$。

图 9-5-1 是定子绕组的两种连接法,Z 为起动时每相绕组的等效阻抗。

当定子绕组为星形连接,即降压起动时,

$$I_{1Y} = I_{pY} = \frac{U_1/\sqrt{3}}{|Z|}$$

当定子绕组为三角形连接，即直接起动时，

$$I_{1\triangle} = \sqrt{3} I_{p\triangle} = \sqrt{3}\frac{U_1}{|Z|}$$

比较上面两式，可得 $\dfrac{I_{1Y}}{I_{1\triangle}} = \dfrac{1}{3}$，即降压起动时的电流为直接起动时的 $\dfrac{1}{3}$。

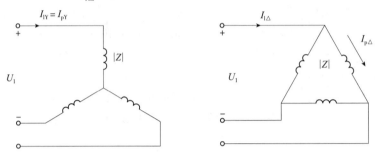

图 9-5-1　星型连接和三角形连接时的起动电流

由于转矩和电压的平方成正比，所以起动转矩也减小到直接起动时的 $(1/\sqrt{3})^2 = \dfrac{1}{3}$。因此，这种方法只适应于空载或轻载时起动。这种换接起动可采用星三角起动器来实现。图 9-5-2 是一种星三角起动器的接线简图。

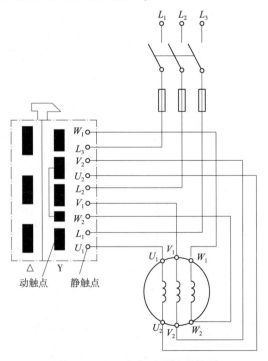

图 9-5-2　星三角起动器接线简图

在起动时将手柄向右扳，使右边一排动触点与静触点相连，电动机就接成星形。等电动机接近额定转速时，将手柄往左扳，则使左边一排动触点与静触点相连，电动机换接成三角形连接。

星三角起动器的体积小，成本低，寿命长，动作可靠。目前 4~100kW 的异步电动机都已设计为 380V 三角形连接，因此星三角起动器得到了广泛的应用。

②自耦降压起动　是利用三相自耦变压器将电动机在起动过程中的端电压降低，其接线图如图 9-5-3 所示。起动时，先把开关 Q_2 扳到"起动"位置。当转速接近额定值时，将 Q_2 扳向"工作"位置，切除自耦变压器。

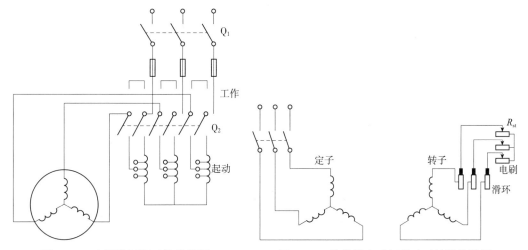

图 9-5-3　自耦降压起动接线简图　　　图 9-5-4　绕线型电动机起动时的接线简图

自耦变压器备有抽头，以便得到不同的电压（如为电源电压的 73%，64%，55%），根据对起动转矩的要求而选用。采用自耦降压起动，可同时使起动电流和起动转矩减小。自耦降压起动适用于容量较大的或正常运行时为星形连接不能采用星三角起动器的鼠笼型异步电动机。

至于绕线型电动机的起动，只要在转子电路中接入大小适当的起动电阻 R_{st}（图 9-5-4），就可达到减小起动电流的目的；同时，由图 9-4-4 可见，起动转矩也提高了。所以，它常用于要求起动转矩较大的生产机械上，如卷扬机、锻压机、起重机及转炉等。起动后，随着转速的上升将起动电阻逐段切除。

【例 9.5.1】　有一 Y225M-4 型三相异步电动机，其额定数据见表 9-5-1 所列。试求：(1) 额定电流；(2) 额定转差率 s_N；(3) 额定转矩 T_N、最大转矩 T_{max}、起动转矩 T_{st}。

表 9-5-1　例 9.5.1 参数表

功率	转速	电压	效率	功率因数	I_{st}/I_N	T_{st}/T_N	T_{max}/T_N
45kW	1 480r/min	380V	92.3%	0.88	7.0	1.9	2.2

【解】 (1) 4~100kW 的电动机通常都是 380V，△连接。

$$I_N = \frac{P_2}{\sqrt{3}\,U\cos\varphi\,\eta} = \frac{45\times 10^3}{\sqrt{3}\times 380\times 0.88\times 0.923} \approx 84.2\text{A}$$

(2) 由已知 $n = 1\,480\text{r/min}$ 可知，电动机是四极的，即 $p=2$，$n_0 = 1\,500\text{r/min}$。所以

$$s_N = \frac{n_0 - n}{n_0} = \frac{1\,500 - 1\,480}{1\,500} \approx 0.013$$

(3)
$$T_N = 9\,550\frac{P_2}{n} = 9\,550\times\frac{45}{1\,480} \approx 290.4\text{N}\cdot\text{m}$$

$$T_{\max} = \frac{T_{\max}}{T_N}T_N = 2.2\times 290.4 \approx 638.9\text{N}\cdot\text{m}$$

$$T_{st} = \frac{T_{st}}{T_N}T_N = 1.9\times 290.4 \approx 551.8\text{N}\cdot\text{m}$$

【例 9.5.2】 在上题中：(1) 如果负载转矩为 510.2N·m，试问在 $U=U_N$ 和 $U'=0.9U_N$ 两种情况下电动机能否起动？(2) 采用 Y-△换接起动时，求起动电流和起动转矩。又当负载转矩为额定转矩 T_N 的 80% 和 50% 时，电动机能否起动？

【解】 (1) 在 $U=U_N$ 时，$T_{st}=551.8\text{N}\cdot\text{m}>510.2\text{N}\cdot\text{m}$，所以能起动。在 $U'=0.9U_N$ 时，$T'_{st}=0.9^2\times 551.8\text{N}\cdot\text{m}=447\text{N}\cdot\text{m}<510.2\text{N}\cdot\text{m}$，所以不能起动。

(2)
$$I_{st\triangle} = 7I_N = 7\times 84.2 = 589.4\text{A}$$

$$I_{stY} = \frac{1}{3}I_{st\triangle} = \frac{1}{3}\times 589.4 \approx 196.5\text{A}$$

$$T_{stY} = \frac{1}{3}T_{st\triangle} = \frac{1}{3}\times 551.8 \approx 183.9\text{N}\cdot\text{m}$$

在 80% 额定转矩时

$$\frac{T_{stY}}{T_N 80\%} = \frac{183.9}{290.4\times 80\%} = \frac{183.9}{232.3} < 1，\text{不能起动}$$

在 50% 额定转矩时

$$\frac{T_{stY}}{T_N 50\%} = \frac{183.9}{290.4\times 50\%} \approx 145.2 > 1，\text{可以起动}$$

【例 9.5.3】 对【例 9.5.1】中的电动机采用自耦降压起动，设起动时电动机的端电压降到电源电压的 64%，求线路起动电流和电动机的起动转矩。

【解】 直接起动时的起动电流

$$I_{st} = 7I_N = 7\times 84.2 = 589.4\text{A}$$

设降压起动时电动机中（即变压器二次）的起动电流为 I'_{st} 时，即

$$\frac{I'_{st}}{I_{st}} = 0.64，\quad I'_{st} = 0.64\times 589.4 = 377.2\text{A}$$

设降压起动时线路（即变压器一次）的起动电流为 I''_{st}。因为变压器一、二次绕组中电流之比等于电压之比的倒数，所以也等于 64%，即

$$\frac{I''_{st}}{I'_{st}} = 0.64, \quad I''_{st} = 0.64^2 \times I_{st} = 0.64^2 \times 589.4 \approx 241.4 \text{A}$$

设降压起动时的起动转矩为 T'_{st}，则

$$\frac{T'_{st}}{T_{st}} = 0.64^2, \quad T'_{st} = 0.64^2 \times 551.8 \approx 226 \text{N} \cdot \text{m}$$

【例 9.5.4】 请用学过的电工知识解释为什么电冰箱起动时电灯会暗一下，随后又恢复正常。

【解】 冰箱的压缩机可以等效为一个交流电机；

起动时，冰箱的起动电流很大，因此线路电流也突然增大，这样在线路上的电压压降剧增，导致电灯上的电压剧减，于是电灯暗下来；

起动后，随着压缩机的转速很快上升，冰箱的电流很快下降，线路上的压降也随之很快下降，这样电灯上的电压很快上升，电灯又恢复正常。

【练习与思考】

9.5.1 三相异步电动机在满载和空载下起动时，起动电流和起动转矩是否一样？

9.5.2 绕线型电动机采用转子串电阻起动时，所串电阻越大，起动转矩是否也越大？

9.6 三相异步电动机的调速

调速就是在同一负载下能得到不同的转速，以满足生产过程的要求。例如，各种切削机床的主轴运动随着工件与刀具的材料、工件直径、加工工艺的要求及走刀量的大小等不同，要求有不同的转速，以获得最高的生产率和保证加工质量。如果采用电气调速，就可以大大简化机械变速机构。

在讨论异步电动机的调速时，首先来研究公式 $n = (1-s)n_0 = (1-s)\dfrac{60f_1}{p}$。

此式表明，改变电动机的转速有三种方法，即改变电源频率 f_1、磁极对数 p 及转差率 s。前两者是鼠笼型电动机的调速方法，后者是绕线型电动机的调速方法。现分别讨论如下。

9.6.1 变频调速

近年来变频调速技术发展很快，目前主要采用如图 9-6-1 所示的变频调速装置，它主要由整流器和逆变器两大部分组成。整流器先将频率 $f = 50\text{Hz}$ 的三相交流电变换为直流电，再由逆变器变换为频率 f_1 和电压有效值 U_1 均可调的三相交流电，供给三相鼠笼型电动机。由此可得到电动机的无级调速，并具有硬的机械特性。

通常有下列两种变频调速方式：

① 在 $f_1 < f_{1N}$ 即低于额定转速调速时，保持 $\dfrac{U_1}{f_1}$ 的比值近乎不变，也就是两者要成比例

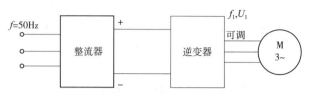

图 9-6-1 变频调速装置

地同时调节。由 $U_1 \approx 4.44 f_1 N_1 \Phi_m$ 和 $T = K_T \Phi_m I_2 \cos\varphi_2$ 两式可知,此时磁通 Φ_m 和转矩 T 也都几乎不变,这是恒转矩调速。

如果把转速调低时,$U_1 = U_{1N}$ 保持不变,在减小 f_1 时磁通 Φ_m 将增加。这就会导致磁路饱和(电动机磁通一般设计在接近铁心磁饱和点),从而增加励磁电流和铁损,导致电机过热,这不允许。

② 在 $f_1 > f_{1N}$ 即高于额定转速调速时,应保持 $U_1 \approx U_{1N}$。这时磁通 Φ_m 和转矩 T 都将减小。转速增大,转矩减小,将使功率近乎不变,这是恒功率调速。

如果把转速调高时 $\dfrac{U_1}{f_1}$ 的比值不变,在增加 f_1 的同时 U_1 也要增加。U_1 超过额定电压也不允许。

频率调节范围一般为 0.5~320Hz。

目前在国内由于逆变器中的开关元件(可关断晶闸管、大功率晶体管和功率场效晶体管等)的制造水平不断提高,鼠笼型电动机的变频调速技术的应用也日益广泛。

9.6.2 变极调速

由式 $n_0 = \dfrac{60 f_1}{p}$ 可知,如果磁极对数 p 减小一半,则旋转磁场的转速 n_0 便提高一倍,转子转速 n 差不多也提高一倍。因此,改变 p 可以得到不同的转速。而磁极对数同定子绕组的接法有关。

图 9-6-2 所示的是定子绕组的两种接法。把 U 相绕组分成两半:线圈 $U_{11}U_{21}$ 和 $U_{12}U_{22}$。图 9-6-2(a) 中是两个线圈串联,得出 $p=2$。图 9-6-2(b) 中是两个线圈反并联(头尾相连),得出 $p=1$。在换极时,一个线圈中的电流方向不变,而另一个线圈中的电流必须改变方向。

双速电动机在机床上用得较多,像某些磨床上都有。这种电动机的调速是有级的。

9.6.3 变转差率调速

只要在绕线型电动机的转子电路中接入一个调速电阻(和起动电阻一样接入,图 9-5-4),改变电阻的大小,就可得到平滑调速。譬如增大调速电阻时,转差率 s 上升,而转速 n 下降。这种调速方法的优点是设备简单、投资少,但能量损耗较大。

这种调速方法广泛应用于起重设备中。

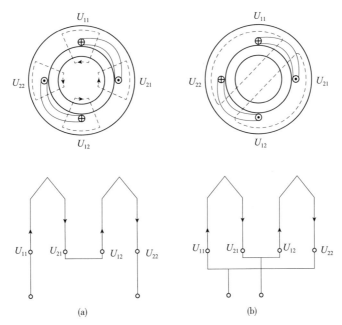

图 9-6-2 改变磁极对数 p 的调速方法

9.7 三相异步电动机的制动

因为电动机的转动部分有惯性,所以把电源切断后,电动机还会继续转动一段时间后才停止。为了缩短辅助工时,提高生产机械的生产效率,并为了安全起见,往往要求电动机能够迅速停车和反转,这就需要对电动机制动。对电动机制动,也就是要求它的转矩与转子的转动方向相反,这时的转矩称为制动转矩。异步电动机的制动常有下列几种方法。

9.7.1 能耗制动

这种制动方法就是在切断三相电源的同时,接通直流电源(图 9-7-1),使直流电流通入定子绕组。直流电流的磁场是固定不动的,而转子由于惯性继续在原方向转动。根据右手定则和左手定则不难确定这时的转子电流与固定磁场相互作用产生的转矩的方向。它与电动机转动的方向相反,因而起制动的作用。制动转矩的大小与直流电流的大小有关。直流电流的大小一般为电动机额定电流的 0.5~1 倍。

因为这种方法是用消耗转子的动能(转换为电能)来进行制动的,所以称为能耗制动。这种制动能量消耗小,制动平稳,但需要直流电源。在有些机床中采用这种制动方法。

9.7.2 反接制动

在电动机停车时,可将接到电源的三根导线中的任意两根的一端对调位置,使旋转磁场反向旋转,而转子由于惯性仍沿原方向转动,此时的转矩方向与电动机的转动方向

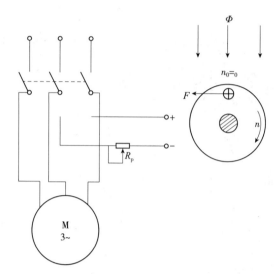

图 9-7-1 三相异步电动机的能耗制动

相反(图 9-7-2),因而起制动的作用。当转速接近零时,利用某种控制电器将电源自动切断,否则电动机将会反转。

由于在反接制动时旋转磁场与转子的相对转速(n_0+n)很大,因而电流较大。为了限制电流,对功率较大的电动机进行制动时必须在定子电路(鼠笼型)或转子电路(绕线型)中接入电阻。

这种制动比较简单,效果较好,但能量消耗较大。对有些中型车床和铣床主轴的制动采用这种方法。

9.7.3 发电反馈制动

当转子的转速 n 超过旋转磁场的转速 n_0 时,这时的转矩也是制动的(图 9-7-3)。

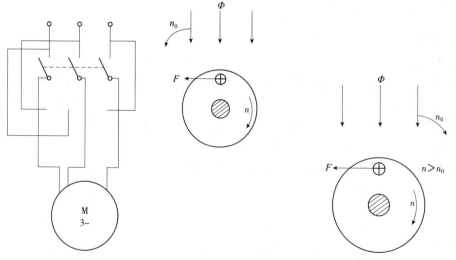

图 9-7-2 三相异步电动机的反接制动   图 9-7-3 三相异步电动机的发电反馈制动

当起重机快速下放重物时,就会发生这种情况。这时重物拖动转子,使其转速 $n>n_0$ 时,重物受到制动而等速下降。实际上这时电动机已转入发电机运行,将重物的位能转换为电能而反馈到电网里去,所以称为发电反馈制动。

另外,当将多速电动机从高速调到低速的过程中,也自然发生这种制动。因为刚将极对数 p 加倍时,磁场转速立即减半,但由于惯性,转子转速只能逐渐下降,因此就出现 $n>n_0$ 的情况。

9.8 三相异步电动机的铭牌数据

要正确使用电动机,必须要看懂铭牌(表9-8-1)。今以Y132M-4型电动机为例,来说明铭牌上各个数据的意义。

表 9-8-1 三相异步电动机铭牌数据

三相异步电动机							
型号	Y132M-4	功率	7.5kW	频率	50Hz		
电压	380V	电流	15.4A	接法	△		
转速	1440r/min	绝缘等级	B	工作方式	连续		
				年	月	编号	XX 电机厂

此外,它的主要技术数据还有:功率因数 0.85,效率(%)87。

(1) 型号

为了适应不同用途和不同工作环境的需要,电动机制成不同的系列,每种系列用各种型号表示。

型号说明,例如

S—短机座;M—中机座;L—长机座

异步电动机的产品名称代号及其汉字意义摘录于表9-8-2中。

表 9-8-2 异步电动机产品名称代号

产品名称	新代号	汉字意义	老代号
异步电动机	Y	异	J,JO
绕线型异步电动机	YR	异绕	JR,JRO
防爆型异步电动机	YB	异爆	JB,JBS
高起动转矩异步电动机	YQ	异起	JQ,JQO

小型 Y, Y-L 系列鼠笼型异步电动机是取代 JO 系列的新产品, 封闭自扇冷式。Y 系列定子绕组为铜线, Y-L 系列为铝线。电动机功率是 0.55~90kW。同样功率的电动机, Y 系列比 JO$_2$ 系列体积小、质量轻、效率高。

(2) 接法

这是指定子三相绕组的接法。一般笼型电动机的接线盒中有六根引出线, 标有 U_1, V_1, W_1, U_2, V_2, W_2。其中: U_1, U_2 是第一相绕组的两端(旧标号是 D_1, D_4); V_1, V_2 是第二相绕组的两端(旧标号是 D_2, D_5); W_1, W_2 是第三相绕组的两端(旧标号是 D_3, D_6)。如果 U_1, V_1, W_1 分别为三相绕组的始端(头), 则 U_2, V_2, W_2 是相应的末端(尾)。这六个引出线端在接电源之前, 相互间必须正确连接。连接方法有星形(Y)连接和三角形(△)连接两种(图 9-8-1)。通常三相异步电动机在 3kW 以下者, 连接成星形; 在 4kW 以上者, 连接成三角形。

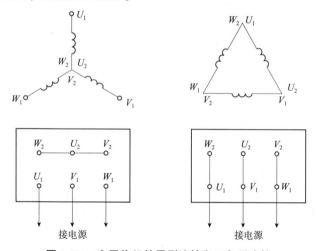

图 9-8-1 定子绕组的星型连接和三角形连接

如果电动机的这六个线端未标有 U_1, U_2, …字样, 则可用实验方法确定。先确定每相绕组的两个线端, 而后用下面的方法确定每相绕组的头尾。

把任何一相的两线端先标上 U_1 和 U_2, 而后照图 9-8-2 的方法确定第二相绕组的头尾, 如 V_1 和 V_2。同理, 再确定 W_1 和 W_2。

如果连成图 9-8-2(a)所示的情况, 两绕组的合成磁通不穿过第三绕组, 第三绕组中不产生感应电动势, 于是电灯不亮(也可用一个适当量程的交流电压表来代替电灯)。这时, 与第一绕组的尾(U_2)相连的是第二绕组的尾(V_2)。

当连成图 9-8-2(b)所示的情况时, 灯丝发红。这时, 与 U_2 相连的是 V_1。

(3) 电压

铭牌上所标的电压值是指电动机在额定运行时定子绕组上应加的线电压值。一般规定电动机的电压不应高于或低于额定值的 5%。

当电压高于额定值时, 磁通将增大(因 $U_1 \approx 4.44 f_1 N_1 \Phi_m$)。若所加电压比额定电压高出较多, 这将导致励磁电流大大增加, 电流大于额定电流, 使绕组过热。同时, 由于磁通的增大, 铁损(与磁通平方成正比)也就增大, 使定子铁心过热。

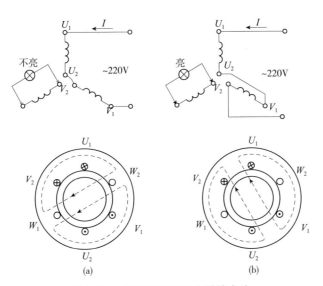

图 9-8-2 确定每相绕组头尾的方法

但常见的是电压低于额定值。此时引起转速下降，电流增加。如果在满载或接近满载的情况下，电流的增加将超过额定值，使绕组过热。还必须注意，在低于额定电压下运行时，与电压平方成正比的最大转矩 $T_{\max}$ 会显著地降低，这对电动机的运行也是不利的。

三相异步电动机的额定电压有 380V，3 000V 及 6 000V 等多种。

(4) 电流

铭牌上所标的电流值是指电动机在额定运行时定子绕组的线电流值。

当电动机空载时，转子转速接近于旋转磁场的转速，两者之间相对转速很小，所以转子电流近似为零，这时定子电流几乎全为建立旋转磁场的励磁电流。当输出功率增大时，转子电流和定子电流都随着相应增大，如图 9-8-3 中 $I_1=f(P_2)$ 曲线所示。图 9-8-3 是一台 10kW 三相异步电动机的工作特性曲线。

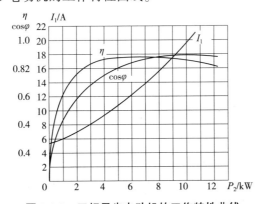

图 9-8-3 三相异步电动机的工作特性曲线

(5) 功率与效率

铭牌上所标的功率值是指电动机在额定运行时轴上输出的机械功率值。输出功率与输入功率不等，其差值等于电动机本身的损耗功率，包括铜损、铁损及机械损耗等。所谓效率 η 就是输出功率与输入功率的比值。

如以 Y132M-4 型电动机为例：

输入功率 $P_1 = \sqrt{3}\,U_1 I_1 \cos\varphi = \sqrt{3} \times 380 \times 15.4 \times 0.85 \approx 8.6\text{kW}$

输出功率 $P_2 = 7.5\text{kW}$

效率 $\eta = \dfrac{P_2}{P_1} = \dfrac{7.5}{8.6} \times 100\% \approx 87\%$

一般鼠笼型电动机在额定运行时的效率为 72%~93%。$\eta = f(P_2)$ 曲线如图 9-8-3 所示，在额定功率的 75%左右时效率最高。

(6) 功率因数

因为电动机是电感性负载，定子相电流比相电压滞后一个 φ 角，$\cos\varphi$ 就是电动机的功率因数。

三相异步电动机的功率因数较低，在额定负载时为 0.7~0.9，而在轻载和空载时更低，空载时只有 0.2~0.3。因此，必须正确选择电动机的容量，防止"大马拉小车"，并力求缩短空载的时间。

$\cos\varphi = f(P_2)$ 曲线如图 9-8-3 所示。

(7) 转速

由于生产机械对转速的要求不同，需要生产不同磁极数的异步电动机，因此有不同的转速等级。最常用的是四极的（$n_0 = 1\,500\text{r/min}$）。

(8) 绝缘等级

绝缘等级是按电动机绕组所用的绝缘材料在使用时容许的极限温度来分级的。所谓极限温度是指电机绝缘结构中最热点的最高容许温度。技术数据见表 9-8-3。

表 9-8-3 绝缘等级

绝缘等级	A	E	B	F	H
极限温度/℃	105	120	130	155	180

(9) 工作方式

电动机的工作方式分为八类，用字母 S_1~S_8 分别表示。例如，连续工作方式（S_1）；短时工作方式（S_2），分 10，30，60，90min 四种；断续周期性工作方式（S_3），其周期由一个额定负载时间和一个停止时间组成，额定负载时间与整个周期之比称为负载持续率。标准持续率有 15%，25%，40%，60%几种，每个周期为 10min。

【练习与思考】

9.8.1 电动机的额定功率是指输出机械功率，还是输入电功率？额定电压是指线电压还是相电压？额定电流是指定子绕组的线电流还是相电流？功率因数 $\cos\varphi$ 的 φ 角是定子相电流与相电压间的相位差，还是线电流与线电压间的相位差？

9.8.2 有些三相异步电动机有 380/220 两种额定电压，定子绕组可以接成星形，也可以接成三角形。试问在什么情况下采用这种或那种连接方法？采用这两种连接法时，电动机的额定值（功率、相电压、线电压、相电流、线电流、效率、功率因数、转速等）有无改变？

9.8.3 在电源电压不变的情况下，如果电动机的三角形连接误接成星形连接，或者星形连接误接成三角形连接，其后果如何？

9.8.4 Y112M-4 型三相异步电动机的技术数据如下：4kW 380V 三角形连接 1 440r/min，$\cos\varphi=0.82$，$\eta=84.5\%$，$T_{ST}/T_N=2.2$，$I_{ST}/I_N=6.0$，$T_{max}/T_N=2.5$，50Hz。试求：(1)额定转差率 S_N；(2)额定电流 I_N；(3)起动电流 I_{st}；(4)额定转矩 T_N；(5)起动转矩 T_{st}；(6)最大转矩 T_{max}；(7)额定输入功率 P_1。

9.9 三相异步电动机的选择

在生产上，三相异步电动机用得最为广泛，正确地选择它的功率、种类、型式，以及正确地选择它的保护电器和控制电器，是极为重要的。本节讨论电动机的选择问题。

9.9.1 功率的选择

要为某一生产机械选配一台电动机，首先要考虑电动机的功率需要多大。合理选择电动机的功率具有重大的经济意义。如果电动机的功率选太大，虽然能保证正常运行，但是不经济。因为这不仅使设备投资增加和电动机未被充分利用，而且由于电动机经常不是在满载下运行，它的效率和功率因数也都不高。如果电动机的功率选小了，就不能保证电动机和生产机械的正常运行，不能充分发挥生产机械的效能，并使电动机由于过载而过早地损坏。所以，所选电动机的功率是由生产机械所需的功率确定的。

(1)连续运行电动机功率的选择

对连续运行的电动机，先算出生产机械的功率，所选电动机的额定功率等于或略大于生产机械的功率即可。

例如，车床的切削功率为

$$P_1 = \frac{Fv}{1\,000 \times 60} \text{ kW}$$

式中，F 是切削力(N)，它与切削速度、走刀量、吃刀量、工件及刀具的材料有关，可从切削用量手册中查取或经计算得出；v 是切削速度(m/min)。

电动机的功率则为

$$P = \frac{P_1}{\eta_1} = \frac{Fv}{1\,000 \times 60 \times \eta_1} \text{ kW} \tag{9-9-1}$$

式中，η_1 是传动机构的效率。

而后根据式(9-9-1)计算出的功率 P 在产品目录上选择一台合适的电动机，其额定功率应为

$$P_N \geqslant P$$

又如，拖动水泵的电动机功率为

$$P = \frac{\rho QH}{102\eta_1\eta_2} \text{ kW} \tag{9-9-2}$$

式中，Q 是流量(m^3/s)；H 是扬程，即液体被压送的高度(m)；ρ 是液体的密度(kg/m^3)；

η_1 是传动机构的效率；η_2 是泵的效率。

【例9.9.1】 有一离心式水泵，其数据如下：$Q=0.03\text{m}^3/\text{s}$，$H=20\text{m}$，$n=1460\text{r/min}$，$\eta_2=0.55$。今用一鼠笼型电动机拖动做长期运行，电动机与水泵直接连接（$\eta_1\approx1$）。试选择电动机的功率。

【解】

$$P=\frac{\rho QH}{102\eta_1\eta_2}=\frac{1000\times0.03\times20}{102\times1\times0.55}\approx10.7\text{ kW}$$

选用 Y160M-4 型电动机，其额定功率 $P_N=11\text{kW}(P_N>P)$，额定转速 $n_N=1460\text{r/min}$。

在很多场合下，电动机所带的负载是经常随时间而变化的，要计算它的等效功率是比较复杂和困难的，此时可采用统计分析法。就是将各国同类型先进的生产机械所选用的电动机功率进行类比和统计分析，寻找出电动机功率与生产机械主要参数间的关系。

(2) 短时运行电动机功率的选择

闸门电动机、机床中的夹紧电动机、尾座和横梁移动电动机以及刀架快速移动电动机等都是短时运行电动机的例子。如果没有合适的专为短时运行设计的电动机，可选用连续运行的电动机。由于发热惯性，在短时运行时可以容许过载。工作时间越短，则过载可以越大。但电动机的过载是受到限制的。因此，常根据过载系数来选择短时运行电动机的功率。电动机的额定功率可以是生产机械所要求的功率的 $\frac{1}{\lambda}$。

例如，刀架快速移动对电动机所要求的功率为

$$P_1=\frac{G\mu v}{102\times60\times\eta_1}\text{ kW} \tag{9-9-3}$$

式中，G 是被移动元件的质量（kg）；v 是移动速度（m/min）；μ 是摩擦系数，通常为 0.1~0.2；η_1 是传动机构的效率，通常为 0.1~0.2。

实际上所选电动机的功率可以是上述功率的 $\frac{1}{\lambda}$，即

$$P_1=\frac{G\mu v}{102\times60\times\eta_1\lambda}\text{ kW} \tag{9-9-4}$$

【例9.9.2】 已知刀架质量 $G=500\text{kg}$，移动速度 $v=15\text{r/min}$，导轨摩擦系数 $\mu=0.1$，传动机构的效率 $\eta_1=0.2$，要求电动机的转速约为 1400r/min。求刀架快速移动电动机的功率。

【解】 Y 系列四极笼型电动机的过载系数 $\lambda=2.2$，于是

$$P=\frac{G\mu v}{102\times60\times\eta_1\lambda}=\frac{500\times0.1\times15}{102\times60\times0.2\times2.2}=0.28\text{ kW}$$

选用 Y80-1-4 型电动机，$P_N=0.55\text{kW}$，$n_N=1390\text{r/min}$。

9.9.2 种类和结构型式的选择

(1) 种类的选择

选择电动机的种类是从交流或直流、机械特性、调速与起动性能、维护及价格等方

面来考虑的。

因为通常生产场所用的都是三相交流电源，如果无特殊要求，一般都应采用交流电动机。在交流电动机中，三相鼠笼型异步电动机结构简单，坚固耐用，工作可靠，价格低廉，维护方便；其主要缺点是调速困难，功率因数较低，起动性能较差。因此，要求机械特性较硬而无特殊调速要求的一般生产机械的拖动应尽可能采用鼠笼型电动机。在功率不大的水泵和通风机、运输机、传送带上，在机床的辅助运动机构（如刀架快速移动、横梁升降和夹紧等）上，差不多都采用鼠笼型电动机。一些小型机床上也采用它作为主轴电动机。

绕线型电动机的基本性能与鼠笼型相同。其特点是起动性能较好，并可在不大的范围内平滑调速。但是它的价格比鼠笼型电动机贵，维护亦比较不方便。因此，对某些起重机、卷扬机、锻压机及重型机床的横梁移动等不能采用鼠笼型电动机的场合，才采用绕线型电动机。

（2）结构型式的选择

生产机械的种类繁多，它们的工作环境也不尽相同。如果电动机在潮湿或含有酸性气体的环境中工作，则绕组的绝缘很快受到侵蚀。如果在灰尘很多的环境中工作，电动机很容易脏污，致使散热条件恶化。因此，有必要生产各种结构型式的电动机，以保证在不同的工作环境中能安全可靠地运行。

按照上述要求，电动机常制成下列几种结构型式：

①开启式　在构造上有个特殊防护装置，用于干燥、无灰尘的场所。

②防护式　在机壳或端盖下面有通风罩，以防止铁屑等杂物掉入。也有将外壳做成挡板状，以防止在一定角度内有雨水滴溅入其中。

③封闭式　封闭式电动机的外壳严密封闭。电动机靠自身风扇或外部风扇冷却，并在外壳带有散热片。在灰尘多、潮湿或含有酸性气体的场所，可采用这种电动机。

④防爆式　整个电机严密封闭，用于有爆炸性气体的场所，如在矿井中。

此外，还要根据安装要求，采用不同的安装结构型式（图9-9-1）。

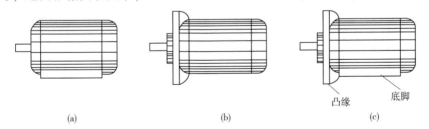

图 9-9-1　电动机的三种基本安装结构型式

(a) 机座带底脚，端盖无凸缘(B_3)　(b) 机座不带底脚，端盖有凸缘(B_5)

(c) 机座带底脚，端盖有凸缘(B_{35})

9.9.3　电压和转速的选择

（1）电压的选择

电动机电压等级的选择，要根据电动机类型、功率以及使用地点的电源电压来决定。Y系列鼠笼型电动机的额定电压只有380V一个等级。只有大功率异步电动机才采用 3 000V 和 6 000V。

(2) 转速的选择

电动机的额定转速是根据生产机械的要求而选定的。但是，通常转速不低于 500r/min。因为当功率一定时，电动机的转速越低，则其尺寸越大，价格越贵，而且效率也越低。因此，就不如购买一台高速电动机再另配减速器合算。

异步电动机通常采用四极（两对极）的，即同步转速 $n_0 = 1\ 500$r/min。

*9.10　同步电动机

同步电动机的定子和三相异步电动机的一样；而它的转子是磁极，由直流励磁，直流电经电刷和滑环流入励磁绕组，如图 9-10-1 所示。在磁极的极掌上装有和鼠笼型绕组相似的起动绕组，当将定子绕组接到三相电源产生旋转磁场后，同步电动机就像异步电动机那样起动起来（此时转子尚未励磁）。当电动机的转速接近同步转速 n_0 时，才对转子励磁。这样，旋转磁场就能紧紧地牵引着转子一起转动，如图 9-10-2 所示。以后，两者转速便保持相等（同步），即

$$n = n_0 = \frac{60f}{p}$$

这就是同步电动机名称的由来。

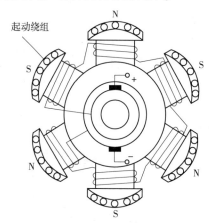 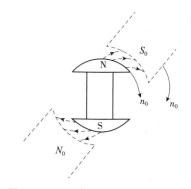

图 9-10-1　同步电动机的转子　　图 9-10-2　同步电动机的工作原理图

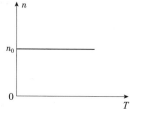

图 9-10-3　同步电动机的机械特性曲线

当电源频率一定时，同步电动机的转速 n 是恒定的，不随负载而变。所以它的机械特性曲线 $n = f(T)$ 是一条与横轴平行的直线（图 9-10-3），这是同步电动机的基本特性。

同步电动机运行时的另一重要特性是：改变励磁电流，可以改变定子相电压 $\dot{U}$ 和相电流 $\dot{I}$ 之间的相位 φ（也就是改变同步电动机的功率因数 $\cos\varphi$），可以使同步电动机运行于电感性、电阻性和电容性三种状态。这不仅可以提高本身的功率因数，而且利用运行于电容性状态以提高电网的功率因数。同步补偿机

就是专门用来补偿电网滞后功率因数的空载运行的同步电动机。

同步电动机常用于长期连续工作及保持转速不变的场所,如用来驱动水泵、通风机、压缩机等。

【例 9.10.1】 某车间原有功率 30kW,平均功率因数为 0.6。现新添设备一台,需用 40kW 的电动机,车间采用了三相同步电动机,并且将全车间的功率因数提高到 0.96。试问这时同步电动机运行于电容性还是电感性状态?无功功率多大?

【解】 因将车间功率因数提高,所以该同步电动机运行于电容性状态。车间原有无功功率

$$Q = \sqrt{3}\,UI\sin\varphi = \frac{P}{\cos\varphi}\sin\varphi = \frac{30}{0.6}\times\sqrt{1-0.6^2} = 40 \text{ kvar}$$

同步电动机投入运行后,车间的无功功率

$$Q' = \sqrt{3}\,UI'\sin\varphi' = \frac{P'}{\cos\varphi'}\sin\varphi'$$

$$= \frac{30+40}{0.96}\times\sqrt{1-0.96^2} \approx 20.4 \text{ kvar}$$

同步电动机提供的无功功率

$$Q'' = Q - Q' = 40 - 20.4 = 19.6 \text{ kvar}$$

*9.11 直线异步电动机

从 20 世纪 60 年代开始,由于高速运输的需要,直线电动机的理论研究和推广应用得到快速发展。可认为直线电动机是从旋转电动机演变而来的,最典型的是直线异步电动机,分析如下。

(1) 工作原理

如将三相异步电动机沿轴线剖开然后拉平,构成初级和次级两部分,如图 9-11-1 所示。

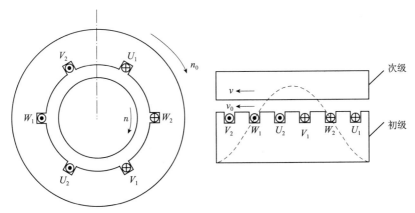

图 9-11-1 直线异步电动机的工作原理

初级表面开槽,放置三相绕组,产生的不再是旋转磁场,而是位移磁场(也称行波磁场),但其线速度 v_0 均可按三相异步电动机的旋转磁场转速 n_0 来计算,即

$$v_0 = \pi D \cdot \frac{n_0}{60} = \pi D \cdot \frac{1}{60} \cdot \frac{60f_1}{p} = 2\frac{\pi D}{2p}f_1 = 2\tau f_1 \text{ m/s}$$

式中，D 是三相异步电动机定子的内直径(m)；τ 是极距(m)。可见，改变极距 τ 和频率 f_1，就可改变行波磁场的线速度。式中 πD 也就是直线异步电动机的长度。

次级中有导条，如果是整块金属，可认为由无数并联的导条组成。当导条中感应出电流后，就和行波磁场作用，产生电磁力，使次级做直线运动，和异步电动机一样道理，其线速度 v 也应低于 v_0。

（2）结构

直线异步电动机的扁平形结构最为典型，如图 9-11-2 所示，其中还分短次级和短初级两种。此外，还分单边型(图 9-11-1)和双边型(图 9-11-2)。前者在初级与次级之间有着较大的法向磁拉力作用，这是不希望存在的；而在后者两边的法向磁拉力互相抵消。

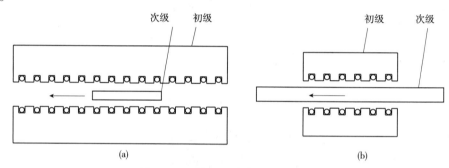

图 9-11-2 直线异步电动机的结构

（3）应用

磁悬浮高速列车就是应用了直线异步电动机。初级装在车体上，由车内柴油机带动交流变频发电机，供给初级电流。次级是铁轨，固定的。靠反电磁力推动车体做直线运动。初级与次级间用磁垫隔离。目前高速列车可达 400~500km/h 的速度。

图 9-11-3 是直线异步电动机应用于传送带，传送带由金属丝网和橡胶复合而成，作为次级、初级固定。

图 9-11-4 是直线异步电动机用于搬运钢材，钢材作为次级，隔一定距离安装一个固定的初级。

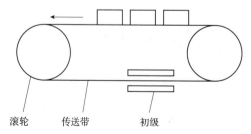

图 9-11-3 直线异步电动机用于传送带

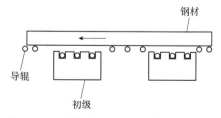

图 9-11-4 直线异步电动机用于搬运钢材

习 题

9.3.1 有一四极三相异步电动机，额定转速 $n_N = 1\,440\text{r/min}$，转子的每相电阻 $R_2 = 0.02\Omega$，感抗 $X_{20} = 0.08\Omega$，转子电动势 $E_{20} = 20\text{V}$，电源频率 $f_1 = 50\text{Hz}$。试求该电动机起动时及在额定转速运行时的转子电流 I_2。

9.4.1 已知 Y1-11-4 型异步电动机的某些额定技术数据如下：2.2kW，380V，Y 连接，1 420r/min，$\cos\varphi = 0.82$，$\eta = 81\%$。试计算：(1) 相电流和线电流的额定值及额定负载时的转矩；(2) 额定转差率及额定负载时的转子电流频率。设电源频率为 50Hz。

9.4.2 有台三相异步电动机，其额定转速为 1 470r/min，电源频率为 50Hz。在 (a) 起动瞬间，(b) 转子转速为同步转速的 $\frac{2}{3}$ 时，(c) 转差率为 0.02 时三种情况下，试求：(1) 定子旋转磁场对定子的转速；(2) 定子旋转磁场对转子的转速；(3) 转子旋转磁场对转子的转速（提示：$n_2 = \frac{60f_2}{p} = sn_0$）；(4) 转子旋转磁场对定子的转速；(5) 转子旋转磁场对定子旋转磁场的转速。

9.4.3 有 Y112M-2 型和 Y160M1-8 型异步电动机各一台，额定功率都是 4kW，但前者额定转速为 2 890r/min，后者为 720r/min。试比较它们的额定转矩，并由此说明电动机的极数、转速及转矩三者之间的大小关系。

9.4.4 已知 Y132S-4 型三相异步电动机的额定技术数据如下：

功率	转速	电压	效率	功率因数	I_{ST}/I_N	T_{ST}/T_N	T_{max}/I_N
5.5kW	1 440r/min	380V	85.5%	0.84	7	2.2	2.2

电源频率为 50Hz。试求额定状态下的转差率 S_N，电流 I_N 和转矩 T_N 以及起动电流 I_{st}，起动转矩 T_{st} 最大转矩 T_{max}。

9.4.5 Y180L-6 型电动机的额定功率为 15kW，额定转速为 970r/min，频率为 50Hz，最大转矩为 295.36N·m。试求电动机的过载系数 λ。

9.4.6 某四极三相异步电动机的额定功率为 30kW，额定电压为 380V，三角形连接，频率为 50Hz。在额定负载下运行时，其转差率为 0.02，效率为 90%，线电流为 57.5A，试求：(1) 转子旋转磁场对转子的转速；(2) 额定转矩；(3) 电动机的功率因数。

9.5.1 习题 9.4.6 中电动机的 $T_{st}/T_N = 1.2$，$I_{st}/T_N = 7$，试求：(1) 用 Y-△ 换接起动时的起动电流和起动转矩；(2) 当负载转矩为额定转矩的 60% 和 25% 时，电动机能否起动？

9.5.2 在习题 9.4.6 中，如果采用自耦变压器降压起动，而使电动机的起动转矩为额定转矩的 85%，试求：(1) 自耦变压器的变比；(2) 电动机的起动电流和线路上的起动电流各为多少？

9.9.1　有一短时运行的三相异步电动机,折算到轴上的转矩为 130N·m,转速为 730r/min,试求电动机的功率。取过载系数 $\lambda=2$。

9.10.1　某工厂负载为 850kW,功率因数为 0.6(滞后),由 1 600kV·A 变压器供电。现增加 400kW 功率的负载,由同步电动机拖动,其功率因数为 0.8(超前),问是否需要加大变压器容量?这时将工厂的功率因数提高到多少?

第 10 章 继电接触器控制系统

就现代机床或其他生产机械而言，它们的运动部件大多是由电动机来带动的。因此在生产过程中要对电动机进行自动控制，主要是控制电动机的起动、停止、正反转、调速、制动及运行顺序，使生产机械各部件的动作按要求进行，保证生产过程和加工工艺符合预定要求。

对电动机或其他电气设备的接通或断开，当前国内还较多地采用继电器、接触器及按钮等控制电器来实现自动控制。一般称这种控制系统为继电接触器控制系统，它是一种有触点的断续控制，因为其中控制电器是断续动作的。另外还有一种无触点的可编程控制器。

任何复杂的控制线路，都是由一些元器件和单元电路组成。因此，在本章中先介绍一些常用控制电器和基本控制线路，然后讨论应用实例。

10.1 常用控制电器

10.1.1 组合开关

在机床电气控制线路中，组合开关（又称转换开关）常用作电源引入开关，也可以用于直接起动和停止小容量鼠笼型电动机或使电动机正反转，局部照明电路也常用它来控制。

组合开关的种类很多，常用的有 HZ10 等系列的，其结构如图 10-1-1 所示。它有三对静触片，每个触片的一端固定在绝缘垫板上，另一端伸出盒外，连在接线柱上。三个动触片套在装有手柄的绝缘转动轴上，转动转轴就可以将三个触点（彼此相差一定角度）同时接通或断开。图 10-1-2 是用组合开关来起动和停止异步电动机的接线图。

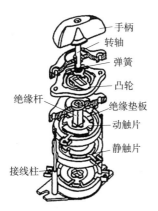

图 10-1-1 组合开关的结构图

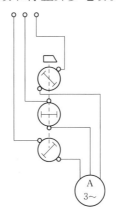

图 10-1-2 用组合开关起停电动机的接线示意图

组合开关有单极、双极、三极和四极几种，额定持续电流有 10A，25A，60A 和 100A 等多种。

10.1.2 按钮

按钮是一种简单的开关，通常用来接通或断开控制电路(其中电流很小)，从而控制电动机或其他电气设备的运行。按钮有常开按钮和常闭按钮两种，原来就接通的触点，称为动断触点或常闭触点；原来就断开的触点，称为动合触点或常开触点。它们的符号见表 10-1-1。常开按钮的动、静触头平时是分开的，当按下按钮时，它们接触；一旦分开，动触头借复位弹簧的作用又与静触头分开。常闭按钮的触头动作刚好与上述相反。按钮触头的容量，一般都比较小。

表 10-1-1 常用电机、电器的图形符号

名称	符号	名称		符号
三相鼠笼型异步电动机	M 3~	手动按钮触点	常开	
			常闭	
三相绕线型异步电动机	M 3~	接触器吸引圈 继电器吸引线圈		
直流电动机	M	接触器触点	主触点	
			辅助触点 常开	
			常闭	
单相变压器		时间继电器触点	常开延时闭合	
			常闭延时断开	
三相开关			常开延时断开	
			常闭延时闭合	

(续)

名称	符号	名称		符号
熔断器	▭	行程开关触点	常开	
			常闭	
信号灯	⊗	热继电器	常闭触点	
			热元件	

常开按钮和常闭按钮也可以装在一起，构成复合按钮，如图 10-1-3 所示的是其剖面图。将按钮帽按下时，下面一对原来断开的静触点被接通，以接通某一控制电路；而上面一对原来接通的静触点则被断开，以断开另一控制电路。

常见的一种双联按钮(图 10-1-4)由两个按钮组成，一个用于电动机起动，一个用于电动机停止。常用的按钮有 LA 和引进的 LAY 等系列。

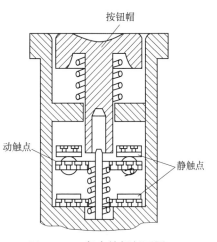

图 10-1-3 复合按钮剖面图

10.1.3 行程开关

行程开关(又称限位开关头)是利用生产机械的某些运动部件的碰撞而动作的，是用来控制运动部件行程的一种电器，其结构如图 10-1-5 所示。当运动机构的挡铁碰到行程开关的滚轮时，传动杠杆连同转轴一起转动，使凸轮推动撞块。当撞块被压到一定位置时，便推动微动开关快速换接(即分开常闭触头，并使常开触头闭合)。当运动机构的挡铁离开后，弹簧又使行程开关的各部分复位。行程开关的种类很多，常用的有 LX 等系列。图 10-1-5 中所示的行程开关有一个常开触点和一个常闭触点。

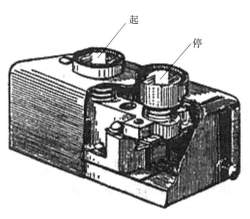

图 10-1-4 双联按钮

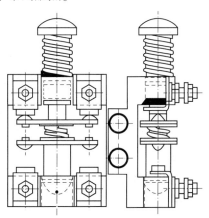

图 10-1-5 行程开关的结构剖面图

10.1.4 交流接触器

交流接触器是利用电磁力使触点动作的自动开关,每小时可开闭千余次。常用于接通或断开主电路及其控制电路。接触器分交流接触器和直流接触器两类,它们的工作原理相同,但结构上稍有不同。图 10-1-6 为其主要结构图,它主要包括三大部分:电磁系统、触头系统和灭弧装置。

触头系统:根据用途不同,接触器的触点分主触点和辅助触点两种。主触点起接通或断开主电路的作用,允许通过较大电流(触点允许通过的最大电流叫触点容量),因而动、静主触点的接触面积较大。如 CJ10-20 型交流接触器有三个常开主触点,四个辅助触点(两个常开,两个常闭)。辅助触点起接通或断开控制电路的作用,只允许通过较小的电流。两种触点一般是联动的,即当常开触点断开时,常闭触点就闭合;反之,常开触点闭合时,常开触点分开。

当吸引线圈通电后,吸引山字形动铁心(上铁心),而使常开(动合触点)闭合。

当主触点断开时,其间易产生电弧,会烧坏触点,并拉长切断时间,因此必须采取灭弧措施。通常交流接触器的触点都做成桥式,它有两个断点,以降低当触点断开时加在断点上的电压,使电弧容易熄灭;且其间有绝缘隔板,以免短路。在电流较大的接触器中还专门设有灭弧装置。

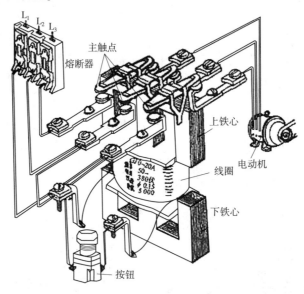

图 10-1-6 交流接触器的主要结构图

为了减小铁损,交流接触器的铁心由硅钢片叠成;并为了消除铁心的颤动和噪声,在铁心端面的一部分套有短路环。

在选用接触器时,应注意它的额定电流、线圈电压及触点数量等。CJ10 系列接触器的主触点额定电流有 5A、10A、20A、40A、60A、100A 和 150A 等数种;线圈额定电压通常是 220V 或 380V,也有 36V 和 127V 的。

常用的交流接触器还有 CJ40、CJ12、CJ20 和引进的 CJX、3TB、B 等系列。

10.1.5 继电器

继电器是一种传递电信号的电器，常用的有电磁型继电器和热继电器。电磁继电器按用途又可分为以下五类：

①电流继电器。

②电压继电器 若在额定电压下不动作，而在超过额定电压某一值时才动作的电压继电器称为过电压继电器。过电压继电器适用于作过电压保护。若在额定电压下能正常动作，而在电源电压下降至某一值时，电压继电器自行释放，恢复初态，这种电压继电器称为欠电压继电器。欠电压继电器适用于作欠电压和零电压保护。

③中间继电器 它的特点是常闭、常开触头对数较多，常有4、6、8对。中间继电器通常用来传递信号和同时控制多个电路，也可直接用它来控制小容量电动机或其他电气执行元件。中间继电器的结构和交流接触器基本相同，只是电磁系统小些，触点多些。

常用的中间继电器有 JZ7 系列和 JZ8 系列两种，后者可交直流两用。此外，还有 JTX 系列小型通用继电器，常用在自动装置上以接通或断开电路。在选用中间继电器时，主要是考虑电压等级和触点(动合和动断)数量。

中间继电器的工作原理为：当电压线圈通电时，铁芯被吸引向下，通过连动机构使常开触头闭合，常闭触头打开，线圈断电时，在复位弹簧的作用下，各触头复原。

④时间继电器 是一种延时协作的继电器，从它接受信号(如线圈通电)到执行动作(如触头动作)具有一定时间间隔。它是利用空气的阻尼作用实现延时动作的。时间继电器有通电延时和断电延时两种结构型式。

⑤热继电器 是利用电流热效应使触头动作的保护电器，多用于电动机作过载保护。主要包括发热元件、触头部分、动作机构、钮扣复位机构、整定电流调节装置、温度补偿装置等几个部分。

热继电器是利用电流的热效应而动作的，它的原理图如图10-1-7所示。热元件是一段电阻不大的电阻丝，接在电动机的主电路中。双金属片由两种具有不同膨胀系数的金属辗压而成。图中下层金属的膨胀系数大，上层的小。当主电路中电流超过容许值而使双金属片受热时，它便向上弯曲，因而脱扣，扣板在弹簧的拉力下将动断(常闭)触点断开，它是接在电动机的控制电路中的。通过它断开控制电路而使接触器的线圈断电，从而断开电动机的主电路。

由于热惯性，热继电器不能作短路保护。因为发生短路事故时，要求电路立即断开，而热继电器不能立即动作。但是这个热惯性也是合乎要求的，在电动机起动或短时过载时，热继电器不会动作，这可避免电动机的不必要停车。

如果要热继电器复位，按下复位按钮即可。

通常用的热继电器有 JR20，JR15 和引进的 JRS 等系列。热继电器的主要技术数据是整定电流。所谓整定电流就是热元件中通过的电流超过此值的20%时，热继电器应当在 20min 内动作。热元件有多种额定整定电流等级，如 JR15-10 型有(2.4~11)A 五个等级。为了配合不同电流的电动机，热继电器配有整定电流调节装置，调节范围为额

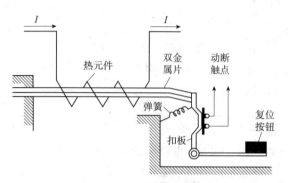

图 10-1-7 热继电器的原理图

定整定电流的 66%~100%。整定电流与电动机的额定电流基本上一致。

10.1.6 熔断器

熔断器是最简便有效的短路保护电器。熔断器中的熔片或熔丝用电阻率较高的易熔合金制成，如铅锡合金等；或用截面积甚小的如铜、银等良导体制成。线路在正常工作时，熔断器中的熔丝或熔片不应熔断。一旦发生短路或严重过载时，熔断器中的熔丝或熔片应立即熔断。图 10-1-8 是常用的三种熔断器的结构图。

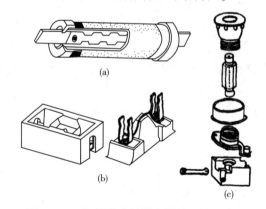

图 10-1-8 不同种类的熔断器的结构示意图
(a) 管式熔断器 (b) 插式熔断器 (c) 螺旋式熔断器

选择熔丝的方法如下：

(1) 电灯支线的熔丝

熔丝额定电流 ≥ 支线上所有电灯的工作电流。

(2) 一台电动机的熔丝

为了防止电动机起动时电流较大而将熔丝烧断，熔丝不能按电动机的额定电流来选择，应按下式计算：熔丝额定电流 ≥ (电动机的启动电流÷2.5)。

如果电动机起动频繁，则为：熔丝额定电流 ≥ (电动机的启动电流÷1.6~2)。

几台电动机合用的总熔丝一般可粗略地按下式计算：熔丝额定电流 = (1.5~2.5) × 容量最大的电动机的额定电流 + 其余电动机的额定电流之和。

10.1.7 自动空气断路器

自动空气断路器也叫空气开关,是常用的一种低压保护电器,可实现短路、过载和失压保护。它的结构形式很多,图 10-1-9 所示的是一般原理图。主触点通常是由手动的操作机构来闭合的。开关的脱扣机构是一套连杆装置。当主触点闭合后就被锁钩锁住。如果电路中发生故障,脱扣机构就在有关脱扣器的作用下将锁钩脱开,于是主触点在释放弹簧的作用下迅速分断。脱扣器有过流脱扣器和欠压脱扣器等,它们都是电磁铁。在正常情况下,过流脱扣器的衔铁是释放着的;一旦发生严重过载或短路故障时,与主电路串联的线圈(图中只画出了一相)就将产生较强的电磁吸力把衔铁往下吸而顶开锁钩,使主触点断开。欠压脱扣器的工作恰恰相反,在电压正常时,吸住衔铁,主触点才得以闭合;一旦电压严重下降或断电时,衔铁就被释放而使主触点断开。当电源电压恢复正常时,必须重新合闸后才能工作,实现了失压保护。

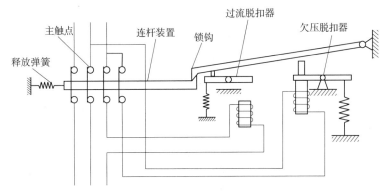

图 10-1-9 自动空气断路器的原理图

另有一种断路器具有双金属片过载脱扣器。

常用的自动空气断路器有 DZ,DW 和引进的 ME,AE,3WE 等系列。

10.2 鼠笼式电动机直接起动的控制线路

图 10-2-1 是中、小容量鼠笼型电动机直接起动的控制线路,其中用了组合开关 Q、交流接触器 KM、按钮 SB、热继电器 FR 和熔断器 FU 等几种电器。

先将组合开关 Q 闭合,为电动机起动做好准备。

工作原理:当按下起动按钮 SB_2 时,控制电路接通,交流接触器 KM 的线圈通电,动铁心被吸合而将三个主触点闭合,主电路接通,电动机 M 开始转动;与此同时,交流接触器辅助常开触点也闭合,当松开按钮 SB_2 后,控制电路仍然通电,电动机继续运转下去,这种能自动保持接通的控制作用称为"自锁"。这个辅助触点称为自锁触点。要停机时,只要按下停止按钮 SB_1,使控制电路断电,接触器线圈失电释放,动铁心复位,主常开触点断开,电动机失电停转。此时 KM 的辅助常开触点也断开,松开停机按钮,电动机停转。

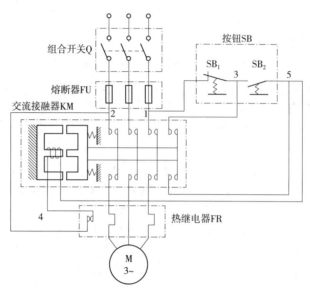

图 10-2-1 鼠笼型电动机直接起动控制线路的结构图

电动机在运行时,可能会出现一些不正常的工作状态——过载或短路。所谓过载就是电动机的电流长时间超过其额定电流。短路是指各相绕组之间或相绕组与机壳之间出现短路,这时流过电机的电流将大大超过额定电流,此时要求能立即切断电源以保护电动机。

(1) 过载保护

在上述的控制电路中加入热继电器,将发热元件串联在主电路上,常闭触头串接在控制电路上。热继电器的整定电流小于电动机的额定电流,热继电器在此电流下长期运行不动作。但当电机过载且其电流超过其额定值一段时间之后就会动作,这时其常闭触点断开,切断控制电路,接触器线圈失电,各触点复位,电动机断电停转,从而保护了电动机。

(2) 短路保护

热继电器不能作为短路保护,因为热继电器动作需要一定时间,当发生短路时电流太大,热继电器还未来得及动作,电动机可能已经损坏,因此还要加装熔断丝(保险丝)才能达到短路保护的目的。

过流继电器可兼作过流和短路保护,使用方法与热继电器相似,但在电路设计上,应让电动机起动时的起动电流不流过过流继电器,而在正常工作时才流过该继电器。

(3) 欠压(或零压)保护

当电网电压大幅度降低(欠压)或瞬间断电(零压)时,有自锁的电动机控制电路能将电源切断,此种性能称为欠压(零压)保护。在欠压或零压时,接触器铁线圈产生的电磁力不能吸住衔铁,主触点及常开辅助触点分开,电源被切断。当电网电压恢复时,电动机就不能自行起动了。

需要欠压(零压)保护的理由是:①欠压时,电动机转速下降,甚至停转,可能损坏电动机;②电动机自行起动,对于某些生产过程是不容许的,如车床在工作时遇到断电,车刀若卡在工作面上,瞬间后若电动机自行起动,车刀可能被折断。

图 10-2-1 所示的控制线路可实现短路保护、过载保护和欠压保护。

起短路保护的是熔断器 FU。一旦发生短路事故，熔丝立即熔断，电动机立即停车。

起过载保护的是热继电器 FR。当过载时，它的热元件发热，将常闭（动断）触点断开，使接触器线圈断电，主触点断开，电动机停下。热继电器有两相结构的，就是有两个热元件，分别串接在任意两相中。这样不仅在电动机过载时有保护作用，而且当任意一相中的熔丝熔断后作单相运行时，仍有一个或两个热元件中通有电流，电动机因而也得到保护。为了更可靠地保护电动机，热继电器做成三相结构，就是有三个热元件，分别串接在各相中。

在图 10-2-1 中，各个电器都是按照其实际位置画出的，属于同一电器的各部件都集中在一起，这样的图称为控制线路的结构图。这样画法比较容易识别电器，便于安装和检修。但当线路比较复杂和使用的电器较多时，线路便不容易看清楚。因为同一电器的各部件在机械上虽然连在一起，但是在电路上并不一定互相关联。因此，为了读图和分析研究，也为了设计线路的方便，控制线路常根据其作用原理画出，把控制电路和主电路清楚地分开，这样的图称为控制线路的原理图。

在控制线路的原理图中，各种电器都用统一的符号来代表。常用电器的图形符号见表 10-1-1。在原理图中，同一电器的各部件（如接触器的线圈和触点）是分散的。为了识别起见，它们用同一文字符号来表示。

在不同的工作阶段，各个电器的动作不同，触点时闭时开。而在原理图中只能表示出一种情况。因此，规定所有电器的触点均表示在起始情况下的位置，即在没有通电或没有发生机械动作时的位置。对接触器来说，是在动铁心未被吸合时的位置；对按钮来说，是在未按下时的位置等。在上述的基础上，就可把图 10-2-1 画成原理图，如图 10-2-2 所示。

图 10-2-2 的控制线路可分为主电路和控制电路两部分。

主电路由三相电源组合开关 Q，熔断器 FU，KM 的常开主触点，FR 热元件的常闭触点和三相异步电动机 M 组成（图 10-2-3）。

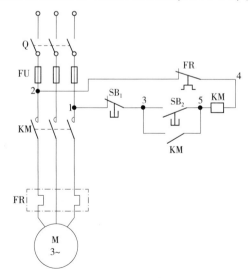

图 10-2-2　图 10-2-1 的电气控制原理图

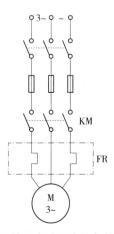

图 10-2-3　鼠笼型电动机直接起停的主电路图

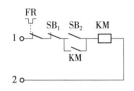

图 10-2-4 鼠笼型电动机
直接起停的控制电路图

控制电路则是由 FR 常闭触点，按钮 SB_1 和 SB_2，KM 的辅助常开触点和 KM 线圈构成（图 10-2-4）。

控制电路的功率很小，因此可以通过小功率的控制电路来控制功率较大的电动机。

如果将图 10-2-2 中的自锁触点 KM（即与 SB_2 按钮并联的 KM 常开触点）除去，则可对电动机实现点动控制，就是按下起动按钮 SB_2，电动机就转动，一松手就停止，这种按下按钮电动机便转动，松开按钮就停转的控制方法称为"点动"控制。这在生产上也是常用的，如在调整时用。

【练习与思考】

10.2.1 为什么热继电器不能作短路保护？为什么在三相主电路中只用两个（当然用三个也可以）热元件就可以保护电动机？

10.2.2 什么是零压保护？用闸刀开关起动和停止电动机时有无零压保护？

10.2.3 试画出能在两处用按钮起动和停止电动机的控制电路。

10.2.4 在 220V 的控制电路中，能否将两个 110V 的继电器线圈串联使用？

10.3 鼠笼型电动机正反转的控制线路

在生产上往往要求运动部件向正反两个方向运动，如机床工作台的前进与后退，主轴的正转与反转，起重机的提升与下降等。为了实现正反转，只要将接到电源的任意两根连线对调一端即可。因此，只要用两个交流接触器就能实现这一要求（图 10-3-1）。当正转接触器 KM_F 工作时，电动机正转，当反转接触器 KM_R 工作时，由于调换了两根电源线，所以电动机反转。

如果两个接触器同时工作，从图 10-3-1 可知，将有两根电源线通过它们的主触点而将电源短路。所以，对正反转控制线路最根本的要求是：必须保证两个接触器不能同时工作。这种在同一时间里两个接触器只允许一个工作的控制作用称为互锁或联锁。下面分析两种有联锁保护的正反转控制线路。

图 10-3-2(a) 所示的控制线路中，正转接触器 KM_F 的一个辅助常闭触点串接在反转接触器 KM_R 的线圈电路中，而反转接触器的一个辅助常闭触点串接在正转接触器的线圈电路中，这两个常闭触点称为联锁触点。这样一来，当按下正转起动按钮 SB_F 时，正转接触器线圈通电，主触点 KM_F 闭合，电动机正转。与此同时，联锁触点断开了反转接触器 KM_R 的线圈电路。因此，即使误按反转起动按钮 SB_R，反转接触器也不能动作。

电路的工作原理：

(1) 正转

合上开关 Q，按下正转起动按钮 SB_F，则正转控制电路接通，控制正转的接触器 KM_F 获电动作，主常开触点 KM_F 接合，电动机得电正转运行；同时辅助常开触点 KM_F 也闭合，使控制电路自锁；辅助常闭触点 KM_F 断开，以防止反转。

(2) 反转

要使正转着的电机反转，必须先按下停机按钮 SB_1，使正转控制电路断电，让电机停转。然后再按下反转起动按钮 SB_R，接通反转控制电路，控制反转的接触器 KM_R 获电动作，其常开主触点 KM_R 接合，电机得电反转运行。同时，其辅助常开触点 KM_R 闭合自锁，其辅助常闭触点 KM_R 断开，以防正转起动。

但是这种控制电路有个缺点，就是若在正转过程中要反转，必须先按停止按钮 SB_1，让联锁触点 KM_F 闭合后，才能按反转起动按钮使电动机反转，操作上不方便。为了解决这个问题，在生产上常采用复式按钮和触点联锁的控制电路，如图 10-3-2(b) 所示。当电动机正转时，接下反转起动按钮 SB_R，它的常闭触点断开，而使正转接触器的线圈 KM_F 断电，主触点 KM_F 断开。与此同时，串接在反转控制电路中的常闭触点 KM_F 恢复闭合，反转接触器的线圈通电，电动机就反转。同时串接在正转控制电路中的常闭触点 KM_R 断开，起着联锁保护。

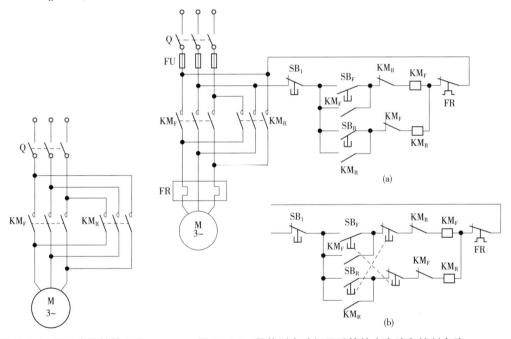

图 10-3-1 用两个接触器实现电动机的正反转主电路

图 10-3-2 鼠笼型电动机正反转的主电路和控制电路

10.4 行程控制

在生产中，常需控制某些机械运动的行程。例如，提升料斗，要求它到达预定位置时便自动停止；在万能铣床上，则要求其工作台能在一定距离上自动往返。要实现这些限位控制，可以采用装有行程开关的控制电路。所谓行程控制就是当运动部件到达一定行程位置时采用行程开关来进行控制。

图 10-4-1 是用行程开关来控制工作台前进与后退的示意图和控制电路。

行程开关 SQ_a 和 SQ_b 分别装在工作台的原位和终点，由装在工作台上的挡块来撞动。工作台由电动机 M 带动。电动机的主电路同图 10-3-2 中的是一样的，控制电路也只是多了行程开关的三个触点。

工作台在原位时，其上挡块将原位行程开关 SQ_a 压下，将串接在反转控制电路中的常闭触点 SQ_a 压开，这时电动机不能反转。按下正转起动按钮 SB_F，电动机正转，带动工作台前进。当工作台到达终点时（如这时机床加工完毕），挡块压下终点行程开关 SQ_b，将串接在正转控制电路中的常闭触点 SQ_b 压开，电动机停止正转。与此同时，将反转控制电路中的常开触点 SQ_b 压合，电动机反转，带动工作台后退。退到原位，挡块压下 SQ_a，将串接在反转控制电路中的常闭触点 SQ_a 压开，于是电动机在原位停止。

如果工作台在前进中按下反转按钮 SB_R，工作台立即后退，到原位停止。

行程开关除用来控制电动机的正反转外，还可实现终端保护、自动循环、制动和变速等各项要求。

在行程控制中，也常用接近开关，其原理和电路在此不多介绍。

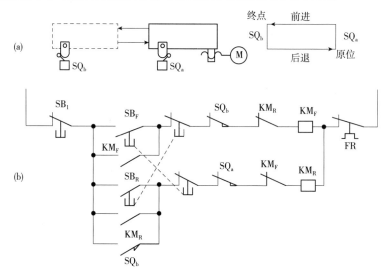

图 10-4-1　用行程开关控制工作台的前进与后退
(a)示意图　(b)控制电路

*10.5　时间控制

时间控制就是采用时间继电器进行延时控制。例如电动机的 Y-△ 连接起动，先是 Y 连接，经过一定时间待转速上升到接近额定值时换成 △ 连接。这就得用时间继电器来控制。

在交流电路中常采用空气式时间继电器（图 10-5-1），它是利用空气阻尼作用而达到动作延时的目的。当吸引线圈通电后就将动铁心吸下，使动铁心与活塞杆之间有一段距离。在释放弹簧的作用下,活塞杆就向下移动。在伞形活塞的表面固定有一层橡皮膜。当活塞向下移动时,在膜上面造成空气稀薄的空间,活塞受到下面空气的压力,不能迅速下移。当空气由进气孔进入时,活塞才逐渐下移。移动到最后位置时,杠杆使微动开关动作。延时时间即为自电磁铁吸引线圈通电时刻起到微动开关动作时为止的这段时间。通过调节螺钉调节进气孔的大小,就可调节延时时间。吸引线圈断电后,依靠恢复弹簧的作用而复原。空气经由出气孔被迅速排出。

图 10-5-1 所示的时间继电器是通电延时,有两个延时触点:一个是延时断开的常闭触点,一个是延时闭合的常开触点。此外,还有两个瞬时触点,即通电后下面的微动开关瞬时动作。时间继电器也可做成断电延时(图 10-5-2)。实际上只要把铁心倒装一下就可以。断电延时的时间继电器也有两个延时触点:一个是延时闭合的常闭触点,一个是延时断开的常开触点。

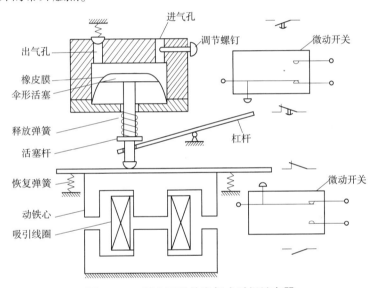

图 10-5-1 通电延时的空气式时间继电器

空气式时间继电器的延时范围大(有 0.4~60s 和 0.4~180s 两种),结构简单,但准确度较低。目前生产的有 JS7-A 型及 JJSK2 型等。

除空气式时间继电器外,在继电接触器控制线路中也常用电动式或电子式时间继电器。

电子式时间继电器分晶体管式和数字式两种。常用的晶体管式时间继电器有 JS20,JS15,JS14A,JSJ 等系列。其中,JS20 是全国统一设计产品,延时范围有 0.1~180s,0.1~300s,0.1~3 600s 三种,适用于交流 50Hz,380V 及以下或直流 110V 及以下的控制电路中。

数字式时间继电器分为电源分频式、RC 振荡式和石英分频式三种,有 DH48S,DH14S,JS14S 等系列。DH48S 系列的延时范围为 0.01s~99h99min,可任意设置,且精度高、体积小、功耗小、性能可靠。

下面列举两个时间控制的基本线路。

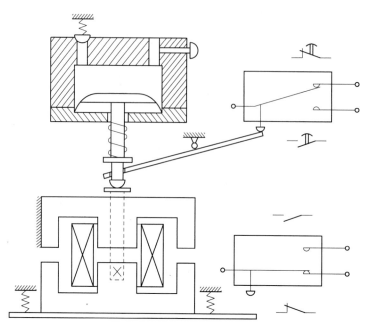

图 10-5-2　断电延时的空气式时间继电器

(1) 鼠笼型电动机 Y-△ 起动的控制线路

图 10-5-3 是鼠笼型电动机 Y-△ 起动的控制线路，其中用了图 10-5-1 所示的通电延时的时间继电器 KT 的两个触点：延时断开的常闭触点和瞬时闭合的常开触点。

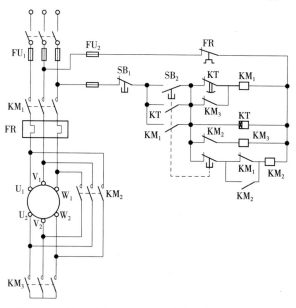

图 10-5-3　鼠笼型电机 Y-△ 起动的主电路和控制线路

KM_1，KM_2 和 KM_3 是三个交流接触器。起动时 KM_3 工作，电动机接成 Y 形；运行时 KM_2 工作，电动机接成 △ 形。线路的动作次序如下：

本线路的特点是在接触器 KM_1 断电的情况下进行 Y-△ 换接,这样可以避免当 KM_3 的常开触点尚未断开时 KM_2 已吸合而造成电源短路;同时接触器 KM_3 的常开触点在无电下断开,不产生电弧,可延长使用寿命。

(2) 鼠笼型电动机能耗制动的控制线路

这种制动方法是在断开三相电源的同时接通直流电源,使直流通入定子绕组,产生制动转矩。

图 10-5-4 是能耗制动的控制线路,其中用了图 10-5-2 所示的断电延时的时间继电器 KT 的一个延时断开的常开触点。直流电流由接成桥式的整流电源供给。在制动时,线路的动作次序如下:

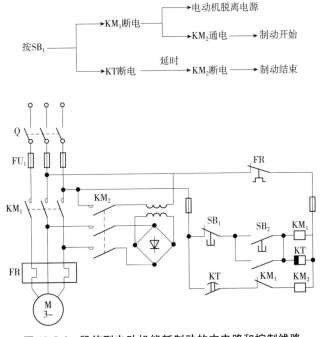

图 **10-5-4** 鼠笼型电动机能耗制动的主电路和控制线路

【练习与思考】

10.5.1 通电延时与断电延时有什么区别?时间继电器的四种延时触点(表 10-1-1)分别是如何动作的?

10.6 应用举例

在上述各节中分别讨论了常用控制电器、控制原则及基本控制线路,现举两个生产机械的具体控制线路,主电路如图 10-6-1 所示,控制电路如图 10-6-2 所示。

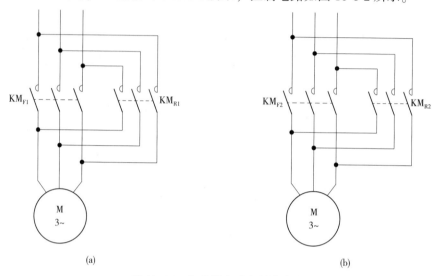

图 10-6-1 加热炉自动上料主电路
(a)炉门开闭电动机主电路 (b)推料机进退电动机主电路

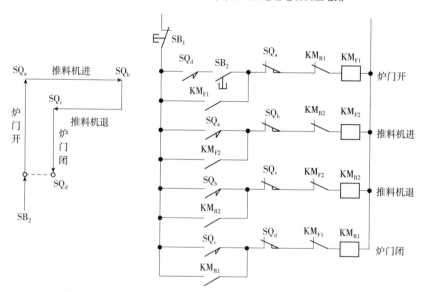

图 10-6-2 加热炉自动上料控制线路

10.6.1 加热炉自动上料控制线路

图 10-6-2 是加热炉自动上料的控制线路,其动作次序如下:

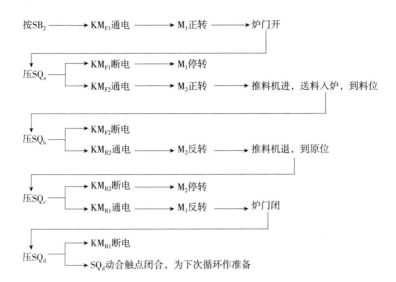

图中的常闭(动断)触点 KM_{R1} 和 KM_{F1}，KM_{R2} 和 KM_{F2} 是电动机正反转控制的联锁触点。

10.6.2 C620-1 型普通车床控制线路

C620-1 型普通车床的控制线路如图 10-6-3 所示，其控制原理和动作顺序请自行分析。电器元件见表 10-6-1。

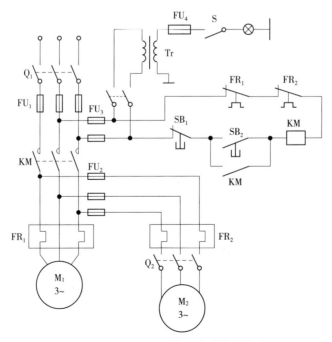

图 10-6-3 C620-1 型普通车床控制线路

表 10-6-1 C620-1 型普通车床控制线路的电器元件

文字符号	名称	型号	规格		数量
Q_1	三相组合开关	HZ_2-25/3	500V	5A	1
Q_2	三相组合开关	HZ_2-10/3	500V	5A	1
Q_3	单相组合开关	HZ-10/2	500V	5A	1
M_1	主轴电动机	Y132M-4	7.5kW	1 440r/min	1
M_2	冷却电动机	JCB-22	0.125kW	2 790r/min	1
FU_1	熔断器	RL_1-60	500V	50A	3
U_2，FU_3	熔断器	RL_1-15	500V 配4A 熔丝		5
FU_4	熔断器	RL_1-15	500V 配4 熔丝		1
KM	交流接触器	CJ0-20	380V	20A	1
FR_1	热继电器	JR_2-1	热元件电流 15.4A		1
FR_2	热继电器	JR_2-1	热元件电流 0.43A		1
SB	按钮	LA_4-22	5A		1
Tr	照明变压器	BK-50	500V	380/36V	1
Q	照明开关		500V	3A	1

综合例题解析

【综合例 10-1】 分析综合图 10-1 控制电路的工作过程和控制原理。

【解】 工作过程：

(1) Q 合上→接通电源→时间继电器 KT 线圈通电→KT 常闭延时闭合触点瞬间断开；

(2) 按下 SB_2→KM_1 线圈通电→KM_1 的触点动作→主电路上电机串联电阻 R 起动，同时时间继电器 KT 线圈断电；

(3) 经过延时 t 后，KT 常闭延时闭合触点又闭合→KM_2 线圈通电→KM_2 触点动作→电机正常工作。

因此，本电路控制原理就是：当电机起动时，在其电源线路上串联限流电阻，从而降低电机起动电流对线路上其他电器的影响；当电机起动后，经过延时 t，电机电源线路自动换接为正常工作的接法。

【综合例 10-2】 简述综合图 10-2 所示的电机正反转电路的工作过程。

【解】 图上所示的电机正反转控制线路的工作过程为：

当按下起动按纽 SB_2 时，KM_1 线圈带电，其常闭触点断开(切实保证 KM_2 线圈不会带电，即进行了"联锁")，同时其常开触点闭合(保证 KM_1 线圈在 SB_2 按纽松开时仍然带电，即进行了"自锁")，电机连续正转。当按下停止按纽 SB_1 时，KM_1 线圈失电，其

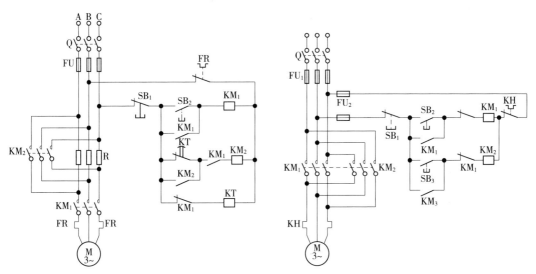

综合图 10-1 综合例 10-1 的电路图　　　综合图 10-2 综合例 10-2 的电路图

常闭触点恢复闭合状态，同时其常开触点恢复断开状态，电机停转。

当按下起动按纽 SB_3 时，KM_2 线圈带电，其常闭触点断开（切实保证 KM_1 线圈不会带电，即进行了"联锁"），同时其常开触点闭合（保证 KM_2 线圈在 SB_3 按纽松开时仍然带电，即进行了"自锁"），电机连续反转。当按下停止按纽 SB_1 时，KM_2 线圈失电，其常闭触点恢复闭合状态，同时其常开触点恢复断开状态，电机停转。

【综合例 10-3】　分析综合图 10-3 所示的控制电路的工作过程。

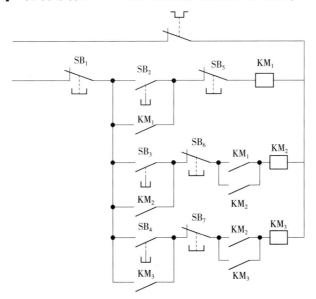

综合图 10-3　综合例 10-3 的电路图

【解】　（1）按下 SB_2→KM_1 通电→KM_1 的触点动作→KM_2 支路上的 KM_1 常开触点闭合，KM_2 等待 SB_3 按下；

(2)按下 SB_3→KM_2 通电→KM_2 的触点动作→KM_3 支路上的 KM_2 常开触点闭合，KM_3 等待 SB_4 按下；

(3)按下 SB_4→KM_4 通电→KM_3 的触点动作；

(4)SB_1 为总停车按钮，SB_5~SB_7 按钮为对应支路上的停车开关，分别对 KM_1~KM_3 单独停车。

因此，该电路为：起动时电机 M_1 起动后，电机 M_2 才能起动；电机 M_2 起动后，电机 M_3 才能起动；同时电机 M_1~M_3 能实现单独停车的交流接触器控制系统的控制图。

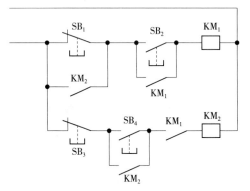

综合图 10-4 综合例 10-4 的电路图

【综合例 10-4】 分析综合图 10-4 所示的控制电路的工作过程与原理。

【解】 (1)按下 SB_2→KM_1 工作→KM_2 支路上的 KM_1 常开触点闭合，KM_2 等待起动；

(2)按下 SB_4→KM_2 工作→与 SB_1 常闭按钮并联的 KM_2 常开触点闭合，此时 SB_1 不起作用；

(3)按下 SB_3→KM_2 停止工作→SB_1 才可以对 KM_1 的停止起作用。

由此可见，该控制电路的功能是：起动时，只有在 M_1 起动后，M_2 才能起动；停止时，只有 M_2 停止后，M_1 才能停止；另外 M_1 可以单独工作。

【综合例 10-5】 请画出三相鼠笼式电动机既能连续工作，又能点动的继电接触器控制线路。

【解】 控制电路如综合图 10-5 所示。

【综合例 10-6】 请用继电接触控制器实现：电机 M_1 先起动后，电机 M_2 才能起动，并同时停车的控制电路图。要求具有短路和过载保护的功能。

【解】 控制电路如综合图 10-6 所示。

说明：KM_1 控制 M_1，KM_2 控制 M_2。

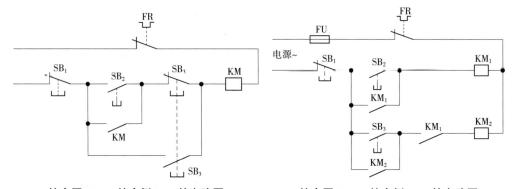

综合图 10-5 综合例 10-5 的电路图 综合图 10-6 综合例 10-6 的电路图

习 题

10.2.1 今要求三台鼠笼型电动机 M_1,M_2,M_3 按照一定顺序起动,即 M_1 起动后 M_2 才可起动,M_2 起动后 M_3 才可起动,试绘出控制线路。

10.2.2 在图 10-1 中,有几处错误?请改正。

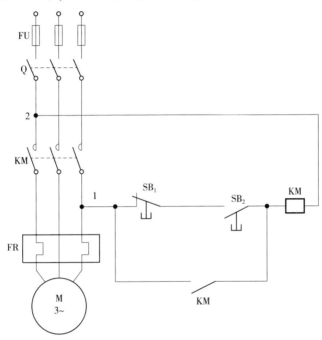

图 10-1 习题 10.2.2 的图

10.3.1 某机床主轴由一台鼠笼型电动机带动,润滑油泵由另一台鼠笼型电动机带动。现要求:(1)主轴必须在油泵开动后,才能开动;(2)主轴要求能实现正反转,并能单独停车;(3)有短路、零压及过载保护。试绘出控制线路。

10.4.1 将图 10-4-1(b) 的控制电路怎样改一下,就能实现工作台自动往复运动?

10.4.2 在图 10-2 中,要求按下起动按钮后能顺序完成下列动作:(1)运动部件 A 从 1 到 2;(2)接着 B 从 3 到 4;(3)接着 A 从 2 回到 1;(4)接着 B 从 4 回到 3。试画出控制线路(提示:用四个行程开关,装在原位和终点,每个有一常开触点和一常闭触点)。

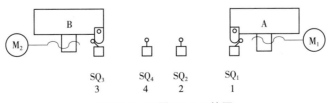

图 10-2 习题 10.4.2 的图

10.4.3 图 10-3 是电动葫芦(一种小型起重设备)的控制线路,试分析其工作过程。

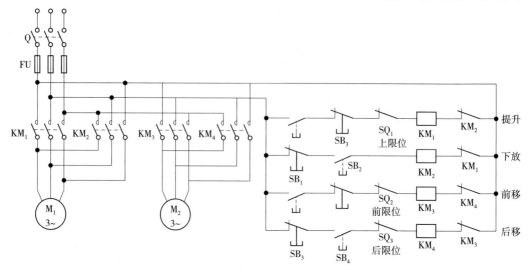

图 10-3 习题 10.4.3 的图

参考文献

丁卫民，2013. 电工学与工业电子学[M]. 2版. 北京：机械工业出版社.
段玉生，王艳丹，王鸿明，2017. 电工与电子技术[M]. 3版. 北京：高等教育出版社.
贾贵玺，张军，李洪凤，2017. 电工技术[M]. 5版. 北京：高等教育出版社.
罗力渊，2015. 电工电子技术及应用[M]. 北京：北京航空航天大学出版社.
彭曙蓉，郭湘德，夏向阳，2016. 电工与电子技术基础[M]. 2版. 北京：中国电力出版社.
姜三勇，于志，2017. 电工学简明教程[M]. 3版. 北京：高等教育出版社.
秦曾煌，2004. 电工学[M]. 6版. 北京：高等教育出版社.
秦曾煌，姜三勇，2009. 电工学[M]. 7版. 北京：高等教育出版社.
秦曾煌，姜三勇，2015. 电工学简明教程[M]. 3版. 北京：高等教育出版社.
邱关源，罗先觉，2006. 电路[M]. 5版. 北京：高等教育出版社.
唐介，刘蕴红，盛贤君，等，2014. 电工学[M]. 4版. 北京：高等教育出版社.
徐秀平，2015. 电工与电子技术基础[M]. 北京：机械工业出版社.
许忠仁，2011. 电工与电子技术[M]. 大连：大连理工大学出版社.
于建华，2010. 电工与电子技术与技能[M]. 北京：人民邮电出版社.
赵承滨，2016. 电工与电子技术基础[M]. 北京：机械工业出版社.